高等学校地理空间信息工程系列教材

GIS 空间分析理论与方法
Theories and Methods of Spatial Analysis in GIS
（第二版）

主　编　秦　昆

副主编　张成才　余　洁

编　委　舒　红　陈江平　唐雪华

　　　　余长慧　孙喜梅

武汉大学出版社

图书在版编目(CIP)数据

GIS空间分析理论与方法/秦昆主编．—2版．—武汉：武汉大学出版社，2010.3(2021.8 重印)
 高等学校地理空间信息工程系列教材
 ISBN 978-7-307-07576-4

Ⅰ.G… Ⅱ.秦… Ⅲ.地理信息系统—高等学校—教材 Ⅳ.P208

中国版本图书馆 CIP 数据核字(2010)第 006600 号

责任编辑：王金龙　　　责任校对：刘　欣　　　版式设计：支　笛

出版发行：**武汉大学出版社**　　(430072　武昌　珞珈山)
　　　　　(电子邮箱：cbs22@whu.edu.cn　网址：www.wdp.com.cn)
印刷：湖北金海印务有限公司
开本：787×1092　1/16　印张：20.75　字数：451 千字
版次：2004 年 10 月第 1 版　　2010 年 3 月第 2 版
　　2021 年 8 月第 2 版第 6 次印刷
ISBN 978-7-307-07576-4/P·168　　　定价：33.00 元

版权所有，不得翻印；凡购买我社的图书，如有质量问题，请与当地图书销售部门联系调换。

前 言

空间分析是地理信息系统（GIS）的重要功能，是 GIS 的核心和灵魂。空间分析是 GIS 领域中理论性、技术性和应用性都很强的分支。地理信息系统的成功应用依赖于空间分析模型的研究与设计。

空间分析建立在空间数据的有效管理之上，空间分析的研究严重滞后于空间数据结构、空间数据库、地图数字化等技术。在地理信息系统领域，关于图形自动绘制、空间数据结构和数据库的研究论文、学术专著很多，标志着这些分支的发展与成熟。在 21 世纪之前，有关空间分析的书籍很少。进入 21 世纪以后，相关学者逐步开始重视空间分析的相关研究，先后出版了十多本空间分析方面的书籍。我们于 2004 年出版了教材《GIS 空间分析理论与方法》，将其作为武汉大学遥感信息工程学院遥感科学与技术本科专业的本科教材，已经使用了五年。在这五年的教学实践中，我们不断地查阅文献，并结合相关课题的研究，及时将相关内容吸收到教学中。2004 年出版的该教材现在已远远不能满足教学需要，于是决定对教材进行改编，拟出版第二版。武汉大学遥感科学与技术本科专业将"空间分析"作为一门专业必修课，由秦昆主讲，并担任该课程小组的负责人。经过商讨，决定由秦昆担任第二版的主编，由张成才、余洁担任副主编，舒红、陈江平、余长慧、唐雪华、孙喜梅担任编委，共同完成第二版的改编工作。

如何组织空间分析的相关内容是我们反复思考的问题，通过多年的教学实践和相关研究，我们逐步总结出自己的体系，即从空间分析的理论、方法和应用三个方面分别介绍空间分析的相关内容。空间分析是 GIS 领域的理论性、技术性和应用性都很强的分支，空间分析的理论包括空间关系理论、空间认知理论、空间推理理论、空间数据的不确定分析理论等。对于空间数据的空间分析方法，我们从数据类型的角度将其划分为栅格数据空间分析方法、矢量数据空间分析方法、三维数据空间分析方法以及属性数据空间统计分析方法四个方面。如何设计高效率的空间分析过程十分有利于空间问题的解决，针对这个问题，我们介绍了空间决策支持的理论和方法。空间决策支持是基于知识和模型为空间决策服务，是智能空间分析的发展目标。空间分析的应用领域很广，在水利、卫生、城市管理、地震灾害、矿产资源、交通、电力、环保等领域都有很好的应用潜力。随着空间分析理论和方法的发展，一些比较成熟的空间分析软件或空间分析模块已相继开发出来，为空间分析的应用提供了有力的工具。

全书共分为 10 章。第 1 章为绪论，介绍空间分析的基本概念、空间分析的研究内容、空间分析的研究进展、空间分析与 GIS 的关系、空间分析与应用模型的关系等，由秦昆、张成才、余洁共同完成。第2章为理论篇,介绍空间分析的基本理论,包括空间关系理论、空间认知理论、空间推理理论、空间数据的不确定性分析理论等,主要由秦昆完成,其中的空间关系部分由唐雪华与舒红完成。第3章介绍空间分析的数据模型。空间分析是对空间数据的分析,空间数据模型是空间数据分析的基础,本章紧密结合空间分析的需要,详细介绍了空间分析的各种常用数据模型,由张成才和孙喜梅完成。第4章介绍栅格数据空间分析方法,详细介绍栅格数据的各种空间分析方法,并介绍基于ArcGIS的栅格数据空间分析方法,由秦昆完成。第5章介绍矢量数据的空间分析方法,详细介绍矢量数据的各种空间分析方法,并介绍基于ArcGIS的矢量数据空间分析方法,由余长慧完成。第6章介绍三维数据空间分析方法,详细介绍三维数据的各种空间分析方法,并介绍基于ArcGIS的三维数据空间分析方法,由唐雪华完成。第7章介绍空间数据统计分析方法,详细介绍空间数据的各种统计分析方法,并介绍基于ArcGIS的地统计分析方法,由舒红、陈江平和秦昆完成。第8章介绍空间决策支持,空间决策支持是空间数据分析的最终目的,也是智能GIS的主要趋势,由秦昆完成。第9章介绍空间分析在相关领域的应用,包括在洪水灾害评估中的应用、在城市规划与管理中的应用、在地震灾害与损失估计中的应用、在水污染防治规划中的应用、在矿产资源评价中的应用、在输电网GIS中的应用等,由余洁、张成才、余长慧、唐雪华、秦昆等人完成。第10章介绍空间分析的软件和二次开发方法,由秦昆、陈江平、舒红完成。最后,全书由秦昆统稿和定稿。

  本书的出版得到了国家重点基础研究发展计划973项目(2006CB701305)的支持,以及武汉大学校级精品课程重点建设项目(200413)的支持。

  本书在第一版的基础上,根据作者们多年来的教学实践和相关课题的研究,对第一版的内容进行了丰富和补充。感谢卢艳在第一版的编写过程中的辛苦工作;感谢孟令奎教授、李建松教授对空间分析课程的支持和帮助;感谢研究生吴芳芳、刘乐、刘瑶、刘文涛等所做的文字和图形整理工作;感谢空间分析研究的前辈所做的贡献;感谢本书撰写过程中所参考的文献的作者,引用过程中如有疏漏在此表示抱歉。

  由于作者学识疏浅,书中错误之处在所难免,欢迎批评指正,作者联系方式:qink@whu.edu.cn。

秦 昆

2009年11月

目 录

第1章 绪 论 ·· 1
  1.1 空间分析的概念 ·· 1
  1.2 空间分析的研究内容 ·· 2
  1.3 空间分析的研究进展 ·· 3
  1.4 空间分析与地理信息系统 ·· 6
    1.4.1 空间分析是 GIS 的核心 ·· 6
    1.4.2 空间分析是 GIS 的核心功能 ·· 6
    1.4.3 空间分析的理论性和技术性 ·· 8
  1.5 空间分析与应用模型 ·· 9
  思考题 ·· 10
  参考文献 ··· 10

第2章 GIS 空间分析的基本理论 ·· 13
  2.1 空间分析的理论基础 ··· 13
  2.2 空间关系理论 ·· 13
    2.2.1 空间关系的类型 ·· 14
    2.2.2 空间关系描述 ·· 20
    2.2.3 时空空间关系 ·· 36
    2.2.4 空间关系理论的应用 ··· 37
  2.3 地理空间认知 ·· 37
    2.3.1 地理空间认知的概念 ··· 37
    2.3.2 地理空间认知的研究内容 ·· 38
  2.4 地理空间推理 ·· 43
    2.4.1 地理空间推理的概念 ··· 43
    2.4.2 地理空间推理的特点 ··· 44
    2.4.3 地理空间推理的研究内容 ·· 45
  2.5 空间数据的不确定性分析 ·· 46
    2.5.1 不确定性 ·· 46
    2.5.2 空间分析的不确定性 ··· 47

2.5.3 空间分析方法的不确定性 ·················· 48
2.5.4 空间数据不确定性分析的数学基础 ·················· 50
思考题 ·················· 55
参考文献 ·················· 56

第3章 GIS 空间分析的数据模型 ·················· 60
3.1 空间数据 ·················· 60
3.2 空间数据的表示 ·················· 61
3.2.1 栅格数据模型表示 ·················· 62
3.2.2 矢量数据模型表示 ·················· 64
3.3 空间数据模型 ·················· 65
3.3.1 数据模型与数据结构 ·················· 65
3.3.2 空间数据模型的概念 ·················· 65
3.3.3 空间数据模型的类型 ·················· 66
3.4 场模型 ·················· 67
3.4.1 场模型的数学表示 ·················· 67
3.4.2 场模型的特征 ·················· 67
3.5 要素模型 ·················· 70
3.5.1 欧氏空间的地物要素 ·················· 70
3.5.2 要素模型的基本概念 ·················· 71
3.5.3 基于要素模型的空间对象 ·················· 72
3.5.4 基于要素的空间关系 ·················· 74
3.6 网络结构模型 ·················· 75
3.6.1 网络空间 ·················· 75
3.6.2 网络模型概述 ·················· 76
3.6.3 网络的组成要素 ·················· 77
3.6.4 常用的网络模型 ·················· 78
3.7 时空数据模型 ·················· 80
3.7.1 概述 ·················· 80
3.7.2 TGIS 的研究思路 ·················· 81
3.7.3 时空数据模型设计的原则 ·················· 81
3.7.4 时空概念模型设计 ·················· 82
3.7.5 时空数据模型的主要类型 ·················· 83
3.8 三维空间数据模型 ·················· 84
3.8.1 三维 GIS 的功能 ·················· 85
3.8.2 三维空间数据模型的类型 ·················· 85

  3.8.3　三维空间数据的显示 ……………………………………………………… 90
 3.9　常见 GIS 软件的空间数据模型 …………………………………………………… 91
  3.9.1　ARC/INFO 的数据模型 …………………………………………………… 91
  3.9.2　ArcGIS 的数据模型 ………………………………………………………… 91
  3.9.3　ArcView 的数据模型 ……………………………………………………… 92
  3.9.4　GeoMedia 的数据模型 …………………………………………………… 92
  3.9.5　GeoStar 的数据模型 ……………………………………………………… 93
  3.9.6　MapInfo 的数据模型 ……………………………………………………… 93
 思考题 ……………………………………………………………………………………… 93
 参考文献 …………………………………………………………………………………… 94

第 4 章　栅格数据空间分析方法 ……………………………………………………… 97
 4.1　栅格数据 …………………………………………………………………………… 97
  4.1.1　栅格数据集的组成 ………………………………………………………… 97
  4.1.2　单元(cell) ………………………………………………………………… 98
  4.1.3　行(rows)与列(columns) ………………………………………………… 98
  4.1.4　值(value) ………………………………………………………………… 98
  4.1.5　空值(no data) …………………………………………………………… 99
  4.1.6　分类区(zones) …………………………………………………………… 99
  4.1.7　关联表 ……………………………………………………………………… 99
  4.1.8　坐标空间和栅格数据集 …………………………………………………… 100
  4.1.9　在栅格数据集上表示要素 ………………………………………………… 101
 4.2　栅格数据的聚类、聚合分析 ……………………………………………………… 103
  4.2.1　聚类分析 …………………………………………………………………… 103
  4.2.2　聚合分析 …………………………………………………………………… 105
 4.3　栅格数据的信息复合分析 ………………………………………………………… 106
  4.3.1　视觉信息复合 ……………………………………………………………… 106
  4.3.2　叠加分类模型 ……………………………………………………………… 107
 4.4　栅格数据的追踪分析 ……………………………………………………………… 110
 4.5　栅格数据的窗口分析 ……………………………………………………………… 111
  4.5.1　分析窗口的类型 …………………………………………………………… 111
  4.5.2　窗口内统计分析的类型 …………………………………………………… 112
 4.6　栅格数据的量算分析 ……………………………………………………………… 112
 4.7　ArcGIS 的栅格数据空间分析工具 ……………………………………………… 112
  4.7.1　密度制图分析(density) …………………………………………………… 112
  4.7.2　距离制图分析(distance) ………………………………………………… 114

  4.7.3 栅格插值分析(interpolate to raster) ……………………………… 114
  4.7.4 栅格数据的统计分析(statistics) ………………………………… 115
  4.7.5 重分类分析(reclassify) …………………………………………… 116
  4.7.6 表面分析(surface analysis) ……………………………………… 117
 思考题 ……………………………………………………………………………… 117
 参考文献 …………………………………………………………………………… 117

第5章 矢量数据空间分析方法 ……………………………………………… 119
 5.1 矢量数据 ……………………………………………………………………… 119
  5.1.1 矢量数据模型 ……………………………………………………… 119
  5.1.2 几何对象 …………………………………………………………… 119
  5.1.3 拓扑关系 …………………………………………………………… 120
  5.1.4 拓扑数据结构 ……………………………………………………… 120
  5.1.5 简单对象的组合 …………………………………………………… 122
 5.2 矢量数据的包含分析 ………………………………………………………… 124
 5.3 矢量数据的缓冲区分析 ……………………………………………………… 125
  5.3.1 点状要素的缓冲区 ………………………………………………… 127
  5.3.2 线状要素的缓冲区 ………………………………………………… 127
  5.3.3 面状要素的缓冲区 ………………………………………………… 128
  5.3.4 特殊缓冲区情况 …………………………………………………… 129
  5.3.5 动态目标缓冲区 …………………………………………………… 130
 5.4 矢量数据的叠置分析 ………………………………………………………… 132
  5.4.1 点与点的叠置 ……………………………………………………… 132
  5.4.2 点与线的叠置 ……………………………………………………… 132
  5.4.3 点与多边形的叠置 ………………………………………………… 133
  5.4.4 线与线的叠置 ……………………………………………………… 133
  5.4.5 线与多边形的叠置 ………………………………………………… 134
  5.4.6 多边形与多边形的叠置 …………………………………………… 135
 5.5 矢量数据的网络分析 ………………………………………………………… 136
  5.5.1 网络分析的基本方法 ……………………………………………… 136
  5.5.2 最短路径基本概念 ………………………………………………… 137
  5.5.3 最短路径求解方法 ………………………………………………… 138
  5.5.4 次最短路径求解算法 ……………………………………………… 143
  5.5.5 最佳路径算法 ……………………………………………………… 144
 5.6 ArcGIS的矢量数据空间分析工具 …………………………………………… 146
  5.6.1 ArcGIS的缓冲区分析 ……………………………………………… 146

5.6.2　ArcGIS 的叠置分析 ··· 147
　　5.6.3　ArcGIS 的网络分析 ··· 148
思考题 ··· 149
参考文献 ··· 149

第6章　三维数据空间分析方法 ··· 151
6.1　三维地形模型 ··· 151
　　6.1.1　数字地面模型(DTM) ·· 151
　　6.1.2　数字高程模型(DEM) ·· 152
　　6.1.3　DEM 的表示方法 ·· 152
　　6.1.4　DEM 在地图制图学与地学分析中的应用 ······································ 155
6.2　三维可视化 ·· 157
6.3　三维空间查询 ··· 158
6.4　三维空间特征量算 ·· 160
　　6.4.1　表面积计算 ··· 160
　　6.4.2　体积计算 ·· 161
6.5　地形分析 ·· 163
　　6.5.1　坡度和坡向计算 ·· 163
　　6.5.2　剖面分析 ·· 166
　　6.5.3　谷脊特征分析 ·· 167
　　6.5.4　水文分析 ·· 168
　　6.5.5　可视性分析 ··· 169
6.6　三维缓冲区分析 ··· 173
6.7　三维叠置分析 ··· 174
6.8　阴影分析 ·· 175
6.9　水淹分析 ·· 177
　　6.9.1　给定洪水水位的淹没分析 ·· 177
　　6.9.2　给定洪量的淹没分析 ··· 179
　　6.9.3　洪水淹没的三维显示 ··· 179
6.10　ArcGIS 的三维数据空间分析工具 ·· 180
　　6.10.1　表面模型的创建 ·· 181
　　6.10.2　数据转换 ·· 184
　　6.10.3　表面分析 ·· 185
思考题 ··· 187
参考文献 ··· 188

第7章 空间数据统计分析方法 ... 190
7.1 GIS 属性数据 ... 190
7.2 一般统计分析 ... 190
7.3 探索性空间数据分析方法 ... 193
7.3.1 探索性数据分析概述 ... 193
7.3.2 探索性数据分析的基本方法 ... 193
7.3.3 探索性空间数据分析 ... 196
7.4 空间点模式分析方法 ... 198
7.4.1 空间点模式的概念与空间分析方法 ... 198
7.4.2 基于密度的分析方法 ... 198
7.4.3 基于距离的方法 ... 201
7.5 格网或面状数据空间统计分析方法 ... 207
7.5.1 空间接近性与空间权重矩阵 ... 207
7.5.2 面状数据的趋势分析 ... 209
7.5.3 空间自相关分析 ... 209
7.6 空间变异函数 ... 213
7.6.1 区域化变量的定义和平稳性假设 ... 213
7.6.2 变异函数的定义和非负定性条件 ... 214
7.6.3 变异函数模型拟合及其评价 ... 216
7.6.4 理论变异函数模型 ... 219
7.7 地统计分析 ... 220
7.7.1 地统计分析概述 ... 220
7.7.2 克里金估计方法 ... 221
7.7.3 地统计分析研究展望 ... 231
7.8 ArcGIS 的地统计分析工具 ... 232
思考题 ... 234
参考文献 ... 234

第8章 空间决策支持 ... 236
8.1 空间分析与空间决策支持 ... 236
8.1.1 一般空间分析 ... 237
8.1.2 空间决策支持 ... 240
8.1.3 智能空间决策支持 ... 241
8.2 空间决策支持系统 ... 243
8.2.1 空间决策过程的复杂性 ... 243

  8.2.2 空间决策支持系统的分类 …………………………………………… 246
  8.2.3 空间决策支持系统的一般构建方法 …………………………………… 247
  8.2.4 空间决策支持系统的功能 …………………………………………… 250
 8.3 空间决策支持的相关技术 ……………………………………………………… 252
  8.3.1 决策支持系统技术 …………………………………………………… 252
  8.3.2 专家系统技术 ………………………………………………………… 252
  8.3.3 空间知识的表达与处理 ……………………………………………… 254
  8.3.4 空间数据仓库 ………………………………………………………… 267
  8.3.5 空间数据挖掘与知识发现 …………………………………………… 270
 思考题 ……………………………………………………………………………… 279
 参考文献 …………………………………………………………………………… 279

第9章 空间分析的应用 …………………………………………………………… 284
 9.1 空间分析与空间建模 …………………………………………………………… 284
  9.1.1 从空间分析到空间建模 ……………………………………………… 284
  9.1.2 空间建模的方法 ……………………………………………………… 284
  9.1.3 空间建模的步骤 ……………………………………………………… 285
 9.2 空间分析在洪水灾害评估中的应用 …………………………………………… 286
  9.2.1 数据库和评估模型的建立 …………………………………………… 287
  9.2.2 洪灾评估系统中空间分析的特点 …………………………………… 288
  9.2.3 空间分析在荆江分滞洪区洪水计算中的应用 ……………………… 288
  9.2.4 空间分析在黄河东平湖蓄滞洪区洪水计算中的应用 ……………… 289
 9.3 空间分析在水污染监测中的应用 ……………………………………………… 291
 9.4 空间分析在地震灾害和损失估计中的应用 …………………………………… 293
 9.5 空间分析在城市规划与管理中的应用 ………………………………………… 295
  9.5.1 城市规划空间分析的意义 …………………………………………… 295
  9.5.2 城市规划的空间分析方法 …………………………………………… 296
 9.6 空间分析在矿产资源评价中的应用 …………………………………………… 297
 9.7 空间分析在输电网 GIS 中的应用 ……………………………………………… 298
 思考题 ……………………………………………………………………………… 300
 参考文献 …………………………………………………………………………… 300

第10章 空间分析软件与二次开发 ……………………………………………… 303
 10.1 ArcGIS 的空间分析功能 ……………………………………………………… 303
 10.2 Geoda 的空间分析功能 ……………………………………………………… 306

10.3　R语言的空间分析功能……………………………………………… 308
10.4　空间分析功能的二次开发…………………………………………… 309
思考题……………………………………………………………………… 319
参考文献…………………………………………………………………… 319

第1章 绪　　论

1.1　空间分析的概念

空间分析是地学领域的重要概念，是 GIS 的核心功能，关于空间分析的定义目前还不统一，比较典型的有以下几种：空间分析是对数据的空间信息、属性信息或者二者共同信息的统计描述或说明（Goodchild，1987）。空间分析是基于地理对象布局的地理数据分析技术（Haining，1990）。空间分析是对于地理空间现象的定量研究，其常规能力是操纵空间数据使之成为不同的形式，并且提取其潜在的信息（Baily，1995；Openshaw，1997）。空间分析是基于地理对象的位置和形态特征的空间数据分析技术，其目的在于提取和传输空间信息（郭仁忠，1997）。GIS 空间分析是从一个或多个空间数据图层获取信息的过程。空间分析是集空间数据分析和空间模拟于一体的技术，通过地理计算和空间表达挖掘潜在空间信息，以解决实际问题（刘湘南等，2008）。

空间分析的本质特征包括：①探测空间数据中的模式；②研究空间数据间的关系并建立相应的空间数据模型；③提高适合于所有观察模式处理过程的理解；④改进发生地理空间事件的预测能力和控制能力（刘湘南等，2008）。

空间目标是空间分析的具体研究对象。空间目标具有空间位置、分布、形态、空间关系（距离、方位、拓扑、相关场）等基本特征。其中，空间关系是指地理实体之间存在的与空间特性有关的关系，是数据组织、查询、分析和推理的基础。不同类型的空间目标具有不同的形态结构描述，对形态结构的分析称为形态分析。例如，可以将地理空间目标划分为点、线、面和体四大类要素，面具有面积、周长、形状等形态结构，线具有长度、方向等形态结构。考虑到空间目标兼有几何数据和属性数据的描述，因此必须联合几何数据和属性数据进行分析（刘湘南等，2008）。不同的空间数据类型具有各具特色的空间分析方法，GIS 空间数据可以划分为矢量数据、栅格数据、三维数据、属性数据等数据类型，相应地，有矢量数据空间分析方法、栅格数据空间分析方法、三维数据空间分析和属性数据空间分析方法等（张成才等，2004）。

空间分析的根本目标是建立有效的空间数据模型来表达地理实体的时空特性，发展面向应用的时空分析模拟方法，以数字方式动态地、全局地描述地理实体和地理现象的空间分布关系，从而反映地理实体的内在规律和变化趋势，GIS 空间分析是对 GIS 空间数据的一种增值操作（刘湘南等，2008）。

1.2 空间分析的研究内容

空间分析是 GIS 的主要功能，是 GIS 的核心和灵魂。在 GIS 的早期发展阶段，人们的注意力多集中于空间数据结构及计算机制图方面，空间分析的问题尚不突出。但是，随着 GIS 的发展，对 GIS 空间数据结构的研究已相对成熟，计算机制图也早已达到了实用化水平，实用的 GIS 软件以及实际的 GIS 系统已有许多成功的实例，因此 GIS 的空间分析功能就逐渐成为人们关注的焦点，GIS 的发展已经从数据库型 GIS 进入分析型 GIS 阶段（郭仁忠，2001）。

目前已有一大批空间分析的著作、研究报告和教材，如 Unwin 的《空间分析入门》（Unwin，1981）、Ripley 的《空间统计学》（Ripley，1981）、Haining 的《社会与环境科学中的科学数据分析》（Haining，1990）、Goodchild 等人的《GIS 环境下的空间分析》（Goodchild，1994）、郭仁忠的《空间分析》（郭仁忠，1997；2001）、张成才等人的《GIS 空间分析理论与方法》（张成才等，2004）、刘湘南等人的《GIS 空间分析原理与方法》（刘湘南等，2005；2008）、Michael（2006）等人的《地理空间分析——原理、技术与软件工具》（Michael et al，2009）、朱长青和史文中的《空间分析建模与原理》（朱长青，史文中，2006）、汤国安和杨昕的《ArcGIS 地理信息系统空间分析实验教程》（汤国安，杨昕，2006）、黎夏和刘凯的《GIS 与空间分析——原理与方法》（黎夏，刘凯，2006）、王远飞和何洪林的《空间数据分析方法》（王远飞，何洪林，2007）、张治国等人的《生态学空间分析原理与技术》（张治国，2007）等。这些关于空间分析的书籍内容迥异，从不同的方面介绍了空间分析的相关内容。学术界对空间分析的内涵和外延还没有作出广泛接受的界定。

空间分析是 GIS 领域理论性、技术性和应用性都很强的分支。空间分析作为 GIS 的核心内容，是 GIS 区别于一般信息系统的主要功能特征，一些学者甚至提出空间分析可以作为一门单独的学科来对待，可见必须研究空间分析的理论基础。空间分析的理论应该是空间分析的重要研究内容。空间分析的技术性很强，有一系列具体的空间分析方法，空间分析方法是空间分析的重要研究内容。随着空间分析理论与方法的发展，空间分析在很多领域都得到了很好的应用，如卫生健康领域、水利领域、城市管理、地质灾害、地震灾害、交通领域、电力领域、环保领域等。研究如何利用空间分析的理论和方法解决这些相关领域的具体问题是空间分析的重要研究内容。因此，空间分析的研究内容应该从理论、方法和应用三方面展开。本书作者将空间分析的研究内容总结为：空间分析的理论研究、空间分析的方法研究和空间分析的应用研究三大部分。

空间分析的理论研究部分主要包括空间关系理论、空间认知理论、空间推理理论、空间数据的不确定性分析理论等。空间关系理论研究空间关系的语义问题、空间关系的描述、空间关系的表达、基于空间关系的分析等。空间认知是指人们对物理空间或心理空间三维物体的大小、形状、方位和距离的信息加工过程（赵金萍等，2006）。地理空间认知（geospatial cognition）是指在日常生活中，人类如何逐步理解地理空间，进行地理分析和决策，包括地理信息的知觉、编码、存储以及解码等一系列心理过程（Lloyd，1997；王晓明等，2005）。地理空间认知是认知科学与地理科学的学科交叉，主要研究内容包括地理知觉、地理表象、地理概念化、地理知识的心理表征和地理空间推理，涉及地理知识的获取、存储与使用等。空间推理是指利用空间理论和人工智能技术对空间对象进行建模、描述和表示，并据此对空间对象间的空间关系进行定性或定量分析和处理的过程（刘亚彬，刘大有，2000）。目前，空间推理被广泛应用于地理信息系统、机器人导航、高级视觉、自然语言理解、工程设计和物理位置的常识推理等方面，并且正在不断向其他领域渗透，其内涵非常广泛。空间推理的主要研究内容包括利用概率推理、贝叶斯推理、可信度推理、证据推理、模糊推理、案例推理等推理方法对空间对象进行建模、描述和表示，涉及时空推理、空间关系推理等。GIS 空间分析过程中涉及很多不确定性问题，需要利用概率理论、模糊理论、粗糙集理论、云模型理论等理论和方法研究和解决 GIS 空间分析过程中的不确定性问题（承继成等，2004；史文中，2005）。

在空间分析的方法部分，考虑到不同的空间数据类型具有不同的空间分析模式和方法，分别包括栅格数据空间分析方法、矢量数据空间分析方法、三维数据空间分析方法、属性数据空间统计方法等。其中，栅格数据空间分析方法包括栅格数据的聚类聚合分析、信息复合分析、追踪分析、窗口分析等；矢量数据空间分析方法包括包含分析、缓冲区分析、叠置分析、网络分析等；三维数据空间分析方法包括表面积计算、体积计算、坡度计算、坡向计算、剖面分析、可视性分析、谷脊特征分析、水文分析等；属性数据空间统计方法包括空间自相关分析、空间局部估计、空间插值、探索性空间分析等。

在空间分析的应用部分，主要包括空间决策支持、空间分析的应用领域以及空间分析软件和二次开发等内容。空间决策支持是将各种空间分析方法和手段组合在一起，构建一个有效的决策支持系统，从而解决具体应用问题的智能化方法。空间分析的应用领域已经渗透到水利、城市规划与管理、地质灾害、地震灾害、交通、电力、卫生健康、环保等诸多领域，如何针对这些领域的具体应用问题，充分发挥 GIS 空间分析的作用是非常重要的研究课题。有效地利用各种比较成熟的 GIS 空间分析软件，并结合用户的特殊需求进行空间分析的二次开发是实现各种应用问题的空间分析与决策的有效手段。

1.3 空间分析的研究进展

空间分析在地理学研究中具有悠久的传统与历史。从某种意义上说，空间分析孕育了地理学。在古代，人类出于生存和发展的需要，要学会分析周围地理事物的空间关系，因而始终在进行着各种类型的空间分析（刘湘南等，2008）。作为地理学第二语言的地图出现以后，人们就开始自觉或不自觉地进行各种类型的空间分析，如在地图上量测地理要素之间的距离、方位、面积，乃至利用地图进行战术研究和战略决策等（郭仁忠，2001）。

空间分析的早期应用中的一个最具有代表性的例子是琼·斯诺博士利用空间叠置分析的方法找到了霍乱病患者的发病原因。1854年8月至9月，英国伦敦霍乱病流行，但是政府始终找不到患者的发病原因。后来医生琼·斯诺博士在绘有霍乱流行地区所有道路、房屋、饮用水机井等内容的1∶6500的城区地图上，标出了每个霍乱病死者的居住位置，从而得到了霍乱病死者居住位置的分布图，如图1.1所示。琼·斯诺博士根据这张分布图找出了霍乱病的发病原因：死者饮用了利用布洛多斯托水泵吸水的井水。政府根据琼·斯诺博士的要求拆下了这种水井的泵，禁止使用该水泵吸水，从此以后，新的霍乱病人就没有再出现了。在这个例子中，通过将绘有霍乱病流行地区所有道路、房屋、饮用水机井等内容的城区地图与霍乱病死者位置的信息进行叠置，从而揭示了患者的居住地与饮用水井之间的空间位置关系，揭示了霍乱病的发病原因（郭仁忠，2001）。

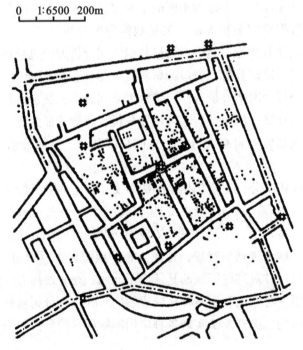

图1.1 霍乱病死者居住位置分布图

现代"空间分析"概念的提出源于20世纪60年代地理与区域科学的计量革命，目前仍然在发展的计量地理学方法是空间分析的重要内容。计量地理学从数理统计领域移植过来的统计分析方法占主导地位，包括相关分析、回归分析、聚类分析、因子分析等多元统计分析的内容（王远飞，何洪林，2007）。

Tobler于1969年提出了描述地理现象空间相互作用的"地理学第一定律"。Tobler

指出,"任何事物都是空间相关的,距离近的事物的空间相关性大",这一定律的提出使得地理现象的空间相关性和异质性特征在研究中得到重视。Cliff 和 Ord 在 1973 年出版的专著中揭示了空间自相关的概念,使研究者能够从统计上评估数据的空间依赖性程度。统计学家 Ripley 于 1981 年对空间点分布模式进行了卓有成效的研究和总结,提出了测度空间点模式的 K 函数方法。Openshaw 等对空间数据中的可塑面积单元问题(简称为 MAUP 问题,又称为生态谬误问题)进行了深入探讨。该问题的本质是空间尺度变化对于变量统计结果以及变量之间相关性的影响(王远飞,何洪林,2007)。空间分析研究的初始阶段主要是应用统计分析方法,定量描述点、线、面的空间分布模式,后期逐渐强调地理空间本身的特征、空间决策过程和复杂空间系统的时空演化过程(刘湘南等,2008)。

进入 20 世纪 90 年代以后,空间分析的发展和 GIS 的发展密切结合在一起。地理信息系统把人们从过去繁重的手工操作中解脱出来,集成了多学科的最新技术和所能利用的空间分析方法,包括关系数据库管理、高效图形算法、插值、区划和网络分析等,为解决地理空间问题提供了便捷途径,使空间分析能力发生了质的飞跃(刘湘南等,2008)。

在最近十多年的发展中,空间分析的关键技术发生了重要变化,地理信息系统和遥感等新的技术保证了空间数据的丰富环境,新的处理空间问题的分析模型和方法不断提出。由于分析过程受到不断增长的大量空间数据的驱动,从数据出发的探索性空间分析技术、可视化技术、空间数据挖掘技术、基于人工智能的空间分析技术等面向海量空间数据的分析方法受到重视,并且在最近几年中得到了深入发展。这些方法和技术对于大规模空间分析问题中的不精确性和不确定性有着较高的容许能力(王远飞,何洪林,2007)。

新一代空间分析的主要目的是从现有数据的空间关系中挖掘新的信息。探测性空间分析方法不仅可以揭示空间数据库中许多非直观的内容,如空间异常点、层次关系、时域变化及空间交互模型,还可以揭示用传统地图不能辨明的数据模式和趋势。随着计算机网络技术的发展,互联网下的新计算技术——网格技术和云计算技术正在对空间分析产生深远的影响,可以实现数据信息和各种资源的高度共享,为空间分析提供了在统一环境下工作的可能,使一个系统的知识可以容易地转移到另一个系统,实现数据与知识的共享,系统之间硬件资源的互操作也变得非常方便(刘湘南等,2008)。网格 GIS 和云 GIS 具有更强的空间信息共享、地理信息发布、空间分析、模型分析的功能。特别是对涉及大量空间分析计算的问题(王铮,吴兵,2003)。随着 GIS 软件的进一步发展,其空间分析功能逐步增强,需要消耗的计算资源也越来越多,计算资源的短缺逐渐成为 GIS 应用的瓶颈问题,而网格技术和云计算技术是有效解决这一问题的重要方法(王喜等,2006)。

1.4 空间分析与地理信息系统

空间分析是地理信息系统的核心和灵魂。空间分析是地理信息系统的主要特征，是评价一个地理信息系统的主要指标之一。一个地理信息系统如果不提供空间数据分析功能，实际上它就退化为一个地理数据库。相反，一个地理数据库，如果加强了空间数据分析功能，它就升格为一个地理信息系统。地理信息系统必将向着能够提供丰富的、全面的空间分析功能的智能 GIS 方向发展（郭仁忠，2001）。

在现在的空间数据库中，必然带有一定的分析处理功能。因此，要区别地理数据库与地理信息系统已经难以用有无分析功能来判断。但是一般来说，地理信息系统应具有比地理数据库更为全面、丰富、完善的空间和非空间分析功能。地理信息系统的目的不仅是为了绘图，而主要是为了分析空间数据，提供空间决策支持信息。空间分析是地理信息系统的主要功能，是灵魂和核心（郭仁忠，2001）。

1.4.1 空间分析是 GIS 的核心

地理信息系统（Geographical Information System，GIS）自 20 世纪 60 年代出现至今，发展非常迅猛，已经发展成为多学科集成并应用于许多领域的基础平台，成为地学空间信息处理的重要手段和工具。在过去的几十年里，国内外 GIS 的发展主要是靠"应用驱动"和"技术导引"。随着 GIS 的理论、方法和应用的发展，研究者们开始重视 GIS 中理论问题的分析和研究，地理信息系统（GISystem）已经从注重技术发展成理论与技术并重的地理信息科学（GIScience），并逐步向地理信息服务（GIService）发展（李德仁，邵振峰，2008）。空间分析在 GIS 的发展历程中具有重要地位，空间分析是地理信息系统领域的理论性、技术性和应用性都很强的分支，是提升 GIS 的理论性的十分重要的突破口。

地理信息系统（GIS）是一种特定而又十分重要的空间信息系统，它是以采集、存储、管理、分析和描述整个或部分地球表面（包括大气层在内）与空间和地理分布有关的数据的计算机空间信息系统（龚健雅，2001）。GIS 定义中的 5 个动词（采集、存储、管理、分析和描述）反映了 GIS 的基本功能，空间分析是 GIS 的核心。可以认为：空间数据的采集、存储和管理是为空间分析提供数据基础，空间数据的描述是空间分析结果的表达。GIS 定义中的 5 个动词之间的关系如图 1.2 所示。

1.4.2 空间分析是 GIS 的核心功能

GIS 是关于空间数据的采集、存储、管理、分析和描述的空间信息技术，其基本功能包括：

（1）空间数据采集与编辑。利用手扶跟踪数字化仪、扫描数字化仪、键盘输入或文件读取等方式采集并输入空间数据，并对输入的空间数据进行拓扑编辑、拓扑关系建

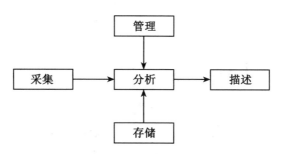

图 1.2 空间分析在 GIS 中的核心地位

立、图幅接边、数据分层、地理编码、投影变换、坐标系统转换、属性编辑等操作处理,使之符合空间数据存储和建库的要求(李建松,2006)。

(2) 空间数据存储与管理。空间数据具有空间特征、抽象特征、非结构化特征、空间关系特征和海量数据等特征,空间地物一般抽象成点、线、面和体等地理要素,空间数据的存储涉及地理要素(点、线、面、体)的位置、空间关系和属性数据的构造和组织等。主要由特定的数据模型或数据结构来描述构造和组织的方式,由数据库管理系统(DBMS)进行管理(李建松,2006)。

(3) 空间数据处理和变换。包括数据变换、数据重构和数据抽取。数据变换指数据从一种数学状态转换为另一种数学状态,包括投影变换、辐射纠正、比例尺缩放、误差改正和处理等。数据重构指数据从一种几何形态转换为另一种几何形态,包括数据拼接、数据截取、数据压缩和结构转换。数据抽取指对数据从全集到子集的条件提取,包括类型选择、窗口提取、布尔提取和空间内插。

(4) 空间数据分析。利用一种或多种空间分析方法(缓冲区分析、叠置分析、网络分析、剖面分析等)对空间数据库中的数据进行处理和分析,提取出有用信息。

(5) 空间数据输出与显示。将 GIS 的原始数据,经过系统分析、转换、重组后以某种用户可以理解的方式提交给用户。GIS 的输出方式可以是地图、表格、决策方案、模拟结果显示等。当前 GIS 可以支持纸质信息产品以及虚拟现实和仿真产品等(李建松,2006)。

(6) GIS 二次开发。由于不同的应用领域、不同的用户对 GIS 有不同的要求,一套 GIS 产品不可能提供用户所需要的所有功能,现在的 GIS 产品都提供了二次开发功能,提供二次开发的接口或者是专门的组件产品。用户可以根据自己的需要在 GIS 产品的基础上实现灵活的二次开发。

在 GIS 的六大基本功能中,空间数据分析是 GIS 的核心功能。空间数据的采集和编辑、空间数据的存储与管理以及空间数据的处理与变换都是为空间数据分析提供数据准备,是为了更好地实现空间分析而服务的。空间数据分析则是对经过数据预处理的空间数据的深层次分析和处理。空间数据的输出与显示是空间数据分析结果的表达,GIS 二次开发是根据用户的需求对空间数据分析功能进行扩展。

根据以上分析可以看出，从 GIS 的基本功能的角度分析，空间分析是 GIS 的核心功能。GIS 的空间分析功能及其他基本功能的关系如图 1.3 所示。

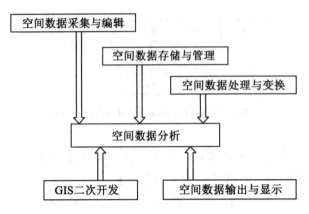

图 1.3　空间分析是 GIS 的核心功能

1.4.3　空间分析的理论性和技术性

早期的 GIS 以应用性和技术性为主要特征，理论性不强。甚至有些学者认为：GIS 没有理论，纯粹就是一些技术和方法。随着 GIS 的发展，大家逐步开始重视 GIS 的理论基础的研究，提升 GIS 作为一门独立学科的理论基础。空间分析是地理信息系统领域的理论性、技术性和应用性都很强的分支，是提升 GIS 的理论性十分重要的突破口。如果做一个比喻，理论性和技术性就相当于一个人的两条腿，二者必须平衡，否则就成为跛腿，难以正常行走，如图 1.4 所示。GIS 的正常发展既需要发展技术，又需要发展理论，而空间分析是一个重要的突破口。

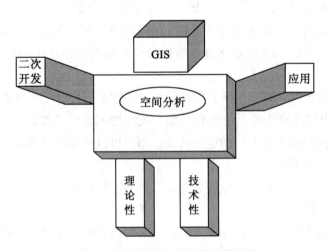

图 1.4　空间分析的理论性和技术性

20世纪60年代，地理学计量革命中的有些模型初步考虑了空间信息的关联性问题，成为当今空间数据分析模型的萌芽。同一时代，法国的Matheron总结提出了"地统计学"，或称Kriging方法，主要为用随机函数评价和估计自然现象的技术，随后Journel针对矿物储量推算，将此技术在理论上和实践中推向成熟。同时，统计学家也对空间数据统计产生了兴趣，在方法完备性方面有诸多贡献。地理学、经济学、区域科学、地球物理、大气、水文等专门学科为空间信息分析模型的建立提供知识和机理（王劲峰等，2000）。空间分析技术促进了空间分析理论的发展，空间分析理论的发展又促进了空间分析技术的进步。

1.5 空间分析与应用模型

关于空间分析与应用模型的关系存在两种不同的观点。一种观点认为应用模型是空间分析不可或缺的一部分，是GIS的重要组成部分。GIS可以输入、存储、操作、管理空间数据，并以图形等直观形式表达输出结果，但它本身缺少强大的空间分析能力。空间模型对空间数据进行精确的模型运算，但其结果常常需要通过GIS来表达。GIS和空间分析模型在功能上的互补是GIS与空间模型结合的主要动力（柏延臣等，1999）。根据这种观点，GIS的组成如图1.5所示，GIS由用户（提供GUI，即图形用户接口）、系统硬件、系统软件、空间数据库（SDBMS）和应用模型五大部分组成。应用模型在实践经验积累的基础上发展起来，以空间分析的基本方法和算法模型为基础，用以解决一些需要专家知识才能解决的问题。应用模型可分为两类，一类用于模拟半结构化和非结构化的问题，也就是研究对象部分或全部不能用精确的数学模型来描述表达，这类模型更多地依赖于专家的知识和经验；另一类则用于解决结构化的问题，即能用精确的数学模型刻画研究对象（宫辉力等，2000）。空间分析模型包括所有对空间信息进行模拟、分析的数学模型，这些模型描述的问题既有半结构化和非结构化的，也有结构化的（杨驰，2006）。

另外一种观点认为应该把空间分析与空间应用模型区别开来。这是因为在地学研究中往往涉及很复杂的分析过程，这些过程尚不能完全用数学和算法来描述。GIS应用模型具有复杂性，GIS所需要处理的问题可能是相当复杂的，且往往存在人为因素的干预与影响，很难用数学方法全面、准确、定量地加以描述，所以GIS应用模型时常采用定量和定性相结合的形式（王桥，吴纪桃，1997）。在地理学、环境科学、农林、规划、石油、地质等涉及空间数据处理的学科领域都需要进行空间分析，这些分析都是基于共同的原理和方法。但是，各个学科使用这些共同的方法去解决自己独特的问题，建立或辅助建立自己的专门化的空间应用模型。对于专业模型来说，由于GIS应用领域的不同，不可能建立通用的、包罗一切的专业模型，专业模型只能由用户自己创建（孟鲁闽，白建军，1999）。空间分析是基本的、解决一般问题的理论和方法，空间模型是复杂（合）的、解决专门问题的理论和方法。例如，对于设施选址问题，一个工厂的选

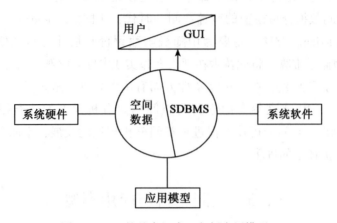

图 1.5 GIS 的基本组成（包括应用模型）

址与一个水库的选址遵循的是完全不同的原则，需要的支持信息也大相径庭，但是在这两个不同的应用模型中，可能需要采用一些相同的空间分析工具去处理不同的数据。

思 考 题

1. 简述空间分析与 GIS 的关系。
2. 简述空间分析的概念。
3. 简述空间分析的研究进展。
4. 简述空间分析的主要研究内容。
5. 简述空间分析与应用模型的关系。

参 考 文 献

边馥苓，朱国宾，余洁．1996．地理信息系统原理和方法．北京：测绘科技出版社．

柏延臣，李新，冯学智．1999．空间数据分析与空间模型．地理研究，18（22）：185-190．

承继成，郭华东，史文中等．2004．遥感数据的不确定性问题．北京：科学出版社．

龚健雅．2001．地理信息系统基础．北京：科学出版社．

宫辉力，李京，陈秀万，肖劲峰．2000．地理信息系统的模型库研究．地学前缘，7（S0）：17-22．

郭仁忠．1997．空间分析．武汉：测绘科技大学出版社．

郭仁忠．2001．空间分析（第二版）．北京：高等教育出版社．

李德仁，邵振峰．2008．信息化测绘的本质是服务．测绘通报，(5)：1-4．

李建松．2006．地理信息系统原理．武汉：武汉大学出版社．

黎夏，刘凯．2006．GIS与空间分析——原理与方法．北京：科学出版社．

刘湘南，黄方，王平，佟志军．2008．GIS空间分析原理与方法．北京：科学出版社．

刘湘南，黄方，王平．2008．GIS空间分析原理与方法（第二版）．北京：科学出版社．

刘亚彬，刘大有．2000．空间推理与地理信息系统综述．软件学报，11（12）：1598-1606．

［美］Michael J M，Goodchild M F，Longley P A 著．2009．杜培军，张海荣，冷海龙等译．地理空间分析——原理、技术与软件工具（第二版）．北京：电子工业出版社．

孟鲁闽，白建军．1999．GIS应用管理模型研究．测绘通报，（8）：16-17．

史文中．2005．空间数据与空间分析不确定性原理．北京：科学出版社．

汤国安，杨昕．2006．ArcGIS地理信息系统空间分析实验教程．北京：科学出版社．

王晓明，刘瑜，张晶．2005．地理空间认知综述．地理与地理信息科学，21（6）：1-10．

王远飞，何洪林．2007．空间数据分析方法．北京：科学出版社．

王铮，吴兵．2003．CridGIS——基于网格计算的地理信息系统．计算机工程，29（4）：38-40．

王喜，王大中，王萌．2006．地理信息技术发展的新方向——网格GIS初探．测绘与地理空间信息，29（4）：43-46．

王桥，吴纪桃．1997．GIS中的应用模型及其管理研究．测绘学报，26（3）：280-283．

王劲峰，李连发，葛咏，时陪中，关元秀，柏延臣，王智勇，Haining Robert．2000．地理信息空间分析的理论体系探讨．地理学报，55（1）：92-103．

杨驰．2006．GIS空间分析建模构想．测绘通报，（11）：22-25．

赵金萍，王家同，邵永聪，李婧，刘庆峰．2006．飞行人员心理旋转能力测验的练习效应．第四军医大学学报，27（4）：341-343．

张成才，秦昆，卢艳，孙喜梅．2004．GIS空间分析理论与方法．武汉：武汉大学出版社．

张治国．2007．生态学空间分析原理与技术．北京：科学出版社．

朱长青，史文中．2006．空间分析建模与原理．北京：科学出版社．

Bailey T C, Gatrell A C. 1995. Interactive Spatial Data Analysis. New York：John Wiley & Sons Inc.

Goodchild M F. 1987. A Spatial Analytical Perspective of Geographical Information System. International Journal of Geographical Information Systems，1（4）：327-334.

Goodchild M F. 1994. Spatial Analysis Using GIS，NCGIA.

Haining R. 1990. Spatial Data Analysis in the Social and Environmental Science. Cambridge University Press.

Haining R. 1990. Spatial Data Analysis: Theory and practice. Cambridge: Cambridge University Press.

Lloyd R. 1997. Spatial Cognition-Geographic Environments. Dordecht: Kluwer Academic Publishers.

Openshaw S, Openshaw C. 1997. Artificail Intelligence in Geography. Chichester, UK: John Wiley & Sons Inc.

Ripley B D. 1981. Spatial Statistics. New York: John Wiley & Sons.

Unwin D. 1981. Introductory Spatial Analysis. London: Mwthuen.

第 2 章　GIS 空间分析的基本理论

2.1　空间分析的理论基础

从地理信息系统（GIS）学科属性的角度看，GIS 主要是对现实世界的空间实体及其相互间的关系进行描述和表达，在计算机环境下的空间数据的组织、存取、分析、可视化、应用系统的设计、数据集成和业务化运作等。在过去的几十年里，国内外 GIS 的发展都主要是靠"应用驱动"和"技术导引"的。

为了给 GIS 应用与产业化发展提供更多的理论支持，近些年来国际学术界加强了对 GIS 基础理论问题的研究。研究重点包括空间关系理论、空间数据模型理论、空间认知理论、空间推理理论、地理信息机理理论（产生、施效和人机作用等）、地理信息的不确定性理论等。

本章将从空间分析的角度对部分理论问题进行探讨。早期 GIS 是一门理论贫乏的学科，如何从学科角度提升 GIS 的理论性是 GIS 研究者一直思考的问题。空间分析中有很多理论性问题，如空间关系理论、空间认知理论、空间推理理论、空间数据模型理论、地理信息机理理论以及地理信息不确定性理论等，因此，加强空间分析的基础理论的研究是提升 GIS 的学科性和理论性的重要突破口。

2.2　空间关系理论

空间关系是 GIS 的重要理论问题之一，在 GIS 空间数据建模、空间查询、空间分析、空间推理、制图综合、地图理解等过程中起着重要的作用（陈军，赵仁亮，1999）。本节从空间关系的分类、不同类型空间关系的表达及描述、时空空间关系的描述以及空间关系的应用等方面对空间关系的基本理论进行介绍。

GIS 中的空间关系主要描述空间对象之间的各种几何关系，为 GIS 空间分析提供基本的理论和方法支持。空间关系可以是由空间现象的几何特性（空间现象的地理位置与形状）引起的空间关系，如距离、方位、连通性、相似性等，也可以是由空间现象的几何特性和非几何特性（高程值、坡度值、气温值等度量属性，地名、物体名称等名称属性）共同引起的空间关系，如空间分布现象的统计相关、空间自相关、空间相互作用、空间依赖等，还有一种是完全由空间现象的非几何属性所导出的空间关系

(郭仁忠，1997）。

2.2.1 空间关系的类型

GIS 空间关系主要分为顺序关系、度量关系和拓扑关系三大类型。其中，顺序关系描述目标在空间中的某种排序，主要是目标间的方向关系，如前后左右、东西南北等。度量关系是用某种度量空间中的度量来描述的目标间的关系，主要是指目标间的距离关系。拓扑空间关系是指拓扑变换下的拓扑不变量，如空间目标的相邻和连通关系，以及表示线段流向的关系（陈军，赵仁亮，1999）。

空间关系表达了空间数据之间的一种约束（Egenhofer，1994），其中度量关系对空间数据的约束最强烈，顺序关系次之，拓扑关系最弱。

随着 GIS 空间关系研究的深入，有更多的空间关系被发现和研究。Florence 等提出了相离关系（disjoint relation）的概念，认为其在空间关系中占有很大的比例（Florence，1996）。Gold 把具有公共 Voronoi 边的两个空间目标定义为空间相邻关系（Gold，1992），提出了邻近关系的概念。胡勇等对邻近关系进一步研究，定义了最邻近空间关系、次邻近空间关系等（胡勇，陈军，1997）。这里主要介绍度量空间关系、拓扑空间关系及方向空间关系三大类型。

2.2.1.1 度量空间关系

度量空间关系包括定量化描述和定性化描述两种。最常用的是定量化描述，即利用距离公式来量测两个空间目标间的度量关系。定性度量量测最早由 Frank 提出，定义了近和远两种定性距离描述方式（Frank，1992）；Hong 进一步用近、中、远、很远等定性指标来描述距离（Hong，1994）；Hernandez 研究了不同粒度下的定性距离，利用组合表的方式得到定性距离的结果（Hernandez，1995）。这里主要讨论定量的描述方式。

空间对象的基本度量关系包含点/点、点/线、点/面、线/线、线/面、面/面之间的距离。在基本空间目标度量关系的基础上，可构造出点群、线群、面群之间的复杂度量关系。例如，在已知点/线拓扑关系与点/点度量关系的基础上，可求出点/点间的最短路径、最优路径、服务范围等；已知点、线、面的度量关系，可进行距离量算、邻近分析、聚类分析、缓冲区分析、泰森多边形分析等。

定量度量空间关系分析包括空间指标量算和距离度量两大类。

空间指标量算是用区域空间指标量测空间目标间的空间关系。其中，区域空间指标包括几何指标（位置、长度、距离、面积、体积、形状、方位等）、自然地理参数（坡度、坡向、地表辐照度、地形起伏度、分形维数、河网密度、切割程度、通达性等）、人文地理指标（集中指标、差异指数、地理关联系数、吸引范围、交通便利程度、人口密度等）。

地理空间的距离度量是利用距离来量算目标间的空间关系。空间中两点间距离的计算有不同的方法，可以沿着实际的地球表面进行，也可以沿着地球椭球体进行，相应地有不同的距离计算公式。

2.2.1.2 拓扑空间关系

拓扑空间关系是指拓扑变换下的拓扑不变量,如空间目标的相邻和连通关系,以及表示线段流向的关系(闫浩文,2003)。

拓扑所研究的是几何图形的一些性质,它们在图形被弯曲、拉大、缩小或任意变形下保持不变,在变形过程中不使原来不同的点重合为同一个点,又不产生新点。换句话说,这种变换的条件是:在原来图形的点与变换后图形的点之间存在着一一对应关系,并且邻近的点仍是邻近的点,这样的变换叫做拓扑变换。

有人把拓扑形象地比喻为橡皮几何学。假如图形都是用橡皮做成的,橡皮图形的弹性变化可以看成拓扑变换。例如,一个橡皮圈能变形成一个圆圈或一个方圈,其拓扑关系不会变化。但是一个橡皮圈变成一个阿拉伯数字"8"就不属于拓扑变换,如图 2.1 所示。因为在变成"8"的过程中,圈上的两个点重合在一起,不再是单纯的弹性变换。

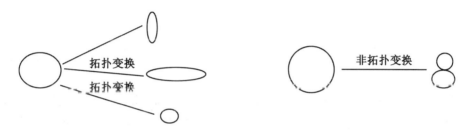

图 2.1 拓扑变换、非拓扑变换示意图

例如,在橡皮表面有一个多边形,多边形内部有一个点。无论对橡皮进行压缩或拉伸,点依然位于多边形内部,点和多边形之间的相对空间位置关系不改变,而多边形的面积则会发生变化。前者是拓扑属性,后者是非拓扑属性。如图 2.2 所示为拓扑空间关系的形式化表达。

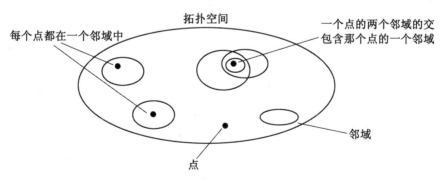

图 2.2 拓扑空间关系的形式化表达

表 2.1 列出了包含在二维欧氏平面中对象的拓扑和非拓扑属性。

表 2.1　欧氏平面上实体对象的拓扑属性和非拓扑属性

拓扑属性	一个点在一个弧段的端点
	一个弧段是一个简单弧段（弧段自身不相交）
	一个点在一个区域的边界上
	一个点在一个区域的内部
	一个点在一个区域的外部
	一个点在一个环的内部
	一个面是一个简单面（面上没有"岛"）
	一个面的连续性（给定面上任意两点，从一点可以完全在面的内部沿任意路径走向另一点）
非拓扑属性	两点之间的距离
	一个点指向另一个点的方向
	弧段的长度
	一个区域的周长
	一个区域的面积

拓扑关系在 GIS 中有广泛的应用，是空间分析的基础。拓扑关系是空间数据的重要约束条件，可以作为自动查错的依据。例如，两个国家的范围不能相互重叠、等高线与等高线之间不能相交。拓扑关系约束在空间数据中起着重要的作用。

2.2.1.3　方向空间关系

方向空间关系又称为方位关系、延伸关系，是指源目标相对于参考目标的顺序关系（方位）。如"河南省在湖北省的北部"就属于方向关系描述。

方向关系的定义首先要确定方向关系的参考体系。定性方向关系定义的参考体系包括相对方向参考体系（如前后左右，三维空间中还包括上下关系）和绝对方向参考体系（如东南西北）。由于相对方向的定义不具备确定性，一般方向关系的形式化描述使用的是绝对方向关系参考。

由于空间目标边界不同，又可把方向关系描述分为确定性对象间的方向关系描述和不确定性对象的方向描述。本节只讨论确定性目标间的方向关系的定义问题。

两点之间的方向关系是最简单的方向关系类型，也是其他类型目标方向关系定义的基础和参照。为了给出两点之间的方向定义，首先给出二维空间中的方向关系定位参考，即相互垂直的 X、Y 坐标轴，利用垂直于坐标轴的直线作为方向关系参考。设 P 和 Q 是二维平面中的两个目标，其中 P 为待定方向的源目标（primary object），Q 为参考目标（reference object），p_i 为目标 P 的点（P 为源目标），Q_j 为目标 Q 的点（Q 为参考目标），$X(p_i)$ 函数与 $Y(p_i)$ 函数返回点 p_i 的 X、Y 坐标。下面是基于点集拓扑学的 9 类常用方向关系的定义（Papadias，1994）。

1. 正东关系

如图 2.3 所示，正东关系的形式化定义为：
$$\text{restricted\_east}(p_i, q_j) \equiv X(p_i) > X(q_j) \wedge Y(P_i) = Y(q_j)$$

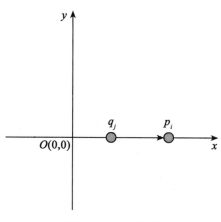

图 2.3　正东关系

2. 正南关系

如图 2.4 所示，正南关系的形式化定义为：
$$\text{restricted\_south}(p_i, q_j) \equiv X(p_i) = X(q_j) \wedge Y(p_i) < Y(q_j)$$

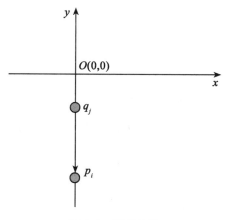

图 2.4　正南关系

3. 正西关系

如图 2.5 所示，正西关系的形式化定义为：
$$\text{restricted\_west}(p_i, q_j) \equiv X(p_i) < X(q_j) \wedge Y(p_i) = Y(q_j)$$

4. 正北关系

如图 2.6 所示，正北关系的形式化定义为：
$$\text{restricted\_north}(p_i, q_j) \equiv X(p_i) = X(q_j) \wedge Y(p_i) > Y(q_j)$$

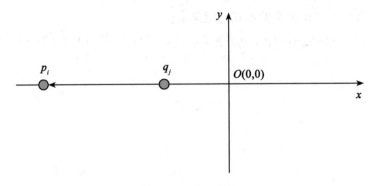

图 2.5 正西关系

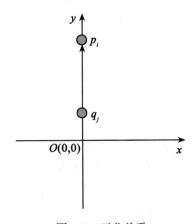

图 2.6 正北关系

5. 西北关系

如图 2.7 所示，西北关系的形式化定义为：

$$\text{north\_west}(p_i, q_j) \equiv X(p_i) < X(q_j) \wedge Y(p_i) > Y(q_j)$$

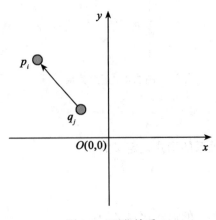

图 2.7 西北关系

6. 东北关系

如图 2.8 所示，东北关系的形式化定义为：
$$\text{north\_east}(p_i, q_j) \equiv X(p_i) > X(q_j) \wedge Y(p_i) > Y(q_j)$$

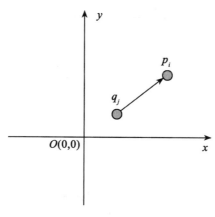

图 2.8 东北关系

7. 西南关系

如图 2.9 所示，西南关系的形式化定义为：
$$\text{south\_west}(p_i, q_j) \equiv X(p_i) < X(q_j) \wedge Y(p_i) < Y(q_j)$$

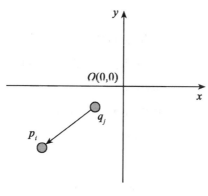

图 2.9 西南关系

8. 东南关系

如图 2.10 所示，东南关系的形式化定义为：
$$\text{south\_east}(p_i, q_j) \equiv X(p_i) > X(q_j) \wedge Y(p_i) < Y(q_j)$$

9. 同一位置关系

如图 2.11 所示，同一位置关系的形式化定义为：
$$\text{same\_position}(p_i, q_j) \equiv X(p_i) = X(q_j) \wedge Y(p_i) = Y(q_j)$$

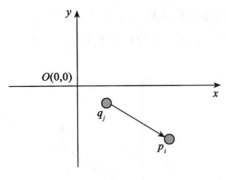

图 2.10 东南关系

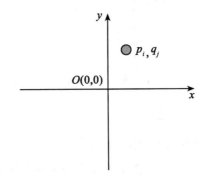

图 2.11 同一位置关系

以上 9 种关系通过点的投影可以精确判断,具有完备性和传递性。对于任意两点,上述 9 种关系必有一种满足。方向关系具有传递性,根据已知方向关系可相互转换,如已知 north_east(p_i,q_j) 可得到 south_west(q_j,p_i)。

如果将东南西北作为主方向,可将前 8 种方向关系合并为 4 种方向关系,即:

east(p_i, q_j) = north_east(p_i, q_j) or restricted_east(p_i, q_j) or south_east(p_i, q_j)

south(p_i, q_j) = south_west(p_i, q_j) or restricted_south(p_i, q_j) or south_east(p_i, q_j)

west(p_i, q_j) = north_west(p_i, q_j) or restricted_west(p_i, q_j) or south_west(p_i, q_j)

north(p_i, q_j) = north_west(p_i, q_j) or restricted_north(p_i, q_j) or north_east(p_i, q_j)

以两点之间的方向关系定义为基础,可以对其他几何类型目标间的方向关系进行定义。

2.2.2 空间关系描述

空间关系描述的基本任务是以数学或逻辑的方法区分不同的空间关系,给出形式化的描述。其意义在于澄清不同用户关于空间关系的语义,为构造空间查询语言和空间分析提供形式化工具。

2.2.2.1 度量空间关系描述

度量空间关系包括空间指标量算和距离度量两大类。

空间指标量算主要包括长度、周长、面积等指标，其定量计算通常采用数学描述公式，形式简单、较为统一（陈军，赵仁亮，1999）。

在距离度量描述中，以两个点目标间的距离为基本距离。基本距离的计算有不同的方式。最常用的是平面中两个点之间的距离计算，又包括欧氏距离、广义距离、切比雪夫距离等。除此以外，为了适应地球球面距离的量算，还有大地测量距离、曼哈顿距离等球面距离的定义方式。在不同学科中对距离的理解及应用目的不同，所用到的距离定义及描述方法也不同。例如统计学中的斜交距离和马氏距离等，旅游业中的旅游时间距离等。

首先介绍平面中两点之间的距离计算方法。设 $A(a_1, a_2, \cdots, a_n)$、$B(b_1, b_2, \cdots, b_n)$ 为两个对象，其中 a_i 和 b_i 分别为其相应的属性。

（1）欧氏距离：

$$d(A, B) = \|A - B\| = \left[\sum_{i=1}^{n}(a_i - b_i)^2\right]^{1/2}$$

欧式距离公式是空间运算中应用最广的一种距离定量化描述方式。

$A(x_1, y_1)$、$B(x_2, y_2)$ 两点之间的欧氏距离为：

$$d(A, B) = \sqrt{(x_1 - x_2)^2 + (y_1 - y_2)^2}$$

（2）切比雪夫距离（切氏距离，Chebyshev）：

$$d(A, B) = \max_i |a_i - b_i|$$

如果 A, B 为平面直角坐标系下的两个点，切氏距离公式分别计算 A, B 两点的 x 坐标之差的绝对值，y 坐标之差的绝对值，然后求最大值。

$A(x_1, y_1)$、$B(x_2, y_2)$ 两点之间的切氏距离为：

$$d(A, B) = \max(|x_1 - x_2|, |y_1 - y_2|)$$

（3）马氏距离（绝对值距离、街坊距离、曼哈顿距离、Manhattan 距离）：

$$d(A, B) = \sum_{i=1}^{n}|a_i - b_i|$$

$A(x_1, y_1)$、$B(x_2, y_2)$ 两点之间的马氏距离为：

$$d(A, B) = (|x_1 - x_2| + |y_1 - y_2|)$$

（4）明氏距离（Minkowski 距离）：

$$d(A, B) = \left[\sum_{i=1}^{n}|a_i - b_i|^m\right]^{1/m}$$

$A(x_1, y_1)$、$B(x_2, y_2)$ 两点之间的明氏距离为：

$$d(A, B) = (|x_1 - x_2|^m + |y_1 - y_2|^m)^{1/m}$$

另外一类距离的计算是考虑地球球面特性而定义的。由于 GIS 中的空间数据大多数是投影到平面上的，因而具有投影的两点间距离不能用平面距离公式计算，要考虑球面上两点间的距离，即大圆距离。下面分别介绍大地测量距离和曼哈顿距离两种计算方法。

（1）大地测量距离：球面上两点间的大圆距离，如图2.12所示。

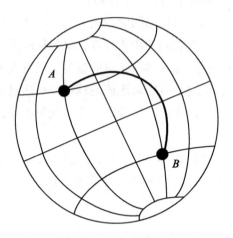

图2.12　大地测量距离

（2）曼哈顿距离：纬度差加上经度差，如图2.13所示。

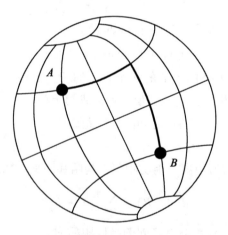

图2.13　曼哈顿距离

不同的学科和行业应用中由于考虑的因素不同，对距离的定义和理解也不同，下面介绍两种具有行业特色的距离定义。

（1）旅游时间距离。两个点（如两个城市）之间的旅游时间距离为从一个点（城市）到另一个点（城市）的最短时间。例如，可以用取得这一最短时间的一系列指定的航线来表示这个距离（假设每个城市至少有一个飞机场），如图2.14所示。

（2）词典编纂距离。在一个固定的地名册里两个点（城市）间的编纂距离为这两

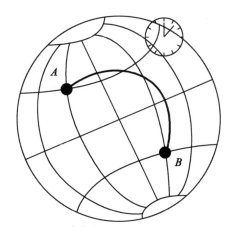

图 2.14 旅行时间距离

个城市的词典位置之间的绝对差值,如图 2.15 所示。

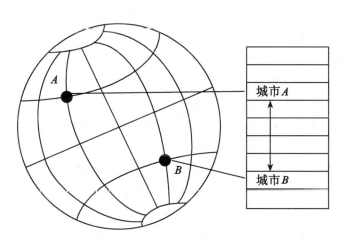

图 2.15 词典编纂距离

以上讨论的是基于两个点目标之间的距离定义,对于非点状目标之间的距离而言,由于目标的模糊性,不同类型实体间(如面状与线状)的距离往往有多种定义。例如,对于如图 2.16 所示的两个对象 A、B 之间的距离如何计算,目前还没有统一的方法。

2.2.2.2 拓扑空间关系描述

拓扑关系在空间分析中具有重要地位,其描述方式的研究一直是空间关系理论研究的热门话题。拓扑关系形式化描述模型的种类很多,下面重点介绍其中的部分代表性模型。

在二维简单空间目标间的拓扑关系描述方面,最具有代表性的拓扑关系描述模型当属由 Egenhofer 和 Franzosa 提出的 4 元组(4-intersection)模型(Egenhofer, Franzosa,

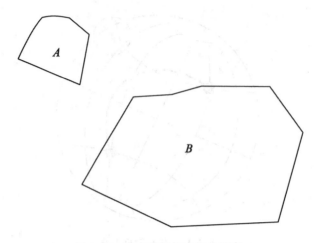

图 2.16 非点状目标之间的距离

1991)。考虑到 4 元组模型在线与线、线与面关系上的表达缺陷,Egenhofer 和 Herring 对 4 元组模型进一步拓展,提出现在最为流行的 9 元组(9-intersection)模型。由于 4 元组模型和 9 元组模型中涉及的"外部"的范围理论上是一个无限量,这种定义不利于数学实现。陈军等利用 Voronoi 多边形替代 9 元组中的外部定义,提出了基于 Voronoi 区域的 V9I 模型(Chen and Li,1997)。另外,RCC 模型利用代数方法,实现了空间面目标之间的拓扑关系描述(Randell et al,1992)。

由于三维空间分析技术研究的深入,目前空间拓扑关系的研究转向三维甚至多维空间。Simon Pigot 等对二维拓扑空间关系描述框架进行了扩展,对多维空间实体间的拓扑空间关系的描述进行了研究,其结果仅限于 N 维欧氏空间中最简单的二值拓扑关系的描述(Pigot,1992)。郭薇等对三维情形进行了研究,定义了第六种拓扑关系,即相等关系,提出了三维空间中满足互斥性与完备性的空间关系最小集(郭薇,陈军,1997)。舒红等将时间作为一维欧氏空间,把 Egenhofer 的 4 元组与 9 元组空间关系描述从空间域扩展到时空域,提出了基于点集拓扑的时态拓扑关系描述框架(舒红等,1997)。

以上介绍的模型都是在假设空间目标的边界等数据不存在误差或者其他不确定性情况下研究的,属于确定性空间目标间的拓扑关系模型。近年来,对于拓扑关系的不确定性研究也取得了一定的成果(史文中,2005)。

下面分别介绍 4 元组模型、9 元组模型、基于 Voronoi 图的 V9I 模型、RCC 模型和空间代数模型等拓扑关系表达的代表性模型。

1. 4 元组模型

4 元组模型是一种基于点集拓扑学的二值拓扑关系模型。该模型将简单空间实体看做是边界点和内部点构成的集合,即每个空间实体表示为由边界点集 ∂A 和内部点集 $A°$ 构成的集合,4 元组模型由两个简单空间实体点集的边界与边界的交集、边界与内部的交集、内部与边界的交集、内部与内部的交集构成的 2×2 矩阵构成。两个简单空间实体之间的关系可以由 4 元组中 4 个元素的不同取值来确定。假设 A，B 为两个空间物体，∂A，∂B 分别表示 A 和 B 的边界，A°，B° 分别表示 A 和 B 的内部，则点目标 A 和 B 间的拓扑关系可以用下面的矩阵表示：

$$\boldsymbol{R}(A, B) = \begin{bmatrix} \partial A \cap \partial B & \partial A \cap B^\circ \\ A^\circ \cap \partial B & A^\circ \cap B^\circ \end{bmatrix}$$

矩阵中的元素取值只有空（$\varnothing$）和非空（$\overline{\varnothing}$）两种情况，总共有 16 种组合情况。排除不具有实际意义的取值组合，该模型可表达 8 种面/面拓扑关系、16 种线/线拓扑关系、13 种线/面拓扑关系、3 种点/线拓扑关系、3 种点/面拓扑关系和 2 种点/点拓扑关系。

8 种面面关系如图 2.17 所示，如果将关系矩阵中的 4 元组中的元素用 0（交集为空）和 1（交集为非空）表示，则得到关系矩阵的形式化表示，分别表示为图 2.17 中每幅图形下面的 4 元组关系矩阵。

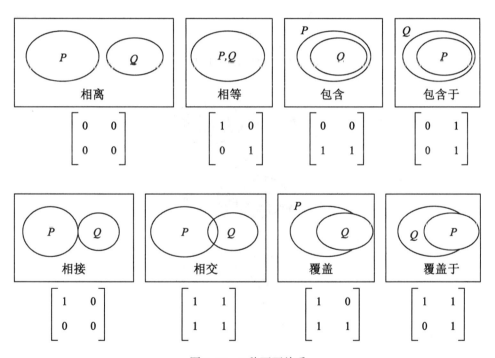

图 2.17 8 种面面关系

3 种点线拓扑关系如图 2.18 所示。
2 种点点拓扑关系如图 2.19 所示。
3 种点面拓扑关系如图 2.20 所示。

4 元组模型利用点集拓扑学，较系统地描述了两个简单空间实体间的拓扑关系。利用此模型基本可以表示所有常用的拓扑关系，但该模型存在致命的缺点，即其对简单线目标间关系以及简单线目标和简单面目标间关系的表达具有不唯一性。这种不唯一性可

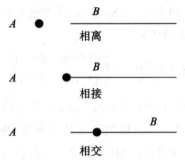

图 2.18 3 种点线拓扑关系

图 2.19 2 种点点拓扑关系

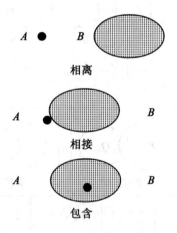

图 2.20 3 种点面拓扑关系

以用图 2.21 来说明。图 2.21（a）中线目标 A 的两个端点位于面目标 B 上，而在图 2.21（b）中 A 仅有一个端点在 B 上，另一端点则位于 B 的外部，但这两种不同的关系用 4 元组模型表示的结果相同，即均为

$$\begin{bmatrix} \neg\varnothing & \varnothing \\ \varnothing & \varnothing \end{bmatrix}$$

显然，利用 4 元组模型表示线面间的关系时，存在不唯一性的问题。

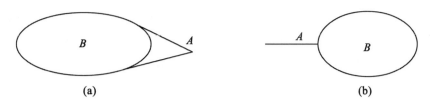

图 2.21　4 元组空间关系描述线面间关系的不唯一性（李成名，陈军，1997）

2. 9 元组模型

针对 4 元组模型表达中的致命弱点，Egenhofer 等对其进行拓展，提出了 9 元组模型。9 元组在原有 4 元组模型的基础上，在空间描述框架中引入空间实体的"补"，将空间目标 A 表示为边界（∂A）、内部（$A°$）和外部（A^-）三个部分的集合。通过比较目标 A 与 B 的边界（∂B）、内部（$B°$）及外部（B^-）之交集的内容（空或非空）和维数、分块等，分析确定 A 和 B 之间的空间拓扑关系。空间目标 A、B 之间空间关系的 9 元组表示为：

$$R(A, B) = \begin{bmatrix} \partial A \cap \partial B & \partial A \cap B° & \partial A \cap B^- \\ A° \cap \partial B & A° \cap B° & A° \cap B^- \\ A^- \cap \partial B & A^- \cap B° & A^- \cap B^- \end{bmatrix}$$

9 元组模型由于引入了"补"的概念，矩阵模型可区分 512（2^9）种关系，但具有实际意义的只有一小部分。9 元组能表示 2 种点点间关系、3 种点线间关系、3 种点面间关系、33 种线线间关系、19 种线面间关系及 8 种面面间关系。

和 4 元组模型相比，9 元组模型的主要优点在于引入了空间实体"补"的概念，将实体的外部考虑进来，将 4 元组中 4 种线面间的包含关系及 3 种线线间的包含关系区分开来，克服了 4 元组表达的不唯一性。

9 元组模型是目前应用最广的一种模型，被很多流行的商业化 GIS 软件所应用。如 ESRI 公司以 Macro 宏语言的方式将 9 元组模型用于查询命令中。Oracle 将 9 元组和 SQL 相结合，拓展传统的 SQL 查询谓词，使之支持空间域查询。

3. 基于 Voronoi 的 V9I 模型

针对 9 元组模型中"补"的概念存在重叠太大、空间实体定义方面的不足以及不能描述空间邻近关系等缺陷（陈军，赵仁亮，1999），陈军等用 Voronoi 多边形取代 9 元组中的"补"来重新定义 9 元组模型，并将其定义为 V9I 模型（Chen and Li，1997）。

Voronoi 图又叫泰森多边形，由俄国数学家 M. G. Voronoi 在 1908 年提出并命名，由于早在 1850 年数学家 G. L. Dirichelet 已经对其进行过研究，因此又称为 Dirichelet 图。Voronoi 图由一组连接两邻点连线的垂直平分线组成的连续多边形组成。N 个在平面上有区别的点按照最邻近原则划分平面，每个点与它的最近邻区域相关联。

空间实体的 Voronoi 区域的定义为：设二维空间 $\mathbf{R}^2$ 中有一空间目标集合为 $S = \{O_1, O_2, \cdots, O_n\}$ （$n \geq 1$），O_i 可以是点目标，也可以是线目标或面状目标，其中面状目标并不要求为凸域，可以含洞（它们在空间数据库中具有唯一的 ID，因此也可称之为几何目标），则目标 O_i 的 Voronoi 区域（简记为 O_V）为：

$$O_V = \{P \mid \text{distance}(P, O_i) \leq \text{distance}(P, O_j), j \neq i\}$$

即由到目标 O_i 的距离比到所有其他目标的距离都近的点所构成的区域。

Delaunay 三角形是由与相邻 Voronoi 多边形共享一条边的相关点连接而成的三角形。

如图 2.22 所示，实线三角形为 Delaunay 三角形，虚线六边形为 Voronoi 区域。

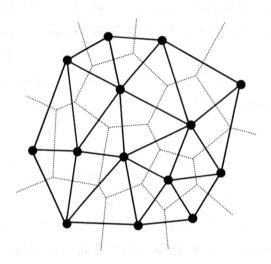

图 2.22　Delaunay 三角形与 Voronoi 区域

用 Voronoi 图建立空间目标之间的邻近关系，用空间目标的 Voronoi 区域替代 9 元组模型中的"补"，内部和边界的定义与 9 元组模型相同，借助 9 元组模型的拓扑关系定义方法，可以得到 V9I 模型的拓扑关系描述矩阵。其中，A^V 表示目标 A 的 Voronoi 区域。

$$\boldsymbol{R}(A, B) = \begin{bmatrix} \partial A \cap \partial B & \partial A \cap B^\circ & \partial A \cap B^V \\ A^\circ \cap \partial B & A^\circ \cap B^\circ & A^\circ \cap B^V \\ A^V \cap \partial B & A^V \cap B^\circ & A^V \cap B^V \end{bmatrix}$$

由于 V9I 模型既考虑了空间实体的内部和边界，又将 Voronoi 区域看做一个整体，因而该模型有机地集成了交叉方法与交互方法的优点，能够克服原 9 元组模型的一些缺点，包括无法区分相离关系、难以计算目标的补等。表 2.2 说明了 V9I 模型与 9 元组模型表达能力的比较。

表 2.2　V9I 模型和 9 元组模型可区分的拓扑关系的数量对比（郭庆胜等，2006）

关系类型	V9I 模型可区别的拓扑关系数	9 元组模型可区别的拓扑关系数
区域与区域	13	8
线与线	8	33
线与区域	13	19
点与点	3	2
点与线	4	3
点与区域	5	3

4. RCC 模型

RCC 模型是由 Randell 等（Randell et al, 1992）提出的一种运用区域连接演算（Region Connection Calculus，RCC）理论来表达空间区域的拓扑特征和拓扑关系的代数拓扑关系模型。RCC 模型仅能对空间面实体间的拓扑关系进行表达，不能表示点、线目标间的空间拓扑关系。RCC 模型又可分为 RCC-5 模型和 RCC-8 模型两种。RCC 模型对面目标间的拓扑关系的描述如图 2.23 所示。

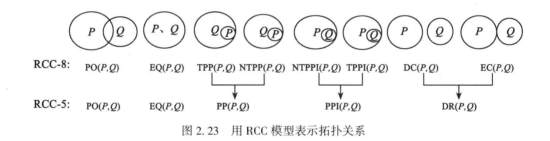

图 2.23　用 RCC 模型表示拓扑关系

5. 空间代数模型

空间代数模型是基于空间代数方法建立的一种拓扑关系代数模型。其基本思想是用并（union）、交（intersection）、差（difference）、反差（difference by）等空间代数算子描述两个空间实体间的空间拓扑关系，其表示结果为一个数学函数。空间代数模型可以表示空间点、线间的拓扑关系，也可以区分多种拓扑关系。

2.2.2.3　方向空间关系描述

方向关系是顺序关系中最主要的关系。方向关系的描述方式包括定量描述和定性描述两种。

方向关系的定量描述方法使用方位角或者象限角对目标间的方向关系值进行精确定义。其中，点状目标间的角度最为简单，但对于其他类型的目标，方位角的计算则复杂得多。

方位角是指以正北方向为零方向,沿顺时针方向旋转到目标点所在位置时经过的角度,其取值范围为 0°~360°。

如图 2.24(a)所示,B 相对于 A 的方位角 α 和 A 相对于 B 的方位角 β 之间的关系为:

$$|\alpha-\beta|=180°$$

平面上的方位角的计算往往将 X 轴设为纵轴(正北方向),Y 轴设为横轴,其目的是为了同方位角的计算一致。设二维平面中 A、B 两点的坐标分别为 (x_A, y_A) 和 (x_B, y_B),B 点相对于 A 点的方位角 α 为:

$$\alpha=\arctan\frac{y_B-y_A}{x_B-x_A}$$

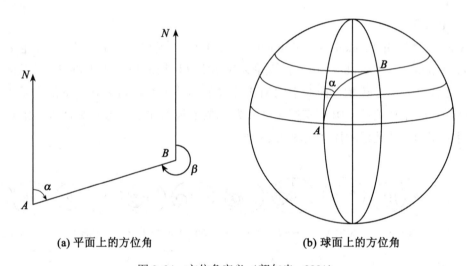

(a) 平面上的方位角　　　　　　(b) 球面上的方位角

图 2.24　方位角定义(郭仁忠,2001)

如图 2.24(b)所示,在测量学中将球面上 B 点相对于 A 点的方位角 α 的定义为:过 A、B 两点的大圆平面与过 A 点的子午圈平面(大圆平面)间的夹角(郭仁忠,2001)。这是因为球面上的正北方向是由经线方向表示的。同理,球面上的 A 点相对于 B 点的方位角定义为:过 A、B 两点的大圆平面与过 B 点的子午圈平面间的二面角。由于球面三角不满足平面三角的定律,所以上面用来描述 α,β 间的绝对值关系在球面定义中不成立。

设 A 和 B 是球面上的两个点目标,地理坐标分别为 (φ_A, λ_A) 和 (φ_B, λ_B),则 B 相对于 A 的方位角为:

$$\cot\alpha=\frac{\sin\varphi_B\cos\varphi_A-\cos\varphi_B\sin\varphi_A\cos(\lambda_B-\lambda_A)}{\cos\varphi_B\sin(\lambda_B-\lambda_A)}$$

而 A 相对于 B 的方位角为:

$$\cot\beta = \frac{\sin\varphi_A\cos\varphi_B - \cos\varphi_A\sin\varphi_B\cos(\lambda_A - \lambda_B)}{\cos\varphi_A\sin(\lambda_A - \lambda_B)}$$

如果知道 A 和 B 的投影平面坐标，求球面的方位角可以将投影坐标先转换为地理坐标，再用上面的公式计算方位角。

日常生活中，应用最广的是方向关系的定性描述。方向关系的定性描述模型主要包括锥形模型、最小约束矩形模型（MBR）、二维字符串模型（2-D String）、方向关系矩阵模型和基于 Voronoi 图的方向关系模型等。

1. 锥形模型

锥形模型最早由 Harr 提出（Harr，1976），后来由 Peuquet 和 Zhan 进行改进（Peuquet and Zhan，1987）。锥形模型的基本思想是：在从某个空间目标出发指向另一个目标的锥形区域中，确定两个空间目标间的空间方向关系。具体步骤为：首先选择两个目标中较小的一个作为源目标，较大的一个作为参考目标；然后从参考目标的质心（centroid）出发作两条相互垂直的直线，将所在的平面划分为 4 个无限锥形区域，且每个锥形顶点的角平分线指向方向为一个主方向（东、南、西、北）；判断源目标方向的方法为判断源目标位于参考目标哪一个主方向所在的锥形区域，如图 2.25（a）所示，Q 位于主方向的锥形区域，则可得出 Q 位于 P 的东面。

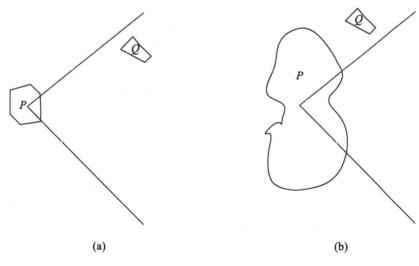

图 2.25　锥形模型表示

由于将线状参考目标和面状参考目标表示为一个点，锥形模型仅适用于两个空间目标间的距离与空间目标的尺寸相比差别较大的情况，而如果两个空间目标间的距离小于或接近空间目标的尺寸、两目标相交或缠绕、空间目标为马蹄形时，很可能出现错误的结论，如图 2.25（b）所示。为了克服这一缺陷，Peuquet 和 Zhan 在原有的锥形模型中加入多边性的大小、形状、走向、最小投影矩形等因子，并使用"朝向面"（face side）的概念，使原有的模型可以处理一些复杂空间目标间的方向关系。

31

总体来说，锥形模型在两个空间目标的距离和大小相差较大时，其方向关系判断结果较为理想。锥形模型不是一个形式化的空间方向关系描述模型，不适合用于空间数据库的查询。

2. 最小约束矩形模型（MBR）

最小约束矩形模型的基本思想为利用两个目标间的 MBR（Minimum Bounding Rectangle）间的关系定义方向关系。基本思想是找出空间目标在 X 轴和 Y 轴上的投影最大值和最小值（左上角点、右下角点），构成该空间目标的 MBR（最小约束矩形），两个空间目标间的方向关系的确定转变为相应的两个目标 MBR 的方向关系的判断。

MBR 模型利用空间对象的几何近似关系取代实际空间对象的关系，优点是简单、直观。其将二维方向关系问题变换为一维方向关系问题，大大降低了模型的复杂性，在描述精度较低时（不超过 8 种方向）可以基本满足表达需要。因此，MBR 模型在很多的空间数据和索引技术中得到了应用。

但在描述空间对象间的邻近关系时，MBR 出现相交的频率很高，对象间的 MBR 关系与对象的真实关系往往不一致。部分学者对该模型提出了改进，如 Papadias 和 Egenhofer 提出在计算方向时引进一个"提炼"（refinement）的步骤，对容易出现错误的关系下的 MBR 进行特殊处理。

3. 二维字符串模型（2-D string）

Chang 等（1987）提出了一种用于对于符号化图像编码的二维字符串（2-D string）的表达方法。这种方法属于基于坐标轴的投影方法，其基本思想是用某一固定大小的格网覆盖目标所在的整个区域，并使用一个二维字符串来记录每个格网中的空间物体。该二维字符串由一对一维字符串 (u, v) 组成，其中 u 表示物体在 x 轴方向的投影，v 表示物体在 y 轴方向的投影。不难看出，这种表示方法直接表示了空间物体间的方向关系，而没有直接表示物体间的拓扑关系。但是在某些特定情况下，可以通过该二维字符串提取出物体间的某些拓扑关系。

后来，Chang 等（1989）对原来的二维字符串进行扩展，提出了 2D-G 字符串表示法。这种方法用分割函数来分割图像，找出空间物体在 X 轴方向和 Y 轴方向的投影的关系，并用二维的字符串记录空间物体间的关系。图 2.26 是一个用 2D-G 字符串表示空间物体的例子，其中的"es"表示空集。

二维字符串表示法的优点在于利用线分割空间目标，并将空间目标主方向上的图形特征记录下来，提高了方向关系的精度。其主要缺点是：模型计算较复杂、无法处理某些复杂情况（如缠绕、包含、相交等），有时由于对方向关系描述的概括而导致错误结果。

4. 方向关系矩阵模型

方向关系矩阵模型（Goyal, 2000）的思想是将平面空间划分为 9 个区域，每个区域为一个方向片（direction tiles），且每个方向片对应一个主方向，参考目标所在的方向片称为同方向。如图 2.27（a）所示，对于物体 A，方向集为 $\{N_A, NE_A, E_A, SE_A,$

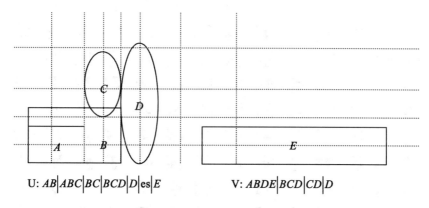

U: AB|ABC|BC|BCD|D|es|E　　　　　　V: ABDE|BCD|CD|D

图 2.26　2D-G 字符串表示法

S_A，SW_A，W_A，NW_A，O_A}。在研究源目标 B 与 A 的关系时，可以将 B 与 A 的九个方向片分别求交，得到如图 2.27（b）所示的方向关系矩阵。根据该矩阵中非空元素的位置就可知道源目标 B 和参考目标 A 间的方向关系。

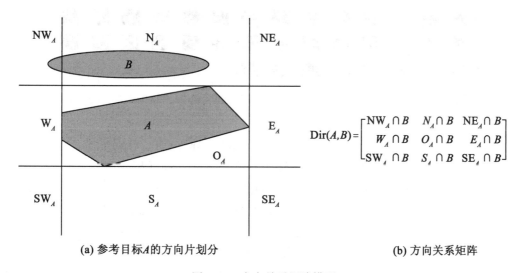

$$\mathrm{Dir}(A,B)=\begin{bmatrix} NW_A \cap B & N_A \cap B & NE_A \cap B \\ W_A \cap B & O_A \cap B & E_A \cap B \\ SW_A \cap B & S_A \cap B & SE_A \cap B \end{bmatrix}$$

(a) 参考目标A的方向片划分　　　　　　(b) 方向关系矩阵

图 2.27　方向关系矩阵模型

该 3×3 矩阵可以有 512（2^9）种取值组合，Goyal（2000）在其中取了 218 种有意义的取值，建立了标象描述矩阵来表示源目标对于参考目标的空间位置，如图 2.28 所示。

为了避免该模型存在的矩形模型缺陷，Goyal（2000）用源目标在某一方向片区的面积比例代替交集，原有的方向关系矩阵变为：

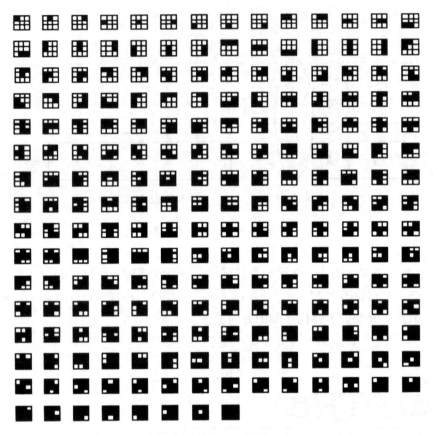

图 2.28 空间方向关系的标象描述（Goyal，2000）

$$\begin{bmatrix} \dfrac{\text{Area}(NW_A \cap B)}{\text{Area}(B)} & \dfrac{\text{Area}(N_A \cap B)}{\text{Area}(B)} & \dfrac{\text{Area}(NE_A \cap B)}{\text{Area}(B)} \\ \dfrac{\text{Area}(W_A \cap B)}{\text{Area}(B)} & \dfrac{\text{Area}(O_A \cap B)}{\text{Area}(B)} & \dfrac{\text{Area}(E_A \cap B)}{\text{Area}(B)} \\ \dfrac{\text{Area}(SW_A \cap B)}{\text{Area}(B)} & \dfrac{\text{Area}(S_A \cap B)}{\text{Area}(B)} & \dfrac{\text{Area}(SE_A \cap B)}{\text{Area}(B)} \end{bmatrix}$$

方向关系矩阵模型较好地克服了原有矩阵模型和锥形模型在描述空间目标近似时存在的缺陷，用关系矩阵的形式描述了两个空间目标间方向关系的细节，该关系矩阵可作为空间查询、推理的基础。该模型的主要缺点在于该模型用目标所在的区域取代目标本身，使得判断容易出现偏差甚至错误；模型中对方向片的划分和人们日常对空间方向的判断思维的锥形区域不同，导致判断结果在很多情况中出现错误。该模型的表达结果不能逆推。

5. 基于 Voronoi 图的方向关系模型

基于 Voronoi 图的模型的基本思想是通过空间目标的 Voronoi 图与空间目标的关系来描述和定义空间目标间的方向关系。在空间目标 MBR 的基础上建立 Voronoi 区域，通过空间目标 MBR 与 Voronoi 区域边界线之间的关系来描述空间目标之间的方向关系，如图 2.29 所示（李成名等，1998）。空间实体 A 和 B 之间的方向关系可以利用空间实体的最小矩形边和 Voronoi 多边形的边界线构成的 5×5 矩阵形式化描述表达。

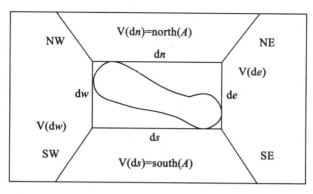

图 2.29　空间实体的 4 个 Voronoi 区（李成名等，1998）

闫浩文等（2002）通过建立与空间目标间指向线的法线比较近似的方向 Voronoi 图来描述空间目标间的方向关系，计算方向 Voronoi 图每条边的方位，得到空间目标之间方向关系的精确描述。如：源目标 B 的 50%位于参考目标 A 的北边，23%位于 A 的东北方向，27%位于 A 的东边等。如果连接两目标可视区域内方向 Voronoi 图的首尾端点，计算方向 Voronoi 图整体走向的方位角，可以转换为两空间目标的方向关系的概略表达，如 B 位于 A 的东北方向。

2.2.2.4　空间关系描述模型的评价

空间关系描述模型一般从完备性（completeness）、严密性（soundness）、唯一性（uniqueness）、通用性（generability）准则等方面进行评价（Abdelmoty and Williams, 1994）。其中，完备性是指空间关系描述结果能包含目标间所有可能的定性关系；严密性是要求所推出的一组关系是实际存在的或正确的；唯一性要求所有关系是互斥的；通用性指描述方法应能处理各种形状的目标和各类关系。

具体来说，空间关系表达模型表达能力的衡量标准包括（Abdelmoty and Williams, 1994）：

（1）空间关系表达是否是形式化的、无歧义的。

（2）表达的完备性：根据该模型对空间关系进行划分，表达结果能否包含目标间实际存在的所有空间关系。

（3）表达的可靠性：根据该模型对空间关系进行划分，其结果必须与目标间实际存在的空间关系相符。

（4）表达的唯一性：根据该模型对空间关系进行划分，其结果必须是互斥的。

（5）表达的可推理性：通过该模型进行的空间关系划分结果能否用于空间推理。

2.2.3 时空空间关系

地理实体之间的空间关系往往随着时间而变化，时间关系与空间关系交织在一起就形成了多种时空关系。例如，当点、线、面目标之间的空间相邻（spatial contiguity）、空间连通（spatial connectivity）、空间包含（spatial inclusion）等关系随时间发生变化时，往往与目标间的时间拓扑关系（temporal topology）交织在一起，形成了一种新的时空拓扑关系（spatio-temporal topology）。

20世纪80年代初期，James F. Allen提出了一种时态关系描述逻辑，即时间区间逻辑（Allen，1984）。时间区间逻辑简洁实用，逐渐被人工智能界广泛接受。90年代初期，Max J. Egenhofer（1990）提出了一种空间拓扑关系描述理论，即4元组模型。在时空位置的语义层次上，考虑时间和空间形式上的分离性，正交组合时间区间逻辑和4元组空间模型，形成了时空关系模型（舒红，1997；Claramunt and Jiang，2001）。

Allen的时间区间逻辑中，时间区间为基元，两个时间区间之间的定性关系有13种类型：时间相等TR_equal、时间前TR_before、时间后TR_after、时间相遇TR_meet、时间被遇见TR_met、时间交叠TR_overlap、时间被交叠TR_overlapped、时间包含TR_contain、时间被包含TR_during、时间开始TR_start、时间被开始TR_started、时间终止TR_finish、时间被终止TR_finished。在这13种时间区间关系中，只有时间相等关系TR_equal单一，其余6对关系在方向上对称。Allen的时间区间关系是一种拓扑关系和方向关系在一维线性时间上的抽象复合。

图2.30中的时空关系模型是时间区间关系和空间区域关系的正交组合。其中，时间区间关系包括时间方向关系和时间拓扑关系，空间区域关系仅为空间拓扑关系。

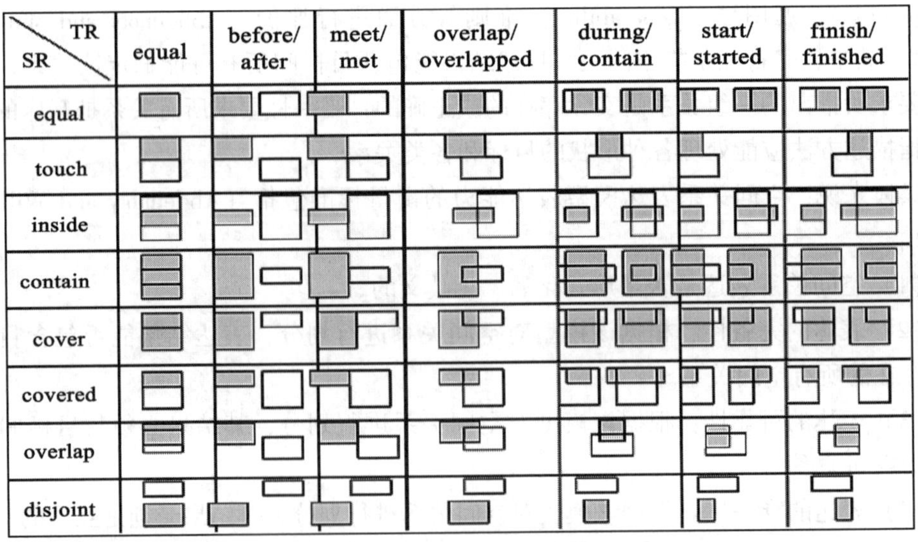

图 2.30 时空关系模型

时空关系是人们定性地认识运动事物的一种视角，可以将时空关系视为相对时空、抽象时空和时空结构等概念，在上述简单空间关系模型基础上发展相对时空定位模型、定性运动模型、层次时空模型、拓扑和形状（度量、方向和维度）复合时空模型等高级理论。

2.2.4 空间关系理论的应用

空间关系理论的研究进展直接影响着 GIS 空间数据模型、空间数据库查询、空间分析、空间推理、制图综合、地图理解、自然语言界面标准化等方面的发展与应用（陈军，赵仁亮，1999）。

在 GIS 空间数据建模与空间数据库设计时，既要表达空间实体，也要表达空间实体间的空间关系。Arc/Info，TIGER 等系统采用关系表法表达节点与弧段、弧段与面块之间的拓扑关联等空间关系，使重叠的节点与面块的坐标只需存储一次，不仅节省了存储空间，而且便于进行拓扑一致性检验和查询分析。基于 Voronoi 图的空间关系方法可以用于动态建立拓扑关系来扩展 MapInfo 的功能（陈军，崔秉良，1997）。

空间数据库的查询往往依赖于空间目标间的关系。目前的传统数据库的查询语言因为只提供了对简单数据类型（如整数或字符）的相等或排序等操作，故而不能有效地支持空间查询。为了构造空间查询，Arc/Info 中通过 Macro 语言方式，把 9 元组模型的描述结果加入到查询命令中；Oracle 把 9 元组模型与 SQL 相结合，使查询功能扩展到空间域；9 元组描述模型还被用于构造基于图标的或基于自然语言的空间关系查询界面，这有助于使用户从繁琐枯燥的 SQL 语法中解脱出来（Shariff et al，1998；陈军，赵仁亮，1999）。

空间分析在某种程度上是在处理空间实体之间的相互关系，如点模式识别是在处理点状目标之间的邻近关系与分布，叠置分析则处理多个空间目标之间的相交、重叠等拓扑关系，网络分析处理空间实体之间的拓扑邻接与关联，邻域分析是在相互邻近的空间实体之间进行的（陈军，赵仁亮，1999）。

利用 9 元组进行空间推理是空间关系理论成果的另一重要应用，例如，人们用 9 元组模型组建空间关系的组合表，建立检测拓扑关系一致性的推理机制，通过 9 元组建立空间关系之间的概念邻接模型，推导空间关系的渐变过程，用于反映空间实体的变形过程。

2.3 地理空间认知

2.3.1 地理空间认知的概念

认知心理学中的空间认知是指人们对物理空间或心理空间三维物体的大小、形状、方位和距离的信息加工过程（赵金萍等，2006）。地理空间认知（geospatial cognition）

是指在日常生活中，人类如何逐步理解地理空间，进行地理分析和决策，包括地理信息的知觉、编码、存储以及解码等一系列心理过程（Lloyd，1997；王晓明等，2005）。我们这里主要限定是对地理空间认知进行研究。

地理空间认知作为地理信息科学的一个重要研究领域得到了广泛重视。1995年美国国家地理信息与分析中心（NCGIA）发表了"Advancing Geographic Information Science"的报告，提出地理信息科学的三大战略领域：地理空间认知模型研究、地理概念计算方法研究、地理信息与社会研究。1996年美国地理信息科学大学研究会（UCGIS）发布的10个优先研究主题中就有对地理信息认知的研究。美国国家科学基金会（NSF）为了支持NCGIA继续推动和发展地理信息科学，自1997年连续3年资助Varenius项目，支持这三大战略领域的研究。空间信息理论会议（COSIT）是有关地理信息科学认知理论极富影响力的论坛，它是促进地理信息科学认知基础研究领域发展和成熟的一个重要标志。该会议自1993年起每两年举行一次，会议主题是大尺度空间，特别是地理空间表达的认知和应用问题。1997年在北京举行的专家讨论报告中，地理信息认知作为地球信息机理的组成部分而成为GIS的基础理论研究之一。2001年中国国家自然科学基金委在地球空间信息科学的战略研究报告中，把地理空间认知研究作为基础理论之一列入优先资助范围。地理空间认知研究作为地理信息科学的核心问题之一，已经得到普遍的认同（王晓明等，2005）。

2.3.2 地理空间认知的研究内容

地理空间认知作为认知科学与地理科学的交叉学科，需对认知科学研究成果进行基于地理空间相关问题的特化研究。与认知科学研究相对应，地理空间认知研究主要包括地理知觉、地理表象、地理概念化、地理知识的心理表征和地理空间推理，涉及地理知识的获取、存储与使用等。下面分别从地理知觉、地理表象、地理概念化、地理知识心理表征、地理空间推理等方面分别介绍地理空间认知的研究内容。

1. 地理知觉

地理知觉是指将地理事物从地理空间中区分出来，获取其位置并对其进行识别。地理知觉的研究主要涉及以下几个方面：

（1）格式塔心理学（Gestalt Psychology）。现代认知心理学的先祖格式塔心理学知觉理论是对知觉组织通用原则的研究。格式塔心理学又称"完形心理学"，是一种研究经验现象中的形式与关系的心理学。格式塔心理学揭示了知觉的4个基本特征：相对性、整体性、恒常性和组织性。并总结了称为组织律的系列知觉组织原则，包括图形-背景原则、接近原则、连续原则、相似性原则、闭合和完整倾向原则、共向性原则、简单原则等（王晓明等，2005）。

（2）知觉的透镜模型和供给模型。目前知觉领域影响最大的通用模型是透镜模型和供给模型。透镜模型强调了知觉者的内在世界的不确定性，知觉被看做是通过一系列近端线索获得远端变量的一种间接过程（王乃弋，李红，2003）。透镜模型承认知觉包含信息加工过程，而供给模型则强调地理环境提供了足够的信息，感觉器官能直接从外界获得所需信息，根本不存在信息加工过程。其中透镜模型的影响较大（王晓明等，2005）。

（3）对象系统和位置系统的分离。地理信息加工的基本原则是对象系统和位置系统的分离。位置系统处理空间信息，判断物体在空间中的位置、大小和方向，并对各物体间的空间关系进行编码。对象系统处理用于空间物体辨识的各种信息，包括形状、颜色、纹理等（王晓明等，2005）。

（4）Marr 的草图模型及其相关研究。Marr 的草图模型是关于地理知觉过程和步骤影响最大的理论，对知觉过程和步骤的进一步研究大都在 Marr 的基础上进行。Marr 认为：神经系统所作的信息处理与机器相似。视觉是一种复杂的信息处理任务，目的是要把握对我们有用的外部世界的各种情况，并把它们表达出来（姚国正，汪云九，1984）。草图模型的研究从场景的感觉登记（图像记忆）开始，到场景被识别为一系列配置在空间中的物体、概念的实例结束（王晓明等，2005）。

（5）地理空间基于知觉方式的尺度划分。地理空间是一个连续的统一体，地理对象（现象）之间具有空间关联性和空间异质性，时空框架中地理对象的绝对和相对位置依其尺度和时间而变化（马荣华等，2005）。尺度问题是地理信息科学有关认知最优先的研究之一。知觉方式的不同是空间尺度划分的主要依据。心理学根据不同尺度空间知觉方式的不同，将空间划分为图形、街景、环境和地理空间。基于空间的可处置性、移动性和尺寸，可以将空间区分为可处置物体、非可处置物体、环境、地理、全景和地图空间几种类型。这些不同空间概念的划分对未来 GIS 的设计具有重要意义。地理空间作为空间的特化，具有其特有的性质（王晓明等，2005）。

（6）地理空间知觉方法差异性研究。地理空间知觉方法存在差异，环境空间的知觉主要靠导航经验，地理空间的知觉主要靠读图。基于地图的地理空间认知，就是通过阅读地图来实现人们对地理空间的认知，基于地图的地理空间知觉过程是基于地图的地理空间认知基本过程中的首要步骤（张本昀等，2007）。知觉方法对地理知识的获取、存储和使用都具有重要影响。读图方式和导航方式存在着较大差异（王晓明等，2005）。

2. 地理表象

表象是创造性科学思维中的关键因素，作为认知科学中一个重要概念，是人类意识对物质世界主动和积极的形象化反映，表现为象、形等。地理表象用来表示在地理意向性理论指导下的地理形象思维所产生的各种"象"，它既是地理思维活动的产物，又是地理思维得以进行的载体，与地理知识的使用和地理空间的推理密切相关（王晓明等，2005）。地理表象的研究主要涉及以下内容：

（1）研究表象的重要方法。心理旋转实验是研究表象的重要方法。心理旋转的研究是当前认知心理学表象理论的重要组成部分，它有力地支持了表象是一个独立的心理表征的观点。心理旋转作为一种空间认知能力，与语言相同的是，都属于个体认知发展过程中的一种相对高水平的能力；不同的是，心理旋转是一个没有标记的、不用计算的、连续的、类比的过程（赵晓妮，游旭群，2007）。

实验中给出两个几何体，要求被试者以最快的速度判断其是否是同一物体。实验发现被试者在心理旋转这些物体时，角度越大，需要时间越长，且旋转速率相对稳定（王晓明等，2005）。

（2）类命题理论和准图片理论。在心理表象研究中，影响最大的两个理论是类命题理论和准图片理论，这两大理论是相互对立的。类命题理论认为表象作为服务于思维的抽象概念结构，对场景的描述不是类似图片，而是类似于命题的符号结构系统。人们使用概念进行知识表征，只是概念化的记忆东西，记忆中存储的是对事物的说明、解释，而不是具体的表象；人有内部的表象体验，但存储的只是事物的意义。但是，按照准图片理论，表象内部结构和产生机制与视知觉类似，具有大小、方位和位置等空间特性，是类图片形式的二维表面矩阵。矩阵的每一成分由表示局部视野的基元组成，基元总与一些其他基元相邻，可以形成方向、纹理、位置和景物。除了上述两个理论，还有其他表象理论，如知觉行为理论和结构描述理论（王晓明等，2005）。

（3）地理表象的基本形式。地理表象分为4种基本类型：地理区域、综合体、地理景观和区域地理系统。地理区域是地理学家为研究地理环境所产生的"一个知识概念，供思考的实体"，可以表示任意大小的区域，具有相对均质性。综合体是指由若干个相互作用的成分组成的地理实体。地理景观指在某个发生上一致的区域，若干地理现象的某种组合关系的节律性典型重复，可以包含若干个最小空间功能单元体。区域地理系统是对地理区域进行系统研究所建立的系统，它以地理景观为结构组件，按照地理事件发生的过程来构造系统模型（王晓明等，2005）。

3. 地理概念化

概念化是把具有共同特征的事物归为一类，而把不同特征的事物放在不同类中。地理实体通过概念化得到辨识，地理知识通过概念化得以概括和精简，其对地理知觉和地理知识存储具有重要意义。通过概念化分类可以将大量知识简化到可以处理的比例。地理概念化是地理世界已知地理实体、实体属性和实体间关系的知识库，依据概念化知识记忆和理解地理世界。地理概念化研究主要包括概念化方法、理论和地理实体的本体（王晓明等，2005）。

（1）地理概念化方法。地理概念化方法主要有基于经典集合论的方法和原型分类方法。集合论方法的概念化目前在GIS语义表达和共享中广泛采用，主要内容包括：分类是任意的；类型具有定义属性或关键属性；集合的内涵（一系列的属性）决定其外延（集合的成员或元素）。Rosch运用原型分类法曾对自然概念的分类进行研究，他认为原型是关于某一类事物的典型特征模式，物体特征与原型认知范畴越接近，就越有可能被划归到某一原型范畴中（于松梅，杨丽珠，2003）。原型分类的方法更符合日常生活中人的认知分类，主要内容包括：分类并不是任意的，而是受多种知觉和认知因素的影响；基础层次类型各个成员享有更多相似的知觉和功能特征，更容易形成心理表象；

类型具有一种内在的渐变结构，是基于核心成员-原型而构建的，类型不具有关键属性，事物类型的归属通过其与原型的相似程度来判定；在原型分类下，类型集合的边界是模糊的，为模糊集（王晓明等，2005）。

(2) 地理概念化理论。地理概念化理论主要包括图式理论、初级理论和次级理论。图式理论是有关地理概念存储方式的理论，初级理论和次级理论是有关概念形成影响因素的理论。图式理论强调，人们已经具有的知识和知识结构对其认知活动起决定作用。根据鲁梅尔哈特的观点，图式代表一种相互作用的知识结构，涵盖了词汇意义、复杂事件、意识形态等不同层面的知识网络，也就是指人们通过不同途径所积累的各种知识、经验等的集合。图式有序地储存在人类大脑的长期记忆中，构成一个庞大的网络（潘红，2008）。图式是围绕某一主题组织起来的知识表征和存储方式，是人们用以逐步理解世界的基础概念化组织。地理类型的图式是存储和编码环境中"日常"地理对象相关类型的认知结构，可用于发现环境中特定地理类型的新实例，并将该实例的特定信息填充进来。在知识获取和精化的过程中，图式起关键导向作用。初级理论是在人类文化和人类发展阶段都能找到的地理常识，由基本的心理学和物理学知识组成，主要与一些能直接感知和交互的中等尺度地理现象的知识相关；次级理论由具有不同经济和社会特性的民间信念、知识组成，主要与一些人尺度地理现象的知识相关（王晓明等，2005）。

(3) 地理实体本体。本体是对世界本质的研究，地理实体本体主要处理地理实体类型的本质和内涵。地理信息科学中的本体兼具哲学本体和信息本体的双重含义。地理本体是面向地理领域的概念模型，它包含领域内通用的、普遍的概念，并且规定了领域级别上的约束，这些约束可以被用来进行知识级别上的推理，因此地理本体表达的是更高级别的信息需求（苏里等，2007）。地理分类的一个显著特点是分类的实体不仅位于空间之中，而且以一种内在的方式与空间绑定，继承了空间的多种结构属性（隶属、拓扑和几何等）。地理实体本体的研究包含地理实体真实/认可二元划分及其隶属拓扑原则和基础层次地理类型。隶属拓扑是地理类型划分的最重要原则，此外，定性几何（凸凹、长短、大小和形状等）及物体的维度也与基础层次地理类型划分相关。地理实体在地理对象和地理边界划分的基础上，根据真实/认可的二元划分，可进一步划分为真实地理对象、认可地理对象和真实地理边界、认可地理边界。人类主要生活在由认可对象层次结构构成的世界中，认可对象类型划分在分类模式中起关键的组织作用。认可对象的类型划分为：某些特殊地理对象的部分边界、法律认可对象、科学认可对象、舆论认可对象、模糊认可对象。隶属理论和拓扑理论是地理类型划分的核心理论，真实对象和认可对象遵循不同的原则。真实对象的所有边界都是真实边界，其隶属拓扑遵循开闭原则；认可对象边界不完全是真实边界，其隶属拓扑不支持开闭原则，而是采用边界空间一致性原则。在基础层次，地理类型比其超类和附属类包含相关实体的更多信息，超类和子类主要以一种语义（如效用）规范的形式出现，基础层次地理类型包含的多数信息是可观测对象及其属性信息。尺度、位置和形状是基础层次类型的关键信息，因此基础层次的地理类型通常以成组或系列方式出现，如池塘—湖—海—洋等。地理类型的形状信息通常可分解为不同类型间的部分-整体关系，这是基础层次类型的关键信息。部分-整体关系有时可转变为地理类型间的传递包含关系（王晓明等，2005）。

4. 地理知识心理表征

心理表征指长时记忆中知识的存储，可区分不同的类型或系统。地理知识心理表征的研究需要区分不同的编码系统和类型（王晓明等，2005）。

（1）地理知识编码。地理知识，是高层次的地理信息，是关于地理时空问题的认知、理解与规律表达（龚建华等，2008）。地理知识的编码方法主要存在3个理论：表象理论、概念命题理论和双重编码理论。表象理论的核心内容是图片的隐喻，环境的视觉信息经过大脑加工，以图解的形式进行简化和有序编码与存储，并存在一定的扭曲。它同地图一样具有度量内涵。概念命题理论认为所有视觉信息和言语信息都以概念命题的形式进行存储，其强调视觉信息被输入后，必须处理为概念命题的形式才能进行存储。双重编码理论认为表象和命题形式的编码共存，其相互分离、并行运转，同时又互相联系（王晓明等，2005）。

（2）地理知识类型。地理知识类型主要存在两种不同的划分方法。一种划分方法是将地理知识类型划分为地标知识、路线知识和测量知识。地标知识是地理空间中显著的、容易从多个方向辨别和记忆的要素，用来定位附近的地理对象。路线知识是按特定行进路径对已知地标次序信息和其相配套的行为要求，将路线的行为去除后就是路径。测量知识是地理空间详细和全面的概览知识。另一种地理知识类型的划分方法是划分为过程性知识和陈述性知识。过程性知识表示在地理空间中如何行动，路线知识就是典型的过程性知识。陈述性知识表达地理空间的布局，测量知识和地标知识属于陈述性知识，采用双重编码（王晓明等，2005）。

5. 地理空间推理

地理空间推理主要研究地理事物在地理空间中位置的表达和相关推理。地理空间推理就是地理空间关系的推理，它也包括一般的空间推理问题（褚永彬，2008）。为深入理解推理过程，必须利用相关推理方法对推理过程进行深入研究。推理方法主要包括定性推理和定量推理，定性推理主要包括空间关系推理和分层空间推理（王晓明等，2005）。

（1）定性推理和定量推理。思维中存在定量推理和定性推理。定量推理的方法和表象编码的结构相一致，而定性推理的方法与命题编码的结构相一致。定量推理基于绝对空间的观点，将空间作为容器，建模为坐标空间，如欧式几何空间。定性空间推理研究的是人类对几何空间中空间对象及其定性关系认知常识的表示与处理过程（郭平，2004）。定性推理基于相对空间的观点，认为空间是由实体间空间关系构成的，实体通过与其他实体间空间关系进行相对定位，实体间空间关系是表达和推理的主要内容（王晓明等，2005）。

（2）空间关系推理。地理空间推理不仅要处理空间实体的位置和形态，而且应当对空间实体之间的空间关系进行处理（郭庆胜等，2006）。空间关系通常分组为拓扑、方向和距离，它是定性空间推理的核心。在地理空间中，拓扑关系被认为是在认知中最常用的空间信息，而方向和距离则被认为是拓扑分离关系的精化。大量的证据表明，人类在利用空间关系表达地理空间时，拓扑关系是非常准确的，而方向关系和距离关系则经常被扭曲（王晓明等，2005）。

（3）分层空间推理。空间信息在认知中以分层的形式进行组织。分层空间推理下，对象间空间包含和语义分组可以形成一种分层的数据结构，并可能导致方向和距离判断的偏好和错误。研究表明，一般层次信息和同容器下各对象间的空间关系会明确编码，而不同容器对象间空间关系则不会明确编码，当信息不完整时，对象间空间关系的判定常常利用这种分层的数据组织进行推理（王晓明等，2005）。基于层次表示的推理需要解决的问题包括3个方面：层次间的泛化与细化，以及同一层内的组合表推理（郭平，2004）。

在日常生活中，人们如何逐步理解地理空间，进行地理分析和决策，包括地理信息的知觉、编码、存储、记忆和解码等一系列心理过程，构成了地理空间认知的过程（王晓明等，2005）。地理空间认知着重研究地理事物在地理空间中的位置和地理事物本身性质，包括研究地理知觉，如何形成地理表象及地理表象的基本形式，并通过地理概念化对地理知识进行概括和精简，有效地存储地理知觉和地理知识，通过区分不同的编码系统和类型形成地理知识心理表征，并进行地理事物在地理空间中位置的表达和相关推理。

2.4 地理空间推理

2.4.1 地理空间推理的概念

空间推理是指利用空间理论和人工智能AI（artificial intelligence）技术对空间对象进行建模、描述和表示，并据此对空间对象间的空间关系进行定性或定量分析和处理的过程（刘亚彬，刘大有，2000）。目前，空间推理被广泛应用于地理信息系统、机器人导航、高级视觉、自然语言理解、工程设计和物理位置的常识推理等方面，并且正在不断向其他领域渗透，其内涵非常广泛。空间推理的研究在人工智能中占有很重要的地位，是人工智能领域的一个研究热点，也是GIS领域的一个重要研究热点（刘亚彬，刘大有，2000）。

空间推理的研究起源于20世纪70年代初。在国外，成立了许多专门从事空间推理研究的协会和联盟，如：①NCGIA（national center for geographic and analysis），美国国家地理信息分析中心；②USGS（U.S. geological survey），美国地质勘探局；③欧洲定性空间推理网SPACENET；④匹兹堡大学的空间信息研究组；⑤慕尼黑大学空间推理研究组等。

国际知名期刊Artificial Intelligence近年来发表了许多有关空间推理的文章，而且呈逐年增长的趋势,这可以从该期刊近年来的总目录中看出。在一些大学里,不仅有越来越多的研究人员从事空间推理方面的研究工作,而且还在大学生和研究生中开设了空间推理方面的课程。近几年来,空间推理方面的学术会议也越来越多。1993年以来,一些重要的国际AI学术会议,如IJCAI:International Joint Conference on Artificial Intelligence,AAAI:Association for the Advancement of Artificial Intelligence,ECAI:European Conference on Artificial Intelligence等,都把时态推理和空间推理作为重要的专题(刘大有等,2004)。2000年6月在美国新奥尔良召开的IEA/AIE 2000(International Conference on Industrial and Engineering Application of Artificial Intelligence and Expert Systems)研讨会,2000年6月在美国得克萨斯州召开的AAAI 2000研讨会,2000年8月在柏林召开的ECAI 2000等人工智能学术会议,都是以时空推理为主题的。许多大学和研究机构纷纷建立了空间推理网站,通过这些网站,研究人员可以十分方便地查询资料和进行交流。以上种种迹象表明,空间推理已成为人工智能的一个热点领域(刘亚彬,刘大有,2000)。在空间信息处理领域,人们也逐步开始重视地理空间推理的研究(郭庆胜等,2006)。

2.4.2 地理空间推理的特点

地理空间推理具有以下特点:

(1) 空间推理是以空间和存在于空间中的空间对象为研究对象。我们不能脱离空间和存在于空间中的空间对象来研究空间推理。

(2) 在空间推理过程中运用了人工智能技术和方法。

(3) 空间推理处理的是一个或几个推理问题。

(4) 空间推理是基于空间和存在于空间中的空间对象已经被建模的前提下,不能在没有模型的情况下讨论空间推理。

(5) 空间推理必须能够给出关于空间和存在于空间中的空间对象的定性或定量的推理结果(吴瑞明等,2002)。

(6) 空间推理必须能够描述空间行为。

(7) 当空间推理模型把问题分解为几个组成部分时,必须能够描述这些组成部分的相互作用。

(8) 在空间推理过程中,可能用到空间谓词,空间中确定的点使某些空间谓词为真,而使另一些空间谓词为假。

(9) 空间推理应该能够处理带有模糊性和不确定性的空间信息(杨丽,徐扬,2009)。

(10) 空间推理中应该能够添加和处理时间因素,即成为时空推理。

(11) 空间推理应该具有空间自然语言理解能力。

正是由于空间推理具有广阔的应用前景,才激励着空间推理研究者不断研究和探索(刘亚彬,刘大有,2000)。

2.4.3 地理空间推理的研究内容

空间推理除了具有常规推理的一般共性之外，还具备地理空间特性，这种空间特性是指地理空间实体的位置、形态以及由此产生的特征。所以，空间推理要处理空间实体的位置、形状和实体之间的空间关系。

空间推理也叫做空间关系推理（郭庆胜等，2006）。从广义上讲，地理空间关系所包含的内容比较丰富，例如：空间拓扑关系、空间方位关系、空间距离关系、空间邻近关系、空间相关关系、空间相关性等。为了提高空间推理的效率，也需要研究适合空间目标表达的空间数据索引。目前，空间推理的研究主要集中在如下几个方面：

（1）根据空间目标的位置，基于给定的空间关系形式化表示模型，推断空间目标之间的空间关系。学者们讨论比较多的是"空间拓扑关系"，例如，基于 2D-String 模型，根据空间目标在每个坐标轴上投影的起始点和终止点的位置关系，推断目标之间的关系（Lee and Hsu，1992）；基于 4 交集或 9 交集模型，把空间目标看成点集，根据两个空间目标点集的边界、内部和补集之间的交集是否为空来推断空间拓扑关系（陈军，赵仁亮，1999）。

（2）根据空间目标之间的已知基本空间关系，推断空间目标之间未知的空间关系。该研究涉及空间关系推理规则的表示和推理策略。

（3）利用空间推理，从空间数据库中挖掘空间知识，也可以利用事件推理的方法进行空间目标的模糊查询（郭庆胜等，2006）。

（4）基于常识的空间推理研究。所谓常识是相对于专业知识而言的，常识推理就是用到常识的推理。常识推理是一种非单调推理，即基于不完全的信息推出某些结论，当得到更完全的信息后，可以改变甚至收回原来的结论；常识推理也是一种可能出错的不精确的推理模式，是在允许有错误知识的情况下进行的推理，即容错推理。实际上人的常识推理包含很多方面，上述仅是在不完全知识下推理的一般性质。不确定推理、模糊推理、定性推理、次协调推理、类比推理、基于案例的推理、信念推理、心智推理等都从不同的方面对常识推理的某个特性进行了形式化研究（葛小三，边馥苓，2006）。

（5）时空推理。影响空间推理结果的因素包括空间因素和时间因素。所谓时空推理是指在空间推理过程中添加时间因素。地表、地下和大气等空间对象的状态不仅受到空间因素的影响，同时，从一个漫长的时间过程来看，也必将受到时间因素的影响。可以说，时空推理是更为一般的空间推理，或者可以说空间推理是时空推理的一个特例。目前，时空推理方面的研究还处于起步阶段（刘大有等，2004）。

（6）定性空间推理。当描述一个空间配置或对这样的配置进行推理的时候，要获得精确、定量的数据通常是不可能的或不必要的。在这种情况下，可能要用到关于空间配置的定性推理。定性空间表示包括许多不同的方面，我们不仅要判定什么样的空间实体是可以接受的，同时还要考虑描述这些空间实体之间关系的不同方法（廖士中，石纯一，1998）。

2.5 空间数据的不确定性分析

2.5.1 不确定性

"上帝从不掷骰子",爱因斯坦以此来表示他对量子力学中不确定性理论的态度。然而,海森堡(Heisenberg)认为:"上帝也许不仅掷骰子,而且往往把骰子掷到意想不到的地方。"爱因斯坦坚决反对量子力学的非决定论思想。1927年3月23日,海森堡在《物理学杂志》上发表了一篇论文在物理学界掀起了一场革命,他提出的量子理论颠覆了数百年来人们对物质、光和现实本身的看法。这一原理被称为Uncertainty Principle,最初被翻译为"测不准原理",现在改译为更加具有普遍意义的"不确定性原理"(史文中,2005)。海森堡不确定性原理是世界的一个基本的不可回避的性质问题(霍金,2000)。他的结论十分犀利:不确定性是现实不可避免的一部分——是人们达到全知的永久障碍(马修斯,2004)。在自然界和人类社会中,到处充满了不确定性,可以认为我们与不确定性共处,不确定性具有普遍性(史文中,2005)。

早期的不确定性概念是误差的近义词,两者在大多数情况下可以相互通用,但在测量界还是采用误差这一概念。误差指统计意义下的偏差(variation)或错误(mistake),主要包括系统误差、随机误差和粗差。在强调不确定性的统计内涵时,测量工作者常常习惯于将不确定性称为观测误差,而地理工作者则更多地直接称为不确定性(史文中,2005)。"不确定性(uncertainty)"是一个比"误差"更广义、更抽象的概念(Goodchild,1991;Heuvelink,1993)。不确定性可以看做一种广义的误差,既包含随机误差,也包含系统误差和粗差;还可包含可度量和不可度量的误差,以及数值上和概念上的误差(史文中,2005)。

一般而言,不确定性是指被测量对象知识缺乏的程度,通常表现为随机性和模糊性。

1. 随机性

在自然界与人类社会中,经常会遇到这样一种现象:在完全相同的条件下,一个试验或观察出现的结果可能是不同的。例如:在完全相同的条件下掷骰子,结果有6种可能,这种现象称为随机现象。其特点是:可重复观察,在观察之前知道所有可能的结果,但不知道到底哪一种结果会出现。这种现象是一种由客观条件决定的不确定现象。这是因为事件发生的条件不充分,使得条件和结果之间没有必然的因果关系,因而在事件的出现与否上表现出不确定性。

随机性有着极为普遍的来源,是客观世界固有的普遍特征。随机性使得人类对宇宙的探索更为艰巨,科学家们认识世界时需要更复杂的理论。但是,随机性也使得这个世界丰富多彩,魅力无穷。无论在客观世界还是主观世界,随机性都无处不在。现实生活中,你有祖父那样的鼻子,你的姐姐有叔父那样的眼睛,你们看着虽然相似,但又不相同，这是生命遗传中的变异。社会、历史乃至每个人的生活也都充满了随机性。人与人、人与事的相互作用及相互影响都是随机的。任何人的出生都是一系列的巧合的结果，在成长的过程中，遇到什么样的同学、朋友、同事、爱人，人生道路上会遇到什么样的意外，在人生的十字路口上会做出什么样的选择，会成长为什么样的人，最终会以什么样的方式离开这个偶然来到的世界，都是随机的。但正是这种随机性，使我们有了追求与奋斗的原动力。

2. 模糊性

不确定性的早期研究内容仅仅是针对随机性，概率论和数理统计已经有了近一百年的历史。随着研究的深入，人们发现一类不确定现象无法用随机性来描述，这就是模糊性。美国的系统科学家扎德（L. A. Zadeh）于1965年发表了"Fuzzy Sets"，创立了模糊集理论（Zadeh L A，1965）。模糊集自提出以来，受到了广泛重视，迄今已形成一个较为完善的数学分支，并且在很多领域获得了卓有成效的应用（胡宝清，2004）。

有一个古老的希腊悖论："一粒种子肯定不能叫一堆，两粒也不是，三粒也不是……另一方面，所有人都同意，一亿粒种子肯定叫一堆。那么，适当的界限在哪里？我们能不能说，123585粒种子不叫一堆而123586粒就构成一堆？""一粒"和"一堆"是有区别的两个概念，它们的区别是渐变的，不是突变的，两者之间并不存在明确的界限。"一堆"这个概念带有某种程度的模糊性。类似的概念，如年老、高个子、很大、很小等也都是具有模糊性的概念（刘应明，任平，2000）。

精确和模糊，是一对矛盾，根据不同情况有时要求精确，有时要求模糊。比如打仗，指挥员下达命令："拂晓时发起总攻。"这就乱套了。这时，一定要求精确："某月某日清晨六点发起总攻"，不能有半分十秒的误差。但是，如果事事要求精确，人们就没有办法顺利地交流思想。例如，我们在评价一个人时说："这个人还可以。"，什么是"还可以"，没有一个明确的定义。有些现象本质上是模糊的，如果硬要使之精确，自然难以符合实际。如"90分以上为优秀"，那么89分的就不优秀了，一分之差来区别优秀和不优秀，是否有点不合理。另一方面，有些问题的模糊化可能使问题得到简化，灵活性大为提高。例如，在地里掰玉米棒，要求掰一个最大的，那就很麻烦。但是如果要求掰一个较大的，那么就比较容易（刘应明，任平，2000）。

2.5.2 空间分析的不确定性

地球空间信息科学与生物科学和纳米技术三者一起被认为是当今世界上最重要的、发展最快的三大领域。从原理上讲，地球空间信息科学主要包括以下几个方面：地理现象的表达模型、地理参考系统、地理数据的自身本质、不确定性、多尺度及地理抽象。因此，不确定性是地球空间信息基础理论的主要组成部分之一，空间数据的不确定性分析是地球空间信息科学的重要基础理论之一（史文中，2005）。

空间数据及分析中的不确定性直接影响到GIS产品的质量。空间分析的不确定性及其影响体现在以下几个方面：

1. 空间数据的获取和处理产生不确定性

空间数据在获取过程中，由于仪器设备和处理技术的限制，在每一个环节上都可能会产生难以预料的系统误差和随机误差。尽管空间数据中所存在的不确定性可以通过数据编辑、纠正等手段得以部分消除，但空间数据结果中仍然存在大量随机或系统的不确定性，有时甚至严重影响产品的可靠性（刘文宝，1995）。因此，GIS产品中不可避免地含有误差（史文中，2005）。

2. 空间数据的不确定性影响决策结果的质量

在利用空间数据辅助人类决策过程中，例如城市规划、土地管理等，不确定性是广泛存在的（史文中，2005）。许多基于地学数据的决策，都会受到数据不确定性问题的影响。在决策分析时，如果考虑数据中的不确定性及其在分析过程中的传输和积累，那就有可能避免不确定性在数据采集者、数据使用者和不确定性分析者之间的脱节。空间数据的不确定性可以直接或间接地影响最终决策的准确性和可靠性（Mowrer et al，1996）。

3. 空间数据的不确定性直接影响GIS产品的质量

GIS软件设计的假设前提是空间数据中不含有误差，并且GIS主要处理确定性数据。但是这与空间数据中不确定性的普遍存在性相抵触。利用只能处理确定性数据的GIS软件来处理大量具有不确定性的空间数据会导致与现实不符的结果（史文中，2005）。Alber（1987）十分尖锐地指出：由于现有的GIS不能处理数据、模型和空间操作中的不确定性问题，虽然它能以相当快的速度生产各种表面上看来精美无比的产品，但实际上是一堆废物。因此，GIS的发展必须高度重视和研究GIS的不确定性理论。

空间数据与分析中的不确定性理论研究对发展地球空间信息科学具有十分重要的意义。空间数据与分析中的不确定性理论研究是GIS基础理论研究的一个重要组成部分，其发展有利于完善GIS基础理论的研究（史文中，2005）。

2.5.3 空间分析方法的不确定性

利用GIS空间分析功能，通过对原始数据模型的观察和实验，用户可以获得新的知识和发现，并以此作为空间行为的决策依据。然而，由于空间数据总是受到不同类型不确定性的影响，而这些不确定性又通过空间分析而传播，其结果势必导致空间分析的结论不正确（史文中，2005）。下面具体介绍相关的空间分析方法的不确定性。

1. 网络分析及其不确定性

网络分析是一种十分重要的GIS空间分析方法，包括路径分析、地址匹配、资源分配等，广泛应用于交通分析、电子导航、交通旅游、城市规划管理、电力网络分析、通信网络分析等方面（张成才等，2004）。

网络分析的不确定性问题至今研究较少，是一个值得深入研究的领域（史文中，2005）。网络分析的不确定性可以初步归纳为以下几个方面：

（1）路径分析中的不确定性，主要是由于网络节点和边的动态性引起的网络分析的不确定性。例如：在实时交通网络分析过程中，网络节点（如十字路口）和边（站点之间的交通堵塞情况）具有动态性，以至于在实时的最佳路径分析中具有不确定性。

（2）地址匹配分析中的不确定性。由于地址编码出现错误、地址语义理解的不一致性等原因产生了地址匹配分析中存在不确定性。

（3）资源分配分析中的不确定性。资源分配网络模型由中心点（分配中心）及其状态属性和网络组成。一种是由分配中心向四周输出，另一种是从四周向中心集中。由于分配中心的资源具有动态性、分配方案具有不确定性等原因引起了资源分配分析中也存在不确定性。

2. 空间统计分析及其不确定性

空间统计分析是 GIS 空间分析的重要功能之一，空间统计分析方法包括：常规统计分析、空间自相关分析、回归分析、趋势分析、专家打分模型分析等（史文中，2005）。在统计分析过程中，由于统计分析方法选择的不同，所得的统计分析结果也将不一致。前面四种统计方法都是按照各自的算法来执行的，具有一定的客观性；而专家打分则具有明显的主观色彩，对最终结果必然带来不同程度的不确定性。

3. 叠置分析及其不确定性

叠置分析是 GIS 中基本的空间分析方法之一，它将两层或多层地图要素进行叠加产生一个新的要素层，其结果是将原来的要素分割成新的要素，新要素综合了原来两层或多层要素所具有的属性。在叠置分析过程中，叠置结果既保留了叠置前各层的点、线、面等空间对象的固有属性及其不确定性，同时由于叠置操作也产生了新的不确定性（史文中，2005）。

4. 缓冲区分析及其不确定性

缓冲区分析既是一类基本的 GIS 数据查询操作，也是 GIS 中一项重要的空间分析功能。它采用宽度预先确定的多边形来描述某一特殊空间特征周围的不确定性，位于该缓冲区内的任何其他的空间特征都被看做是一定程度地靠近缓冲区对应的空间特征，而靠近的程度则由预先确定的缓冲区宽度来量化。缓冲区分析的不确定性主要是由于源空间特征的位置不确定性、缓冲区宽度的不确定性两个方面的原因引起的（史文中，2005）。

5. 不确定性及其分布的可视化

不确定性的可视化是 GIS 空间分析的主要研究领域之一。可视化是不确定性数据和分析结果的一种表现形式，其操作目的是更好地理解空间数据及模型。空间数据质量的可视化采用直观的二维、三维图形或其他灵活的形式表现出数据的质量，可以把抽象的数据质量度量表现出来。这方面的研究主要由空间矢量数据误差模型的可视化表示、栅格数据（如影像分类）结果不确定性的可视化表示、GIS 分析应用结果不确定性的可视化表示等（史文中，2005）。

2.5.4 空间数据不确定性分析的数学基础

2.5.4.1 概率理论

概率理论是研究随机现象的一门学科，是在建立随机现象一般数学模型的基础上研究事件、概率、随机变量等的基本规律。对于研究由空间数据的随机误差而产生的不确定性问题，概率论提供了一种良好的工具（史文中，2005）。

在确定条件下，重复做 n 次试验，记其频率为 $\frac{m}{n}$，其中 m 为事件 A 发生的频数；若 n 足够大，$\frac{m}{n}$ 会趋向于某一常数值 p（即 $\lim_{n\to\infty}\frac{m}{n}=p$），则称常数 p 为事件 A 的概率，记为 $P(A)=p$。

这是概率的统计定义。数值 p 是事件 A 发生的可能性大小的客观数量描述。由其定义可知，$0 \leq P(A) \leq 1$，样本空间的概率 $P(\Omega)=1$，Ω 表示必然事件。不可能事件 $\varnothing$ 的概率 $P(\varnothing)=0$。频率是由试验决定，随试验结果的不同有所变化，而概率值 p 是客观存在的，是事物本身的一种属性，不依赖于试验而改变。概率的统计定义提供了一种概率值近似计算方法，即采用大量试验事件中的频率 $\frac{m}{n}$ 作为事件概率 p 的近似值。一般情况下，n 越大，近似程度越高。

由概率论、数理统计和随机过程构成的概率理论，为研究不确定性奠定了数学基础，也为研究不确定性提供了工具。

2.5.4.2 证据理论

证据理论是一种重要的不确定性理论，它首先由德普斯特（Dempster）提出，并由沙拂（Shafer）进一步发展起来，因而又称为 D-S 理论。1981 年巴纳特（Barnett）把该理论引入专家系统中。同年，卡威（Garvey）等人利用它实现了不确定性推理，从而引起人们的兴趣。由于该理论具有较大的灵活性，因而受到了人们的重视（蔡自兴，徐光祐，2004）。

证据理论是用集合表示命题的。设 D 是变量 x 所有取值的集合，且 D 中各元素是互斥的。在任一时刻 x 都取且仅能取 D 中的某一个元素为值，则称 D 为 x 的样本空间。在证据理论中，D 的任何一个子集 A 都对应一个关于 x 的命题，称该命题为"x 的值在 A 中"。例如，用 x 代表所能看到的红绿灯的颜色，$D=\{红，黄，蓝\}$，则 $A=\{红\}$ 表示"x 是红色"；若 $A=\{红，绿\}$ 则表示"x 是红色，或者是绿色"。设 D 为样本空间，2^D 表示 D 的所有子集，分别为 $A_1=\{红\}$，$A_2=\{黄\}$，$A_3=\{绿\}$，$A_4=\{红，黄\}$，$A_5=\{红，绿\}$，$A_6=\{黄，绿\}$，$A_7=\{红，黄，绿\}$，$A_8=\{\varnothing\}$，子集的个数为 $2^3=8$ 个。

在证据理论中，可分别用概率分配函数、信任函数和似然函数等概念来描述和处理知识的不确定性。

1. 概率分配函数

概率分配函数定义如下：

设函数

$$M: 2^D \to [0, 1]$$

而且满足

$$M(\emptyset) = 0$$

$$\sum_{A \subseteq D} M(A) = 1$$

称 M 是 2^D 上的概率分配函数，$M(A)$ 为 A 的基本概率数。

概率分配函数的作用是把 D 的任意一个子集 A 都映射为 $[0, 1]$ 上的一个数 $M(A)$。当 $A \subset D$，且 A 由单个元素组成时，$M(A)$ 表示对相应命题的精确信任度。例如，

$$A = \{红\}, M(A) = 0.3$$

它表示命题"x 是红色"的精确信任度是 0.3。当 $A \subset D$，$A \neq D$，且 A 由多个元素组成时，$M(A)$ 也表示对 A 的精确信任度，例如，

$$A = \{红, 黄\}, M(A) = 0.2$$

它表示命题"x 或者是红色，或者是黄色"的精确信任度是 0.2。

概率分配函数实际上是对 D 的各个子集进行信任分配，$M(A)$ 表示分配给 A 的那一部分。当 A 由多个元素组成时，$M(A)$ 虽然也表示对 A 的子集的精确信任度，但不知道该对 A 中的哪些元素进行分配。例如，$M(\{红, 黄\}) = 0.2$，表示不知道将这个 0.2 分配给 $\{红\}$ 还是 $\{黄\}$。

2. 信任函数

命题的信任函数（belief function）Bel：$2^D \to [0, 1]$ 为：

$$\text{Bel}(A) = \sum_{B \subseteq A} M(B), \text{对所有的 } A \subseteq D$$

Bel 函数又称为下限函数，Bel(A) 表示对 A 命题为真的信任程度。

由信任函数及概率分配函数的定义容易推出：

$$\text{Bel}(\emptyset) = M(\emptyset) = 0$$

$$\text{Bel}(D) = \sum_{B \subseteq D} M(B) = 1$$

根据上例给出的数据，可求得：

Bel($\{红\}$) = $M(\{红\})$ = 0.3。

Bel($\{红,黄\}$) = $M(\{红\}) + M(\{黄\}) + M(\{红,黄\})$ = 0.3+0+0.2 = 0.5。

Bel($\{红,黄,绿\}$) = $M(\{红\}) + M(\{黄\}) + M(\{绿\}) + M(\{红,黄\}) + M(\{红,绿\}) + M(\{黄,绿\}) + M(\{红,黄,绿\})$ = 0.3+0+0.1+0.2+0.2+0.1+0.1 = 1。

3. 似然函数

似然函数（plausibility function）又称为不可驳斥函数或上限函数，其定义如下：

似然函数 Pl：$2^D \to [0, 1]$ 为：

$$Pl(A) = 1-Bel(\sim A),\text{ 对所有的 }A \subseteq D$$

其中，~$A=D-A$。

由于 Bel (A) 表示对 A 为真的信任程度，所以 Bel (~A) 就表示对~A 为真（即 A 为假）的信任程度，因此 Pl (A) 表示对 A 为非假的信任程度。

对于以上所介绍的红绿灯的例子，可求得：

Pl({红})= 1-Bel(~{红})= 1-Bel({黄,绿})= 1-[M(黄)+ M(绿)+ M(黄,绿)]= 1-(0+0.1+0.1) = 0.8。

2.5.4.3 模糊集理论

美国的系统科学家扎德（L. A. Zadeh）认为有一类不确定性问题无法用概率理论来表示和解决，并于 1965 年发表了"Fuzzy Sets"的文章，创立了模糊集理论（Zadeh, 1965）。模糊集自提出以来，受到了广泛重视，迄今已形成一个较为完善的数学分支，并且在很多领域获得了卓有成效的应用（胡宝清，2004）。

在经典集合中，元素或者属于、或者不属于一个集合。模糊理论对此提出质疑，认为元素和集合之间还有第 3 种关系：在某种程度上属于，属于的程度用 [0，1] 之间的一个数值表示，称为隶属度。隶属度的定义如下：

设 U 是一论域，论域 U 到实数区间 [0，1] 上的任一映射

$$\mu_{\tilde{A}}: U \to [0,1], \forall x \in U, x \to \mu_{\tilde{A}}(x)$$

都确定 U 上的一个模糊集合 $\tilde{A}$，$\mu_{\tilde{A}}$ 叫做 $\tilde{A}$ 的隶属函数，$\mu_{\tilde{A}}(x)$ 叫做 x 对 $\tilde{A}$ 的隶属度。记为：

$$\tilde{A} = \left\{ \int \frac{\mu_{\tilde{A}}(x)}{x} \right\}$$

这样一来，经典集合成为模糊集合的特例，隶属度取 {0，1} 两个值。

模糊集合的一个基本问题就是如何确定一个明晰的隶属函数，但至今没有严格的确定方法，通常靠直觉、经验、统计、排序、推理等确定，常用的隶属函数包括线性隶属函数、Γ 隶属函数、凹（凸）隶属函数、柯西隶属函数、岭形隶属函数、正态（钟形）隶属函数等（李洪生，汪培庄，1994）。

其中，正态（钟形）隶属函数为：

$$\mu_{\tilde{A}}(x) = \exp[-(x-a)^2/2b^2]$$

隶属函数一旦确定，对于某个具体的定量数值 x，代入相应的隶属函数就得到了唯一的隶属度，是一个确定的值，没有考虑隶属度自身的随机性和统计特征。

正态（钟形）隶属函数具有普适性，这是因为：①大量的模糊概念用高斯隶属函数刻画，更接近人类的认知。②在众多的模糊控制文献中，高斯隶属函数使用最频繁。③许多其他隶属函数和正态函数相当吻合。

2.5.4.4 粗糙集理论

20 世纪 80 年代初（1982 年），波兰科学家 Pawlak 基于边界区域的思想提出了粗糙集的概念，成为粗糙集的奠基人（Pawlak，1982）。粗糙集理论认为，人类智能的重要

表现形式之一，就是对具体世界的对象按照不同属性取值形成各种分类模式，这种分类的结果，形成了对具体世界在认识上的一种抽象，这就是知识。分类成为推理、学习与决策中的关键。类在数学语言中被称为关系，同类被称为等价关系。论域 U 的子集 $X \subseteq U$ 称为 U 的一个概念或范畴，U 中的任何概念簇称为关于 U 的抽象知识，简称知识。$[x]_R$ 或 $R(x)$ 表示包含元素 $x \in U$ 的等价类。

给定知识库 $K=(U, R)$，U 为论域，R 为关系。对于每个子集 $X \subseteq U$ 和一个等价关系 R，定义两个子集

$$\underline{R}X = \cup \{Y \in U/R \mid Y \subseteq X\} = \{x \in U \mid [x]_R \subseteq X\}$$

$$\overline{R}X = \{Y \in U/R \mid Y \cap X \neq \varnothing\} = \{x \in X \mid [x]_R \cap X \neq \varnothing\}$$

分别称它们为 X 的下近似集和上近似集。集合 $\text{bn}_R(X) = \overline{R}X - \underline{R}X$ 称为 X 的 R 边界域；$\text{pos}_R(X) = \underline{R}X$ 称为 X 的 R 正域。$\text{neg}_R(X) = U - \overline{R}X$ 称为 X 的 R 负域。

下近似又称为正域，是由那些根据知识 R 判断肯定属于 X 的 U 中元素组成的集合，如图 2.31 中的黑色部分；上近似是由那些根据知识 R 判断可能属于 X 的 U 中元素组成的集合，如图 2.31 中的黑色部分与灰色部分之和；负域由那些根据知识 R 判断肯定不属于 X 的 U 中元素所组成的集合，如图 2.31 中的白色部分；边界域由那些根据已有知识 R 既不能判断肯定属于 X 又不能判断肯定属于 $(U-X)$ 的 U 中元素的集合，如图 2.31 中的灰色部分。

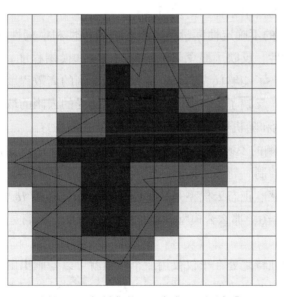

图 2.31　粗糙集的上近似集和下近似集

2.5.4.5　云模型

模糊性和随机性是不确定性的两个重要方面，传统的研究方法往往单独从模糊性，

或者单独从随机性的角度研究不确定性。对于一些既具有随机性又具有模糊性的不确定性数据,如果能够找到一个模型既考虑随机性,又考虑模糊性,并且考虑二者之间的关联性,那么对于不确定性的表达和分析应该更为全面和科学。针对此问题,李德毅提出了云模型(李德毅等,1995),提出用一个统一的云模型实现定性概念与定量描述之间的不确定转换,并以此为基础发展了一系列的关键技术,目前已经发展成为一个新的不确定性处理和分析的理论,得到了广泛应用(李德毅,杜鹢,2005)。

设 U 是一个用精确数值表示的定量论域,C 是 U 上的定性概念,若定量值 $x \in U$,且 x 是定性概念 C 的一次随机实现,x 对定性概念 C 的确定度 $\mu(x) \in [0,1]$ 是有稳定倾向的随机数:$\mu: U \to [0,1]$,$\forall x \in U$,$x \to \mu(x)$。则 x 在论域上的分布称为云,每一个 x 称为一个云滴(李德毅,杜鹢,2005)。

云模型的数字特征用期望 Ex、熵 En 和超熵 He 来表征,它们反映了定性概念 C 的整体特性。

期望 Ex:云滴在论域空间分布的期望,就是最能够代表定性概念的点,反映了这个概念的云滴群的重心。将期望的概念扩展,期望可以是一个点,也可以是一个数据集、一段声音、一幅图像或者是一个网络拓扑等。如(0,0)就是"坐标原点附近"这个定性概念的期望点;由国家测绘局的权威机构制作的国家级地图数据库可以认为是所有的国家级地图数据库的期望;某著名歌星的原唱可以认为是该歌曲的所有唱法的期望声音;某名人的真实图像是所有关于他的画像的期望图像;某计算机网络的最佳拓扑网络表示所有设计出的网络拓扑中的期望。

熵 En:定性概念的不确定性度量,由概念的随机性和模糊性共同决定,揭示了模糊性和随机性的关联性,反映了概念外延的离散程度和模糊程度。一方面 En 是定性概念随机性的度量,反映了能够代表这个定性概念的云滴的离散程度;另一个方面又是定性概念模糊性的度量,反映了论域空间中可被概念接受的云滴的取值范围。用同一个数字特征 En 反映模糊性和随机性,体现了二者之间的关联性。

超熵 He:超熵是熵的不确定性的度量,即熵的熵,反映了二阶不确定性,是对熵反映的不确定性的再控制。超熵由熵的随机性和模糊性共同决定,对定性概念最终表现出的不确定性非常敏感。正态云模型是一种泛正态分布,超熵 He 反映了偏离正态分布的程度。如果超熵 $He=0$,那么云模型就退化为正态分布。超熵是熵的熵,一般情况下比熵小一个数量级。

云的数字特征的独特之处在于仅仅用三个数值就可以勾画出由成千上万的云滴构成的整朵云,把定性表示的语言值中的随机性以及通过随机性计算求得的模糊性完全集成到一起。根据云模型可以计算出任意一个云滴属于这个概念的隶属度,但是该隶属度不是一个确定的值,而是一个具有稳定倾向的随机数。

云模型的示意图如图 2.32 所示。其中,期望 $Ex=0$,熵 $En=3$,超熵 $He=0.3$,云滴数 $n=10000$。

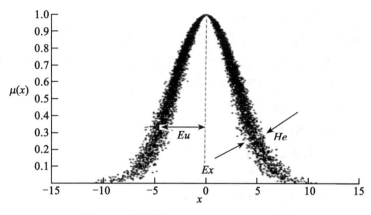

图 2.32 云模型 CG（0，3，0.3，10000）

2.5.4.6 分形理论

分形理论是由美国科学家 Mandelbrot 于 20 世纪 70 年代中期提出的，现已被广泛应用到自然科学和社会科学的大多数领域，成为当今国际上许多学科的前沿研究课题之一。分形最基本的性质是它的自相似性，而这一性质为分形的计算机模拟提供了理论基础。用分形理论来刻画自然界中蕴藏着自相似或无尺度的重要而简单的特征的非线性复杂现象，可仅由少量信息来重现原来的研究对象，具有指定信息少、计算容易和重现精度高的特点（朱晓华，王建，1999）。计算机技术和计算机图形学的发展，使大量的自然景物可以进行模拟。对地理事物或现象进行计算机分形模拟，是深入研究分形地学的重要方向。

分形几何学为描述不可微、不光滑、不连续的现象提供了工具，具备如下性质（孙霞，吴自勤，2003）：

（1）在任意小的尺度下，都有复杂的细节，具有精细结构。

（2）自相似性：自相似可以是近似的或者统计意义的。

（3）不规则性：整体和局部都难以使用传统的几何语言描述。

（4）分形的维数大于拓扑的维数。分形的维数是分形不规则性的度量，可以从相似维、容量维、信息维、关联维等不同的角度刻画不规则性，分形的维数可以取分数维。

（5）大多数情况下，分形可以以非常简单的方式生成，如迭代。

思 考 题

1. 空间分析有哪些理论？
2. 简述空间关系的类型及各类型的特点。
3. 简述拓扑空间关系的特点。

4. 简述方向空间关系的类型和特点。

5. 简述距离关系的类型和计算方法。

6. 简述拓扑空间关系描述的 4 元组模型、9 元组模型、V9I 模型。

7. 简述方向关系定性描述的锥形模型、最小约束矩形模型、二维字符串模型、方向关系矩阵模型、基于 Voronoi 图的方向关系模型。

8. 简述空间关系描述模型的评价准则。

9. 简述时空空间关系的特点。

10. 简述空间关系理论的应用。

11. 简述空间认知的概念及研究内容。

12. 简述空间推理的概念、特点和研究内容。

13. 简述随机性和模糊性的特点。

14. 简述空间分析方法的不确定性。

15. 简述空间数据不确定性分析的数学理论。

参 考 文 献

蔡自兴,徐光祐. 2004. 人工智能及其应用(第三版,研究生用书). 北京:清华大学出版社.

陈军,崔秉良. 1997. 用 Voronoi 方法为 MapInfo 扩展拓扑功能. 武汉测绘科技大学学报,22(3):195-200.

陈军,赵仁亮. 1999. GIS 空间关系的基本问题与研究进展. 测绘学报,28(2):95-102.

陈琳,杜友福,王元珍. 2002. MBR:基于 MBR 的空间关系模型. 计算机工程与应用,(5):76-78.

龚建华,李亚斌,王道军,黄明祥,王伟星. 2008. 地理知识可视化中知识图特征与应用——以小流域淤地坝系规划为例. 遥感学报,12(2):355-361.

郭仁忠. 1997. 空间分析. 武汉:武汉测绘科技大学出版社.

郭仁忠. 2001. 空间分析(第二版). 北京:高等教育出版社.

郭薇,陈军. 1997. 基于点集拓扑学的三维拓扑空间关系形式化描述. 测绘学报,26(2):122-127.

郭庆胜,杜晓初,闫卫阳. 2006. 地理空间推理. 北京:科学出版社.

郭平. 2004. 定性空间推理技术及应用研究(博士学位论文). 重庆:重庆大学.

葛小三,边馥苓. 2006. 基于常识的空间推理研究. 地理与地理信息科学,22(4):28-30.

胡勇,陈军. 1997. 基于 Voronoi 图的空间邻近关系的表达和查询操作. 中国 GIS 协会第二届年会论文集,346-356.

李德毅，孟海军，史雪梅．1995．隶属云和隶属云发生器．计算机研究与发展，32（6）：15-20．

李德毅，杜鹢．2005．不确定性人工智能．北京：国防工业出版社．

李洪生，汪培庄．1994．模糊数学．北京：国防工业出版社．

李成名，陈军．1997．空间关系描述的9-交模型．武汉测绘科技大学学报，22（3）：207-211．

李成名，朱英浩，陈军．1998．利用Voronoi图形式化描述和判断GIS中的方向关系．解放军测绘学院学报，15（2）：117-120．

廖士中，石纯一．1998．定性空间推理的研究与进展．计算机科学，25（4）：11-13．

刘大有，胡鹤，王生生，谢琦．2004．时空推理研究进展．软件学报，15（8）：1141-1149．

刘应明，任平．2000．模糊性——精确性的另一半．北京：清华大学出版社，广州：暨南大学出版社．

刘文宝．1995．GIS空间数据的不确定性理论（博士学位论义）．武汉：武汉测绘科技大学．

刘亚彬，刘大有．2000．空间推理与地理信息系统综述．软件学报，11（12）：1598-1606．

胡宝清．2004．模糊理论基础．武汉：武汉大学出版社．

马荣华，马晓冬，蒲英霞．2005．从GIS数据库中挖掘空间关联规则研究．遥感学报，9（6）：733-741．

潘红．2008．鲁梅尔哈特（Rumelhart）学习模式对课堂教学的启示．山东外语教学，（5）：74-77．

史文中．2005．空间数据与空间分析不确定性原理．北京：科学出版社．

舒红．2007．地理空间认知．中国科协年会论文集．2007年9月．

舒红，陈军，杜道生，樊启斌．1997．时空拓扑关系定义及时态拓扑关系描述．测绘学报，26（4）：299-306．

苏里，朱庆伟，陈宜金，周丹卉．2007．基于地理本体的空间数据库概念建模．计算机工程，33（12）：87-89．

孙霞，吴自勤．2002．分形原理及其应用．合肥：中国科学技术大学出版社．

王晓明，刘瑜，张晶．2005．地理空间认知综述．地理与地理信息科学，21（6）：1-10．

王乃弋，李红．2003．音乐情感交流研究中的透镜模型．心理科学进展，11（5）：505-510．

吴瑞明，王浣尘，刘豹．2002．用于定性推理的智能化空间方法研究．系统工程与电子技术，24（10）：56-59．

闫浩文．2003．空间方向关系理论研究．成都：成都地图出版社．

姚国正，汪云九．1984．D. Marr 及其视觉计算理论．机器人，(6)：55-57．

杨丽，徐扬．2009．基于概念格的语言真值不确定性推理．计算机应用研究，26(2)：553-554．

于松梅，杨丽珠．2003．米契尔认知情感的个性系统理论述评．心理科学进展，11(2)：197-201．

赵金萍，王家同，邵永聪，李婧，刘庆峰．2006．飞行人员心理旋转能力测验的练习效应．第四军医大学学报，27(4)：341-342．

赵晓妮，游旭群．2007．场认知方式对心理旋转影响的实验研究．应用心理学，13(4)：334-340．

张成才，秦昆，卢艳，孙喜梅．2004．GIS 空间分析理论与方法．武汉：武汉大学出版社．

张本昀，朱俊阁，王家耀．2007．基于地图的地理空间认知过程研究．河南大学学报，37(5)：486-491．

朱晓华，王建．1999．分形理论在地理学中的应用现状和前景展望．大自然探索，18(3)：42-46．

褚永彬．2008．地理空间认知驱动下的空间分析与推理（硕士学位论文）．成都：成都理工大学．

Abdelmoty A I, Williams H. 1994. Approaches to the representation of qualitative spatial relationships for geographic databases. Proceedings of the Advanced Geographic Data Modeling. International GIS Workshop.

Allen J F. 1984. Towards a general theory of action and time. Artificial Intelligence, 23(2): 123-154.

Chen J, Li C M. 1997. Improving 9-intersection Model by Replacing the Complement with Voronoi Region. Proceedings of Dynamic and Multi-dimensional GIS, Hong Kong.

Claramunt C, Jiang B. 2001. An integrated representation of spatial and temporal relationships between evolving regions, J. Geograph. Syst., (3): 411-428.

Egenhofer M J, Herring J. 1990. A Mathematical Frame work for the Defininaton of Topologyical Relationships. Proceedings of the Fourth International Symposium on Spatial Data Handling, Zurich, Switzerland. 803-812.

Egenhofer M J, Franzosa R. 1991. Point-set topological spatial relationships. International Journal of Geographical Information Systems, 5(2): 161-174.

Egenhofer M J. 1994. Preprocessing Queries with Spatial Constraints. PE&RS, 60(6): 783-970.

Florence J, Egenhofer M J. 1996. Distribution of Topological Relations in Geographic Database. In: ASPRS/ACSM. Annual Convention and exposition technical Papers. pp. 315-325.

Frank A U. 1992. Qualitative Spatial Reasoning about Distances and Directions in Geographic Space. Journal of Visual Languages and Computing, 3 (2): 343-371.

Gold C M. 1992. The meaning of "Neighbour". In: A. Frank, I. Campari and U. Formentini (Eds.), Theories and methods of spatio-temporal reasoning in geographic space. Lecture notes in computer science, No. 639, Berlin: Springer-Verlag, 220-235.

Goyal R K. 2000. Similarity Assessment for Cardinal Directions Between Extend Spatial Objects (PHD Thesis). The University of Maine.

Harr R. 1976. Computational Models of Spatial Relations. Technical Report: TR-478, MSC-72-03610. Univerisity of Maryland, College Park, MD.

Hong J H. 1994. Qualitative Distance and Direction Reasoning in Geographic Space (PhD. Thesis). Department of Spatial Information and Engineering, University of Maine, Orono, ME.

Hong Shu, Jun Chen, et al. 1997. Definition of Spatio-temporal Topological Relationship and Description of Temporal Topological Relationships, Acta Geodaeticaet Cartographica Sinica.

Lee S Y, Hsu F J. 1992. Spatial reasoning and similarity retrieval of images using 2D C-string knowledge representation. Pattern Recognition, 25 (3): 305-318.

Lloyd R. 1997. Spatial Cognition Geographic Environments. Dordecht: Kluwer Academic Publishers.

Papadias D. 1994. Relation-based representation of spatial knowledge (PhD Thesis). Department of Electrical and Computer Engineering. National Technical University of Athens.

Pawlak Z. 1982. Rough Sets. International Journal of Computer and Information Science, (11): 341-356.

Peuquet D, Zhan C X. 1987. An Algorithm to Determine the Directional Relationship Between Arbitrarily-Shaped Polygons in the Plane. Pattern Recognition, 20 (1): 65-74.

Pigot S. 1992. A Topological Model for a 3D Spatial Information Systems. Proceedings of the 5th International Symposium on Spatial Data Handing. ICU, charleston, 344-360.

Randell D A, Cui Z, Cohn A G. 1992. A spatial logic based on regions and connection. In: Proc 3rd Int Conf on Knowledge Representation and Reasoning. Morgan Kaufmann, Sanmateo, 165-176.

Shariff A. Rahsid B M, Egenhofer M J, Mark D M. 1998. Natural Language Spatial Relations between Linear and A real Objects: the Topology and Metric of English-language Terms. Int J. of GIS, 12 (3): 215-245.

Zadeh L A. 1965. Fuzzy Sets. Information and Control, (8): 338-353.

第 3 章　GIS 空间分析的数据模型

空间分析是基于地理对象的位置和形态特征的空间数据分析技术。空间分析方法必然要受空间数据表示形式的制约和影响，研究空间分析必须考虑空间数据的表示方法和空间数据模型（张成才等，2004）。

3.1　空　间　数　据

空间数据（spatial data）是指用来表示空间实体的位置、形状、大小及其分布特征诸多方面信息的数据，它可以用来描述来自现实世界的目标，它具有定位、定性、时间和空间关系等特征。定位是指在已知坐标系里空间目标都具有唯一的空间位置；定性是指有关空间目标的自然属性，它伴随着目标的地理位置；时间是指空间目标是随时间的变换而变化；空间关系通常一般用拓扑关系表示。空间数据是一种用点、线、面以及实体等空间数据结构来表示人们赖以生存的自然世界的数据。

在 GIS 空间分析领域，空间数据主要是指地理数据。地理空间是指物质、能量、信息的存在形式在形态、结构过程、功能关系上的分布方式和格局及其在时间上的延续。地理信息系统中的地理空间分为绝对空间和相对空间两种形式。绝对空间是具有属性描述的空间位置的集合，它由一系列不同位置的空间坐标值组成；相对空间是具有空间属性特征的实体的集合，由不同实体之间的空间关系构成。在地理信息系统应用中，空间概念贯穿于整个工作对象、工作过程、工作结果等各个部分。空间数据的获取方式是多种多样的，如地图、各种专题图、图像、统计数据等，这些数据都具有能够确定空间位置的特点。

空间数据是数据的一种特殊形式，具备自身的一些特性，空间数据的自身特性构成了空间分析的条件和任务（郭仁忠，2001）。空间数据具有以下几个方面的基本特性：

1. 空间性

空间性是空间数据的最基本特性，它是指空间物体的位置、形态以及由此产生的系列特性。如果不考虑空间物体的空间性，空间分析就失去了意义。空间性不但导致空间物体的位置和形态的分析处理，同时导致空间相互关系的分析处理，这是更为复杂的一类处理。空间数据库的组织比非空间数据库复杂得多、困难得多（郭仁忠，2001）。

2. 抽样性

空间物体以连续的模拟方式存在于地理空间，为了能以数字的方式对其进行描述，必须将其离散化，即以有限的抽样数据表达无限的连续物体。空间物体的抽样是对物体形态特征点的有目的选取，其抽样方法可以根据物体的形态特征的不同而不同，其抽样的基本准则就是能够力求准确地描述物体的全局和局部的形态特征（郭仁忠，2001）。

3. 概括性

概括是对地理物体的化简和综合。空间物体的概括性区别于空间物体的详细性。空间数据的空间详细性反映人为规定的系统的数据分辨率，而空间物体的概括性是指对物体形态的化简综合以及对物体的取舍。在一个空间数据库中，由于主题不同，可能需要舍去次要的地物，或者对一些地物的形态在抽样的基础上进行进一步化简（郭仁忠，2001）。

4. 多态性

空间数据的多态性具有两层含义，一是同样地物在不同情况下的形态差异，二是不同地物占据同样的空间位置。同样的地物在不同情况下往往具有不同的形态。例如，城市一般是面状地物，但是在比例尺很小的数据库中是作为点状地物处理的；河流本身是具有一定宽度的条带状的面状地物，但是在空间数据库中可能表示为单线河流或者是双线河流。不同地物占据同样的空间位置大多表现为社会经济和人文数据与自然环境在空间位置上的重叠。例如，长江是水系要素，但同时在不同的地段上又与省界、县界重叠（郭仁忠，2001）。

5. 多时空性

GIS数据具有很强的时空特性。一个GIS系统的数据源既有同一时间不同空间的数据系列；也有同一空间不同时间序列的数据。不仅如此，GIS会根据系统需要而采用不同尺度对地理空间进行表达。GIS数据是包括不同时空和不同尺度数据源的集成（陈志泊，2005）。

3.2 空间数据的表示

空间数据表示的基本任务就是将以图形模拟的空间物体表示成计算机能够接受的数字形式，因此空间数据的表示必然涉及空间数据模式和数据结构问题。

空间数据有两种基本的表示模型：栅格模型和矢量模型。

在栅格模型中，地理空间被划分为规则的小单元，空间位置由栅格单元的行、列号表示。栅格单元的大小反映了数据的分辨率即精度，空间物体由若干栅格单元隐含描述。例如一条道路由其值为道路编码值的一系列镶嵌的栅格单元表示，要从数据库中删除这条道路，则必须将所有的有关栅格单元的值改变成该道路邻域的背景值。栅格数据模型的设计思想是将地理空间看成一个连续的整体，在这个空间中处处有定义（郭仁忠，2001）。如图3.1（a）表示实际的地理空间对象，图3.1（b）表示描述该现实地理空间的栅格数据模型。

矢量模型将地理空间看成是一个空域，地理要素存在其间。在矢量模型中，各类地理要素根据其空间形态特征分为点、线、面三类（三维空间还包括体状空间对象）。点状要素用坐标点对表示其位置，线状要素用其中心轴线（或侧边线）上的抽样点坐标表示其位置和形状，面状要素用范围轮廓线上的抽样点坐标串表示其位置和范围。在矢量模型中，地物是显式描述的（郭仁忠，2001）。如图3.1（c）表示描述该现实地理空间的矢量数据模型（郭仁忠，2001）。

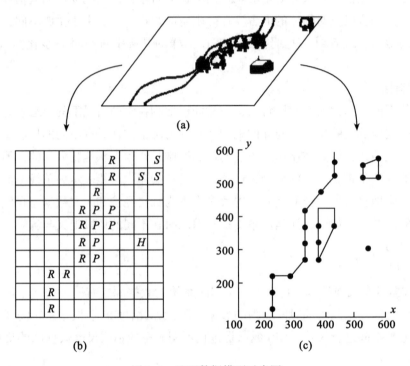

图3.1 地理数据模型示意图

3.2.1 栅格数据模型表示

在栅格数据模型中，其基本单元是一个格网，每个格网称为一个栅格（像元），被赋予一个特定值。这种规则格网通常采用三种基本形式：正方形、三角形、六边形（郭仁忠，2001）。如图3.2所示。每种形状具有不同的几何特性。

栅格数据模型的基本单元具有如下特点：

（1）方向性：正方形和六边形栅格数据模型中的所有格网都具有相同的方向，而三角形栅格数据模型中的格网却具有不同的方向。

（2）可再分性：正方形和三角形格网都可以无限循环地再细分成相同形状的子格网，而六边形则不能进行相同形状的无限循环再分。

（3）对称性：每个六边形格网的邻居与该六边形格网等距。也就是说，该六边形格网的中心点到其周围的相邻格网的中心点的距离都相等，而三角形和正方形格网就不

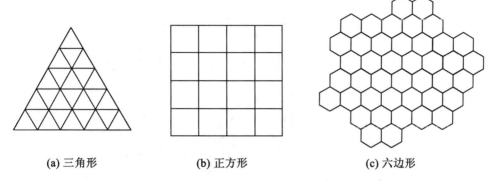

(a) 三角形　　　　　(b) 正方形　　　　　(c) 六边形

图 3.2　栅格数据模型的三种基本单元

具备这一特性。

栅格模型中最常用也是最简单的是正方形格网，除了因为它具有方向性和可再分性外，还因为正方形格网与矩阵数据形式最为相近，其坐标记录和计算最为容易，因而大多数栅格地图和数字图像都采用了这种栅格数据模型。

基于栅格的空间模型把空间看做由若干像元组成，每个像元都与分类或者标识所包含的现象的一个记录有关。像元与"栅格"两者都是来自图像处理的内容，其中单个的图像可以通过扫描每个栅格产生。GIS 中的栅格数据经常是来自人工和卫星遥感扫描设备中，以及用于数字化文件的设备中。采用栅格模型的信息系统，通常应用了前面所述的分层方法。在每个图层中栅格像元记录了特定的数据。

由于像元具有固定的尺寸和位置，所以栅格趋向于表现在一个"栅格块"中的自然及人工现象。因此分类之间的界限被迫采用沿着栅格像元的边界线。一个栅格图层中每个像元通常被分为一个单一的类型。

为了 GIS 数据处理，栅格模型的一个重要特征就是每个栅格中的像元的位置被预先确定，所以很容易进行重叠运算以比较不同图层中所存储的特征。由于像元位置是预先确定的，且属性是相同的，在一个具体的应用中，不同的图层有不同的属性值，每个属性可以从逻辑上或者从算法上与其他图层中的像元的属性相结合（运算），以便产生相应重叠中的一个属性值。

栅格模型的缺点在于难以表示不同要素占据相同位置的情况，这是因为一个栅格被赋予了一个特定的值，因而一幅栅格地图仅适宜表示一个主题，如地貌类型或土地利用类型等。

在栅格模型中，栅格大小的确定是一个关键。根据抽样原理，当一个地物的面积小于 1/4 个栅格时就无法予以描述，只有面积大于 1 个栅格时才能确保被反映出来。图 3.3 是一个常见的用栅格方法进行叠加分析的示意图（郭仁忠，2001），从图中可以发现很多栅格具有相同的值，数据冗余非常大。在地图数据库中，为了节约存储空间，通常不是直接存储每个像元的值，而是采用一定的数据压缩方法，常用的有"行程编码压缩"和"四叉树压缩"方法。

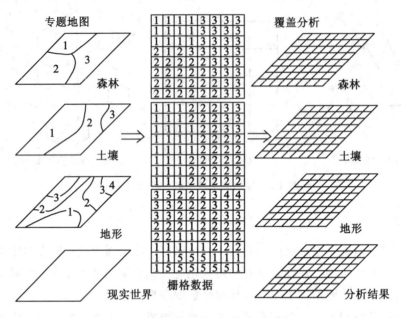

图 3.3 利用栅格图层进行叠置分析

3.2.2 矢量数据模型表示

矢量模型的表达源于原型空间实体本身，通常以坐标来定义。强调了离散现象的存在，矢量数据模型是以坐标点对来描述点、线、面三类地理实体。一个点的位置可以用二维或者三维中的坐标的单一集合来描述。一条线通常由有序的两个或者多个坐标对的集合来表示。特定坐标之间线的路径可以是一个线性函数或者一个较高次的数学函数，而线本身可以由中间点的集合来确定。一个面通常由一个边界来定义，而边界是由形成一个封闭的环状的一条或多条线所组成。如果区域有洞在其中，那么可以采用多个环以描述它。然而，在一些基于矢量的 GIS 中，由于表现表面的便利，带给它模拟二维场的可能性，最常见的例子就是地表高程。而栅格技术将重点放在了空间格网像元位置的内容上，因此经常被描述为基于位置的表达。

描述地理实体的矢量方法有很多，这些不同的矢量数据模型之间的一个主要差别是采用路径拓扑（path topology）模型，还是采用网络拓扑（graph topology）模型。这两种模型之间的主要区别在于前者将二维要素的边界作为独立的一维要素来单独处理，而不考虑要素之间的相互关系；而后者则是在一个关于边界的关系网络模型中考察二维要素。

路径拓扑常用的模型有：面条模型（spaghetti model）、多边形模型（polygon model）、点字典模型（point dictionary model）和链/点字典模型（chain/point dictionary model）等。路径拓扑的主要缺点是不能解决点、节点和零维地物的识别问题，更重要的是各多边形被作为单个独立的实体来考查，不能识别出多边形间的相邻关系，不利于地理数据的分析与可视化。

网络拓扑模型是对路径拓扑模型的不足之处的改进和完善。在网络拓扑模型中，强调了对多边形间关系的描述，即在拓扑结构中，将一个多边形图形中的节点、边和面分别显式描述，并记录它们之间的关系，这样不但可以反映出面与面之间的相邻关系，还可以反映边与边之间、点与点之间的连接关系。

拓扑模型中较著名的是美国人口调查局的 DIME 模型（dual independent map encoding，双重独立地图编码模型）和美国计算机图形及空间分析实验室研制的 POLYVRT（polygon convertor，多边形转换器）模型，它们采用的就是这类结构。

栅格模型和矢量模型各有优缺点：矢量方法是面向实体的表示方法，以具体的空间物体为独立描述对象。因此，物体愈复杂，描述愈困难，数据量亦随之增大。如线状要素愈弯曲，抽样点必须愈密。栅格方法是面向空间的表示方法，将地理空间作为整体进行描述，具体空间物体的复杂程度不影响数据量的大小，也不增加描述上的困难。矢量方法显式地描述空间物体之间的关系，关系一旦被描述，运用起来就相当方便，如网络分析在矢量方法表示的数据上，只要记录了线段之间的连接关系，是比较容易的。栅格方法是对投影空间的直接量化，隐式描述空间物体之间的关系，这种描述既可以认为是"零"描述，即没有记录物体间的关系，又可以认为是"全"描述，即空间物体的一切关系都照实复写了。

3.3 空间数据模型

3.3.1 数据模型与数据结构

数据模型（data model）是描述数据库的概念集合，是以一定方式组织起来的，有足够的抽象性和概括性，是对客观事物及其联系的描述。这种描述包括数据内容的描述和各类实体数据之间联系的描述。

数据结构是指相互之间存在一种或多种特定关系的数据元素的集合，是数据模型和文件格式之间的中间媒介，是数据模型的表达。数据结构是数据模型在特定的数据库中，经数据库的定义语言和数据描述语言精确描述的存储模型。它从两个方面对空间信息进行具体的表达：一是记录信息的数据结构；二是记录数据的操作机制（李建松，2006）。

数据模型的建立必须通过一定的数据结构来实现。数据模型是数据表达的概念模型，数据结构是数据表达的物理实现。

3.3.2 空间数据模型的概念

空间数据模型是关于 GIS 中空间数据组织的概念，反映现实世界中空间实体（spatial entity）及其相互之间的联系，为空间数据组织和空间数据库模式设计提供基本的概念和方法（Lee and Isdale, 1991；陈军, 1995）。实践表明，对现有空间数据模型认识和理解的正确与否在很大程度上决定着 GIS 空间数据管理系统研制或应用空间数据库设计的失败，而对空间数据模型的深入研究又直接影响着新一代 GIS 系统的发展（Dutton, 1991；陈军, 1995）。

3.3.3 空间数据模型的类型

数据模型设计的目的是将客观事物抽象成计算机可以表示的形式。但是由于地理空间的复杂性，无论哪一种模型都无法反映现实世界的所有方面，因而就无法设计一个通用的数据模型来适用于所有的情况。所以在地理信息系统中存在多种数据模型并存的现象。通过对于地理实体从现实世界到计算机内部表示的不断抽象和概括，GIS 数据模型由概念数据模型、逻辑数据模型和物理数据模型三个有机联系的层次组成。

概念数据模型是关于实体及实体间联系的抽象概念集。概念数据模型着重于获得对客观现实的一个正确认识，是面对用户、面向现实世界的数据模型。它主要是描述系统中数据的概念结构，按用户的观点对数据和信息建模，是现实世界到信息世界的第一层抽象。GIS 空间数据模型的概念模型是考虑用户需求的共性，用统一的语言描述和综合、集成各用户视图。其基本任务是确定所感兴趣的现象和基本特性，描述实体间的相互联系，从而确定空间数据库的信息内容。目前广泛采用的是基于平面图的点、线、面数据模型和基于连续铺盖（tessellation）的栅格数据模型（陈军, 1995）。

逻辑数据模型主要描述系统中数据的结构，对数据的操作以及操作后数据的完整性问题。这类模型通常有着严格的形式化定义，而且常常会加上一些限制和规定，以便在机器上实现。逻辑数据模型表达概念数据模型中数据实体（或记录）及其间的关系。空间数据的逻辑数据模型是根据其概念数据模型确定的空间数据库的信息内容（空间实体及相互关系），具体地表达数据项、记录等之间的关系，可以有若干不同的实现方法（陈军, 1995）。

物理数据模型则是描述数据在计算机中的物理组织、存取路径和数据库结构。逻辑数据模型并不涉及最低层的物理实现细节，但计算机处理的是二进制数据，必须将逻辑数据模型转换为物理数据模型，需要涉及空间数据的物理组织、空间存取方法、数据库总体存储结构等（陈军, 1995）。

在 GIS 中与空间信息有关的信息模型有三个，即基于对象（要素）（feature）的模型、网络（network）模型以及场（field）模型。基于对象（要素）的模型强调了离散对象，根据它们的边界线以及它们的组成或者与它们相关的其他对象，可以详细地描述离散对象。网络模型表示了特殊对象之间的交互，如水或者交通流。场模型表示了二维或者三维空间中被看做是连续变化的数据（张成才等, 2004）。

有很多类型的数据，有时被看做场，有时被看做对象。选择时，主要是要考虑数据的测量方式。如果数据来源于卫星影像，其中某一现象的一个值是由区域内某一个位置提供的，如作物类型或者森林类型可以采用一个基于场的观点；如果数据是以测量区域边界线的方式给出，而且区域内部被看成是一致的，就可以采用一个基于要素的观点；如果将分类空间分成粗略的子类，那么，一个基于场的模型可以转换成一个基于要素的模型，因为后者更适合于离散面或者线特征的度量和分析。

基于场和基于对象的模型是概念模型的子模型。在基于场的空间概念模型的指导下，引出了栅格数据模型。相对应地，在基于对象的空间数据模型指导下，引出了矢量数据模型。除了上述的各种数据模型外，还有许多应用数据库概念设计的数据模型，如：E-R 模型（实体关系模型）、UML（unified modeling language，统一建模语言）模型等。这类模型语义表达能力强，能够方便地表达应用中的语义知识，独立于具体的 DBMS（数据库管理系统），主要应用于系统设计中。

3.4 场 模 型

3.4.1 场模型的数学表示

对于模拟具有一定空间内连续分布特点的现象来说，基于场的观点是合适的。例如，空气中污染物的集中程度、地表的温度、土壤的湿度水平以及空气与水的流动速度和方向。根据应用的不同，场可以表现为二维场或三维场。一个二维场就是在二维空间中任何已知的地点上，都有一个表现这一现象的值；而一个三维场就是在三维空间中对于任何位置来说都有一个值。一些现象，诸如空气污染物在空间中本质上是三维的，但是许多情况下可以由一个二维场来表示。

场模型可以表示为如下的数学公式：

$$z: s \to z(s)$$

式中：z 为可度量的函数；s 表示空间中的位置。该式表示了从空间域（甚至包括时间坐标）到某个值域的映射。

3.4.2 场模型的特征

场经常被视为由一系列等值线组成，一个等值线就是地面上所有具有相同属性值的点的有序集合。场模型具有以下特点（张成才等，2004）。

1. 空间结构特征和属性域

在实际应用中，"空间"经常是指可以进行长度和角度测量的欧几里得空间。空间结构可以是规则的或不规则的，但空间结构的分辨率和位置误差则十分重要，它们应当与空间结构设计所支持的数据类型和分析相适应。属性域的数值可以包含以下几种类型：名称、序数、间隔和比率。属性域的另一个特征是支持空值，如果值未知或不确定，则赋予空值。

2. 连续的、可微的、离散的

如果空间域函数连续的话，空间域也就是连续的，即随着空间位置的微小变化，其属性值也将发生微小变化，不会出现像数字高程模型中的悬崖那样的突变值。只有在空间结构和属性域中恰当地定义了"微小变化"，"连续"的意义才确切。

当空间结构是二维（或更多维）时，坡度，或者称为变化率，不仅取决于特殊的位置，而且取决于位置所在区域的方向分布，如图3.4所示表示了不同区域方向的不同坡度。连续与可微两个概念之间有逻辑关系，每个可微函数一定是连续的，但连续函数不一定可微。

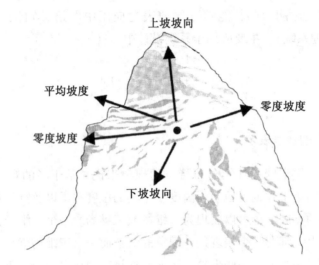

图3.4 某点的坡度取决于该位置所在区域的各方向上的可微性

3. 各向同性和各向异性

空间场内部的各种性质是否随方向的变化而发生变化，是空间场的一个重要特征。如果一个场中的所有性质都与方向无关，则称之为各向同性场（isotropic field）。例如旅行时间，假如从某一个点旅行到另一个点所耗时间只与这两点之间的欧氏几何距离成正比，则从一个固定点出发，旅行一定时间所能到达的点必然是一个等时圆，如图3.5（a）所示。如果某一点处有一条高速通道，则利用高速通道与不利用高速通道所产生的旅行时间是不同的，如图3.5（b）所示。等时线已标明在图中，图中的双曲线是利用高速通道与不利用高速通道的分界线。图3.5（b）中的旅行时间与目标点与起点的方位有关，这个场称为各向异性场（anisotropic field）。

4. 空间自相关

空间自相关是空间场中的数值聚集程度的一种量度。距离近的事物之间的联系程度强于距离远的事物之间的联系程度。如果一个空间场中类似的数值有聚集的倾向，则该空间场就表现出很强的正空间自相关；如果类似的属性值在空间上有相互排斥的倾向，则表现为负空间自相关，如图3.6所示，图3.6（a）反映了空间正自相关，图3.6（b）反映了空间负相关。空间自相关描述了某一位置上的属性值与相邻位置上的属性值之间

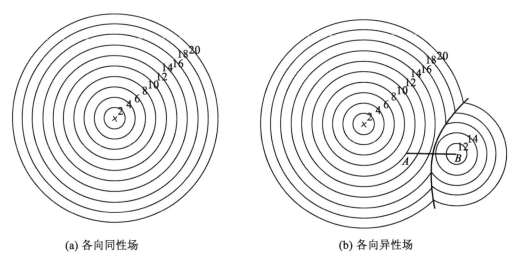

(a) 各向同性场　　　　　　　　　(b) 各向异性场

图 3.5　在各向同性与各向异性场中的旅行时间面

的关系。

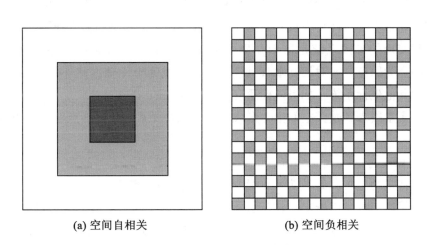

(a) 空间自相关　　　　　　　　　(b) 空间负相关

图 3.6　空间正负自相关模式

基于场模型来表达地理目标及其相应的拓扑表达三要素（内部、边界和外部）结构，能有效地表示地理现象的空间非匀质性，尤其是土地覆盖这类模糊地理现象。因而，在这种拓扑表达框架下来描述地理目标的空间关系能有效地顾及地理目标的空间属性变化，这是传统的基于缓冲区操作分析地理目标间的空间关系（包括距离关系、拓扑关系）的方法所难以实现的。

3.5 要素模型

地理要素是通过地理实体定义的，地理实体是真实世界中不能再被细分为同一类现象的地理现象，地理要素的内涵是具有相似属性和行为的真实地理实体的公共属性集合，称这一集合为地理要素的模式，其外延则是所有相似地理实体的集合。在基于地理要素的GIS系统中，地理要素是对空间位置的"地理"属性以及该"位置"的复杂的内部关系及自然和人文特征的描述。区别于面向空间的矢量及栅格数据模型只关注空间特征的表达，基于地理要素的GIS数据模型是较高抽象层次上的模型，基于地理要素的数据组织方法与传统GIS数据管理方式处于同一层次，由于它只对真实地理实体的属性（包括空间属性和地理属性）及关系感兴趣，因此，它更适于进行地理信息应用系统的开发。

3.5.1 欧氏空间的地物要素

许多地理现象模型建立的基础都是嵌入（embed）在一个坐标空间中，在这种坐标空间中，根据常用的公式就可以测量点之间的距离及方向，这个带坐标的空间模型叫做欧氏空间，它把空间特性转换成实数的元组特性，两维的模型叫做欧氏平面。欧氏空间中，最经常使用的参照系是笛卡儿坐标系（cartesian coordinates），它是由一个固定的、特殊的点为原点，一对相互垂直且经过原点的线为坐标轴。此外，在某些情况下，也经常采用其他坐标系统，如极坐标系（polar coordinates）。

将地理要素嵌入到欧氏空间中，形成了三类地物要素对象，即点对象、线对象和多边形对象。

1. 点对象

点是有特定的位置，维数为零的物体，包括：①点实体（point entity），用来代表一个实体；②注记点，用于定位注记；③内点（label point），用于记录多边形的属性，存在于多边形内；④节点（node），表示线的终点和起点；⑤角点（vertex），表示线段和弧段的内部点。

2. 线对象

线对象是GIS中维度为1的空间组分，表示对象和它们边界的空间属性，由一系列坐标表示，并有如下特征：①实体长度：从起点到终点的总长度；②弯曲度：用于表示类似于道路拐弯时弯曲的程度；③方向性：用于表示线对象的方向。例如，水流方向是从上游到下游，公路则有单向与双向之分。

线状实体包括线段、边界、链、弧段、网络等。如图3.7所示为多边线的示意图，包括多边线、简单闭合多边线。

3. 多边形对象

面状实体也称为多边形，是对湖泊、岛屿、地块等一类现象的描述。通常在数据库

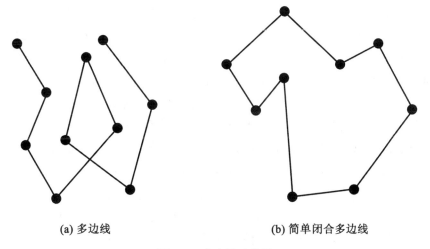

(a) 多边线　　　　　　　　　　(b) 简单闭合多边线

图 3.7　多边线示意图

中由一封闭曲线加内点来表示。面状实体有如下空间特性：①面积范围；②周长；③独立性或与其他的地物相邻，如中国及其周边国家；④内岛或锯齿状外形，如岛屿的海岸线封闭所围成的区域等；⑤重叠性与非重叠性，如报纸的销售领域、学校的分区、菜市场的服务范围等都有可能出现交叉重叠现象。一个城市的各个城区一般说来相邻但不会出现重叠。

在计算几何中，定义了许多不同类型的多边形，如图 3.8 所示，包括普通多边形、凸多边形、星状多边形等。

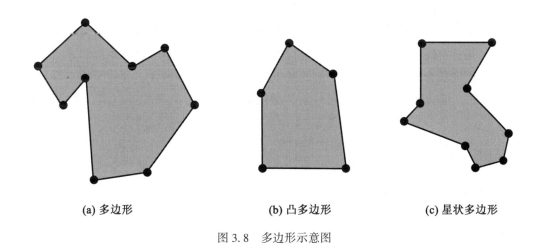

(a) 多边形　　　　　　(b) 凸多边形　　　　　　(c) 星状多边形

图 3.8　多边形示意图

3.5.2　要素模型的基本概念

基于要素的空间模型强调了个体现象，该现象以独立的方式或者以与其他现象之间的关系的方式来表示。任何现象，无论大小，都可以被确定为一个对象（object），且假设它可以从概念上与其邻域现象相分离。要素可以由不同的对象所组成，而且它们可以与其他的相分离的对象有特殊的关系。在一个与土地和财产的拥有者记录有关的应用中，采用的是基于要素的视点，因为每一个土地块和每一个建筑物必须是不同的，而且必须是唯一标识的并且可以单个测量。一个基于要素的观点是适合于已经组织好的边界现象的。因此，这也适合于人工地物，例如，建筑物、道路、设施和管理区域。一些自然现象，如湖、河、岛及森林，经常被表现在基于要素的模型中，因为它们为了某些目的，可以被看成为离散的现象，但应该记住的是，这样现象的边界随着时间在变化，很少是固定的，因此，在任何时刻，它们的实际位置的定义一般是不精确的。

基于要素的空间信息模型把信息空间分解为对象（object）或实体（entity）。一个实体必须符合三个条件：①可被识别；②重要（与问题相关）；③可被描述（有特征）。

有关实体的特征可以通过静态属性（如城市名）、动态的行为特征和结构特征来描述。与基于场的模型不同，基于要素的模型把信息空间看作许多对象（城市、集镇、村庄、区）的集合，而这些对象又具有自己的属性（如人口密度、质心和边界等）。基于要素的模型中的实体可采用多种维度来定义属性，包括空间维、时间维、图形维和文本/数字维。

3.5.3 基于要素模型的空间对象

空间对象之所以称为"空间的"，是因为它们存在于"空间"之中，即所谓"嵌入式空间"。空间对象的定义取决于嵌入式空间的结构。常用的嵌入式空间类型有：

（1）欧氏空间：允许在对象之间采用距离和方位的量度，欧氏空间中的对象可以用坐标组的集合来表示。

（2）量度空间：允许在对象之间采用距离量度，但不一定有方向。

（3）拓扑空间：允许在对象之间进行拓扑关系的描述，不一定有距离和方向。

（4）面向集合的空间：采用一般的基于集合的关系，如包含、合并及相交等。

连续的二维欧氏平面上的空间对象类型构成了一种对象集的等级图，如图3.9所示。

在图3.9中，具有最高抽象层次的对象是"空间对象"类，它派生为零维的点对象和延伸对象，延伸对象又可以派生为一维和二维的对象类。一维对象的两个子类：弧和环（loop），如果没有相交，则称为简单弧（simple arc）和简单环（simple loop）。在二维空间对象类中，连通的面对象称为面域对象，没有"洞"的简单面域对象称为域单位对象。

欧氏空间的平面因连续而不可计算，必须离散化后才适合于计算。图3.9中所有的连续类型的离散形式都存在。图3.10表示了部分离散一维对象的继承等级关系。

对象行为是由一些操作定义的。这些操作用于一个或多个对象（运算对象），并产生一个新的对象（结果）。可将作用于空间对象的空间操作分为两类：静态的和动态

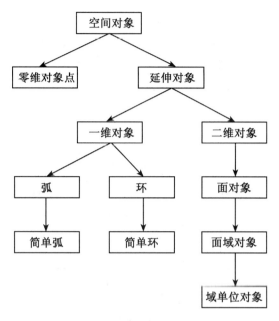

图 3.9 连续空间对象类型的继承等级

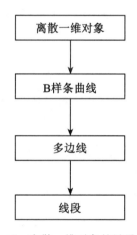

图 3.10 离散一维对象的继承等级

的。静态操作不会导致运算对象发生本质的改变,而动态操作会改变一个或多个运算对象,甚至生成或删除这些对象。

虽然系统的面向对象方法和基于要素的空间数据模型在概念上很相似,但两者之间仍然有着明显的差别。实现基于要素的模型并不一定要求运用面向对象的方法;另一方面,面向对象方法既可以作为描述场的空间模型的框架,也可以作为描述基于要素的空间模型的框架。对于基于要素的模型,采用面向对象的描述是合适的;而对于基于场的模型同样可以用面向对象方法来构建。

场和对象可以在多种水平上共存，对于空间数据建模来说，基于场的方法和基于要素的方法并不互相排斥。有些应用可以很自然地应用场来建模；但是，场模型也并不是适合所有情况。总之，基于场的模型和基于要素的模型各有长处，应该恰当地综合运用这两种方法来建模。在地理信息系统应用模型的高层建模中、数据结构设计中及地理信息系统应用中，都会遇到这两种模型的集成问题。图 3.11 描述了要素模型和场模型的比较。

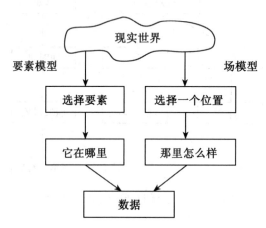

图 3.11　要素模型和场模型的比较

3.5.4　基于要素的空间关系

地理要素之间的空间区位关系可抽象为点、线（或弧）、多边形（区域）之间的空间几何关系，如图 3.12 所示。

（1）点点关系。点与点的空间关系包括：①重合；②分离；③一点为其他诸点的几何中心；④一点为其他诸点的地理重心。

（2）点线关系。点与线的空间关系包括：①点在线上：可以计算点的性质，如拐点等；②线的端点：起点和终点（节点）；③线的交点；④点与线分离：可计算点到线的距离。

（3）点面关系。点与面的空间关系包括：①点在区域内，可以记数和统计；②点为区域的几何中心；③点为区域的地理重心；④点在区域的边界上；⑤点在区域外部。

（4）线线关系。线与线的空间关系包括：①重合；②相接：首尾环接或顺序相接；③相交；④相切；⑤并行。

（5）线面关系。线与面的空间关系包括：①区域包含线：可计算区域内线的密度；②线穿过区域；③线环绕区域：对于区域边界，可以搜索其左右区域名称；④线与区域分离。

（6）面面关系。面与面的空间关系包括：①包含：如岛的情形；②相合；③相交；

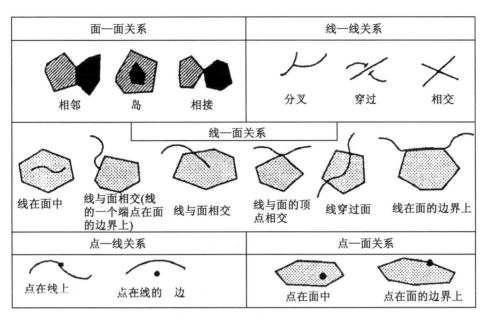

图 3.12 地理要素之间的部分拓扑空间关系

可以划分子区,并计算逻辑与、或、非和异或;④相邻:计算相邻边界的性质和长度;⑤分离:计算距离、引力等。

近年来,空间关系的理论与应用研究在国内外都非常多。究其原因,一方面是它为地理信息系统数据库的有效建立、空间查询、空间分析、辅助决策等提供了最基本的关系;另一方面是将空间关系理论应用于地理信息系统查询语言,形成一个标准的 SQL 空间查询语言,可以通过 API(application program interface,应用程序接口)进行空间特征的存储、提取、查询和更新等。空间关系包含三种基本类型:拓扑关系、方向关系和度量关系。

3.6　网络结构模型

3.6.1　网络空间

网络是用于实现资源的运输和信息的交流的相互连接的线性特征。网络模型是对现实世界网络的抽象。在模型中,网络由链(link)、节点(node)、站点(stop)、中心(center)和转向点(turn)组成。网络拓扑系统研究的创始人被公认为数学家 Leonard Euler,他在 1736 年解决了当时一个著名的问题,叫做 Konigsberg 桥问题。如图 3.13(a)显示了该桥的一个概略路线图。该问题就是找到一个循环的路,该路只穿过其中每个桥一次,最后返回到起点。一些实验表明这项任务是不可能的,可见,从认为没有这样的路线到说明它并不是一件容易的事情。

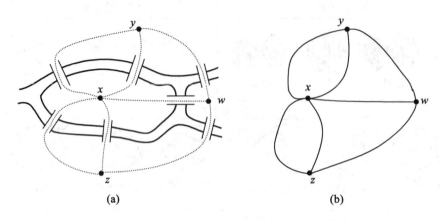

图 3.13　Konigsberg 桥问题中的图形理论模型

Euler 成功地证明了这是一项不可能的任务，即这个问题是没有解的。为了做这件事，他建立了该桥的一个空间模型，该模型抽象出了所有桥之间的拓扑关系，如图 3.13（b）所示。实心圆表示节点或顶点。它们被标上 w、x、y、z，并且抽象为陆地面。线表示弧段或边线，它们被抽象为陆地之间的直线，并且在每种情况下需要使用一座桥，完整的模型叫做网络或图形。Euler 证明了不可能从一个节点开始，沿着图形的边界，遍历每个边界只有一次，最后到达第一个节点。他所采用的论点是非常简单的，依据的是经过每个节点的边的奇偶性。可以看出：除了开始的节点和末端的节点外，经过一个节点的路径必须是沿着一个边界进入，又沿着另一个边界出去。因此，如果这个问题是有解的，那么每个中间节点相连的边界的数量必须是偶数。在图 3.13 中，没有一个节点的边界数是偶数的。因此，这个图论的问题是没有解的。

3.6.2　网络模型概述

在网络模型中，地物被抽象为链和节点，同时要关注其间的连通关系。基于网络的空间模型与基于要素的模型在一些方面有共同点，因为它们经常处理离散的地物，但是网络模型需要考虑多个要素之间的影响和交互，通常沿着与它们相连接的通道。相关现象的精确形状并不重要，重要的是具体现象之间的距离或者阻力的度量。网络模型的典型例子就是研究交通，包括陆上、海上及航空线路，以及通过管线与隧道分析水、油及电力的流动。在考虑交通问题时，分析两点之间的直线距离是没有意义的，因为，对于交通运输而言，两点之间的传输并不是沿着两点之间的直线进行的，只能是在交通运输网中的特定路径上进行。因此，两点间的距离表现为两点之间路径的长度。因为两点之间的相关路径可能有许多条。因此以最短路径的长度来描述网络上两点之间的距离。

例如，一个电力供应公司对它们的设施管理可能既采用了一个基于要素的视点，同时又采用了一个基于网络的视点，这依赖于他们所关心的问题，如果要分析是否要替换一个特定的管道，在这种情况下，一个基于要素的视点可能是合适的；如果他们关心的是分析重建线路的目的，在这种情况下，网络模型将是合适的。

网络模型的基本特征是，节点数据间没有明确的从属关系，一个节点可与其他多个节点建立联系。网状模型将数据组织成有向图结构。节点代表数据记录，连线描述不同节点数据间的关系。有向图（digraph）的形式化定义为：

$$Digraph = (Vertex, \{Relation\})$$

其中 Vertex 为图中数据元素（顶点）的有限非空集合；Relation 是两个顶点（Vertex）之间的关系的集合。

有向图结构比树结构具有更大的灵活性和更强的数据建模能力。网状模型可以表示多对多的关系，其数据存储效率高于层次模型，但其结构的复杂性限制了它在空间数据库中的应用。

建立一个好的网络模型的关键是清楚地认识现实网络的各种特性与以网络模型的要素（链（link）、节点（node）、站点（stop）、中心（center）、拐点（turn））表示的特性的关系。网络模型反映了现实世界中常见的多对多关系，在一定程度上支持数据的重构，具有一定的数据独立性和共享特性，并且运行效率较高。但它在应用时也存在以下问题：

（1）网状结构的复杂，增加了用户查询和定位的困难。它要求用户熟悉数据的逻辑结构，知道自身所处的位置。

（2）网状数据操作命令具有过程式性质。

（3）不直接支持层次结构的表达。

（4）基本不具备演绎功能。

（5）基本不具备操作代数基础。

3.6.3 网络的组成要素

网络的组成要素包括以下几个方面：

（1）链（link）。网络的链构成了网络模型的框架。链代表用于实现运输和交流的相互连接的线性实体。它可用于表示现实世界网络中运输网络的高速路、铁路、电网中的传输线和水文网络中的河流等。其状态属性包括阻力和需求。

（2）节点（node）。节点指链的终止点。链总是在节点处相交。节点可以用来表示道路网络中的道路交叉点、河网中的河流交汇点等。

（3）站点（stops）。站点指在某个流路上经过的位置。它代表现实世界中邮路系统中的邮件接收点、高速公路网中所经过的城市等。

（4）中心（center）。中心指网络中的一些离散位置，它们可以提供资源。中心可以代表现实世界中的资源分发中心、购物中心、学校、机场等。其状态属性包括资源容量，如总的资源量；阻力限额，如中心与链之间的最大距离或时间限制。

（5）拐点(turn)。拐点代表了从一个链到另一个链的过渡。与其他的网络要素不同，拐点在网络模型中并不用于模拟现实世界中的实体,而是代表链与链之间的过渡关系。

3.6.4 常用的网络模型

常用的网络模型包括以下几种类型:

1. 网络跟踪(trace)

网络用于研究网络中资源和信息的流向,这就是网络跟踪的过程。在水文应用中,网络跟踪可用于计算河流中水流的体积,也可以跟踪污染物从污染源开始,沿溪流向下游扩散的过程。在电网应用中,可以根据开关的开关状态,确定电力的流向。网络跟踪中涉及的一个重要概念是"连通性",这定义了网络中弧段与弧段的连接方式,也决定了资源与信息在网络中流动时的走向。弧段与弧段之间的连通多数情况下是有向的,网络的流向是通过弧段的流向来决定的。在弧段被数字化时,从(From)节点与到(To节点)的关系就定义了弧段的流向。

2. 路径选择(path finding)

在远距离送货、物资派发、急救服务和邮递等服务中,经常需要在一次行程中同时访问多个站点(收货方、邮件主人、物资储备站等),如何寻找到一个最短和最经济的路径,保证访问到所有站点,同时最快最省地完成一次行程,这是很多机构经常遇到的问题。

在这类分析中,最经济的行车路线隐藏在道路网络中,道路网络的不同弧段(网络模型中的链)有不同的影响物流通过的因素,即网格模型中的阻抗(impedance)。路径选择分析必须充分考虑这些因素,在保证遍历需要访问的站点(在网络模型中的STOP)的同时,为用户寻找出一条最经济(时间或费用最少)的运行路径。

3. 资源分配(allocate)

资源分配反映了现实世界网络中资源的供需关系模型。"供(supply)"代表一定数据的资源或货物,它们位于被称之为"中心 center"的设施中。"需(demand)"指对资源的利用。分配(allocate)分析就是在空间中的一个或多个点间分配资源的过程。为了实现供需关系,网络中必然存在资源的运输和流动。资源要么由供方送到需方,要么由需方到供方处索取。

1)资源分配——现实世界中的描述

资源分配包括由"供"到"需"和由"需"到"供"两种情况。

(1)由"供"到"需"。例如,电能是从电站产生,并通过电网传送到客户那里。在这里,电站就是网络模型中的"中心 center",因为它可以提供电力供应。电能的客户沿电网的线路(网络模型中的链)分布,它们产生了"需 demand"。在这种情况下,资源是通过网络由供方传输到需方来实现资源分配的。

(2)由"需"到"供",例如,学校与学生的关系构成了一种网络中的供需分配关系。学校是资源提供方,它负责提供名额供适龄儿童入学。适龄儿童是资源的需求方,他们要求入学。作为需求方的适龄儿童沿街道网络分布,他们产生了对作为供给方的学校的资源,即学生名额的需求。这种情况下,是由适龄儿童前往学校。

2)网络中的"阻抗值(impedance)"

阻抗值在分配分析中同样起作用。阻抗值说明网络中的要素抵抗资源流动或增加资源运输成本的能力。如果资源在供方与需方间流动时的阻值大于可以承受的范围,可能导致资源无法分配到资源的需方。例如,要求每个学生从家到学校的时间不能超过30分钟,学生与学校之间的分配关系就会发生变化。

3)供方和需方是多对多的关系

供方和需方是多对多的关系,例如,可能有多个电站为同一区域的众多客户供电,一个城市的适龄儿童可以到多个学校去上学。有选择就有优选,哪个电站向哪些客户供电,哪些学生到哪个学校去上学,这里都存在优化配置的问题。

优选实现的目标包括两个方面:

(1)对于建立了供需关系的双方,供方必须能够提供足够的资源给需方。例如,要求电站要能够供给它的客户足够的电能;要求学校有足够的名额给它所服务的适龄儿童。

(2)对于建立了供需关系的双方,实现供需关系的成本最低。例如,要求在电站输电成本尽可能低的情况下,决定哪个电站为哪些客户供电;要求在学生从家到学校的时间尽可能短的情况下,决定哪些学生到哪个学校入学。

4. 地址编码与匹配

利用人们习惯的地址(街道门牌号)信息确定它在地图上的确切位置的技术称为地址编码和匹配。客户名单、事故报告、报警中所使用的定位信息多数是按人们习惯的街道门牌号等文字形式提供的,需要在地图上迅速定位,例如110接警后,需要迅速定位求救地点,然后才能采取进一步措施(例如寻求最优路径前往救助)。地址编码和地址匹配就是用于解决此类问题的。

5. 选址和分区(location-allocation)分析

选址和分区分析是决定一个或多个服务设施的最优位置的过程,它的定位力求保证服务设施可以以最经济有效的方式为它所服务的人群提供服务。在此类分析中,既有定位过程,也有资源分配过程。需要解决的实际问题包括:加油站,急救服务设置,救火、医疗急救,学校的选址等。

6. 空间相互作用和引力模型

用于理解和预测某点发生的活动和人、资源及信息的流动。两点间发生多大程度的相互作用与两点的性质以及发生相互作用的消耗或费用有关。通常情况下两点间距离越近,发生相互作用的可能性越大。解决的实际问题包括:为什么物资总是向沿海地区流动;为什么某一区域的人们总是去特定的商场购物;从家到电影院超过多长时间后,就不会选择去这个电影院看电影了。与路径选择不同,该模型除了考虑相互作用的两个对象的距离,还要考虑相互作用时发生的活动的性质。例如,人们不愿意去距离远的商场购物,但可能愿意去找较远地方的名医求医问药。

3.7 时空数据模型

3.7.1 概述

遥感图像处理、数据库管理、空间分析等技术的快速发展，以及高性能测量、通信、计算机设备不断完善，地理信息系统有了更宽广的应用领域。例如环境监测、交通线路变化管理、海岸线变化管理、水质污染扩散、乡村城市的变化等。这些应用均需要地理信息系统能够同时存储空间、时间、属性数据，同时提供空间、时间和属性数据的分析手段。但是，传统的地理信息系统应用只涉及地理信息的两个方面：空间维度和属性维度，因此也叫静态 GIS，即 SGIS（static GIS），而能够同时处理时间维的 GIS 称为时态 GIS，即 TGIS（temporal GIS）。这样就可以解决历史数据的丢失问题，实现数据的历史状态重建、时空变化跟踪、发展势态的预测等功能。

在 GIS 中，具有时间维度的数据可以分为两类：一类为结构化数据，如一个测站历史数据的积累，它可以通过在属性数据表记录中简单地增加一个时间戳（time stamp）实现其管理；另一类是非结构化数据，最典型的例子是土地利用状况的变化，如图 3.14 所示。对这种数据的描述，是 TGIS 数据模型重点要解决的问题。

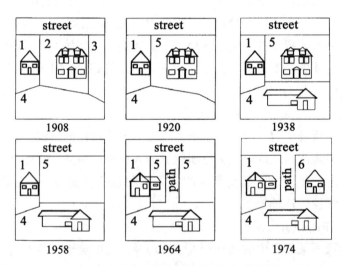

图 3.14 土地利用随时间的推移而变化

空间数据的时间特征建模的研究主要体现在三个方面：一是数据库专家的时态关系数据库研究；二是人工智能专家的时态关系研究；三是地理信息系统专家的时空数据建模研究。TGIS 数据模型的特点是语义更丰富、对现实世界的描述更准确，其物理实现的最大困难在于海量数据的组织和存取。TGIS 技术的本质特点是"时空效率"。当前主要的 TGIS 模型包括：空间时间立方体模型（space-time cube）、序列快照模型（sequent snapshots)、基图修正模型（base state with amendments）、空间时间组合体模型（space-time composite）等。其中序列快照模型和GIS分类中的模拟GIS（analog GIS）一样，只是一种概念上的模型，不具备实用的开发价值，而其他几种模型都有自己的特点和适用范围，如基图修正模型比较适合于栅格模型的TGIS开发。

时空数据模型是时空数据库的基础。作为客观现实世界抽象和表示的时空数据模型是GIS研究的关键问题。时空数据模型是在时间、空间和属性语义方面更加完整地模拟客观地理世界的数据模型。时空数据模型的数据组织和处理方法与非空间的数据库模型有很大差别，因此，非空间的时态数据库模型的研究成果不完全适合于时空数据模型。

3.7.2 TGIS的研究思路

时空数据建模是对地理时空中的时空环境进行表达。在进行时空数据建模时，先假设基本的物质世界有着相似的、简单的抽象结构和操作。由于时空数据模型反映的是现实世界中空间实体相互间的动态联系，因而时空数据组织和时空数据库模式设计就应提供基本的概念和方法。

按照时空应用所涉及的信息类型，时空过程可根据空间位置连续变化、属性连续变化或者两者的连续变化，也可根据空间离散变化和属性离散变化等来划分。例如，火车在移动时，火车的位置在不断变化，但形状和属性没有发生变化；又如，某行政区内人口在不断变化，但行政区相对稳定。由此我们必须获取到空间对象及其性质，获取空间分布随时间变化的信息，对时空变化情况进行建模。TGIS海量数据的处理必然导致数学模型的根本变化。TGIS问题的最终解决在于"可与拓扑论相类比"的全新数学思路的出现。目前可以研究TGIS技术，以便在SGIS的框架中用TGIS技术实现TGIS功能。对TGIS模型的研究可以本着两种思路进行平行探索：综合模型和分解模型。先用分解模型思路针对典型应用领域（如土地利用动态监测工作）进行全面研究，同时不断丰富、充实综合模型，最后得到一个比较完善的综合模型。

3.7.3 时空数据模型设计的原则

地籍变更、海岸线变化、土地城市化、道路改线、环境变化等应用领域，需要保存并有效地管理历史变化数据，以便将来重建历史状态、跟踪变化、预测未来。这就要求有一个组织、管理、操作时空数据的高效时空数据模型。时空数据模型是一种有效组织和管理时态地理数据，属性、空间和时间语义更完整的地理数据模型。

一个合理的时空数据模型必须考虑以下几方面的因素：节省存储空间、加快存取速度、表现时空语义。时空语义包括地理实体的空间结构、有效时间结构、空间关系、时态关系、地理事件和时空关系等。

时空数据模型设计的基本指导思想包括以下几个方面：

（1）根据应用领域的特点，如宏观变化观测与微观变化观测，客观现实变化规律，如同步变化与异步变化、频繁变化与缓慢变化，折中考虑时空数据的空间/属性内聚性

81

和时态内聚性的强度，选择时间标记的对象。对于属性，有属性数据项时间标记、实体时间标记、数据库时间标记；对于空间，有坐标点时间标记、弧段时间标记、实体时间标记、数据库时间标记等。

（2）同时提供静态（变化不活跃）、动态（变化活跃）数据建模手段（静态、动态数据类型和操作）。当前、历史等不同使用频率的数据分别组织存放，以便存取。一般地，将当前数据存放在本地机磁盘上，而将历史数据存放在远程服务器大容量光盘上。

（3）数据结构里显式表达两种地理事件：地理实体进化事件和地理实体存亡事件。地理事件以事件发生的相关源状态和终止状态表达。构成地理实体存亡事件的源状态由参加事件的实体标识集合表示。时间的本质为事件发生的序列，地理事件序列直接表明地理时间语义。常见的状态变化查询即地理事件查询。

（4）时空拓扑关系一般指地理实体空间拓扑关系的拓扑事件间的时态关系。时空拓扑关系揭示了地理实体在时间和空间上的相关性。为了有效地表达时空拓扑关系，需要存储空间拓扑关系的时变序列。

3.7.4 时空概念模型设计

时空地理信息系统的基本目标就是记录和描绘地理实体和现象的变化。变化可以分为离散变化和连续变化，把离散变化描述为事件或事件集，一个事件就是一个或多个实体状态的一个变化。可以将时间理解为事件序列的表现形式，而时间上的位置成为记录变化的主要组织基础。所有的变化被表达为通过时间的事件序列。事件序列用时间线说明。一条时间线表示从某已知时刻到其他已知后续时间点的有序进程。沿着时间线，每个时间位置对应着一个发生变化的实体集。由此就建立起了基于事件的时间模型。

基于事件的时间模型能很好地处理离散变化，但很难处理连续变化。在现实世界中有许多地理现象，如洪水、丛林火灾、土地城市化、地震、冰川移动等，它们的变化是连续的，有时不能用简单的事件和状态来表示。当一个事物连续变化时，可以定义事物的每一次状态的变化均由事件引起，但在实际应用中这种定义并不一定适合，所以将其连续变化定义为一个过程。这个过程可能采用数学模型或其他方法来描述。由此可以建立起基于过程的时间模型。

综合上面两种时间模型和前面讨论过的基于场和基于对象的空间模型就形成四种时空概念模型：场事件时空概念模型、场过程时空概念模型、对象事件时空概念模型和对象过程时空概念模型，如表3.1所示。

表3.1　　　　　　　　　　　　　四种时空概念模型

空间概念模型 时间概念模型	基于场	基于对象
基于事件	场事件时空概念模型	对象事件时空概念模型
基于过程	场过程时空概念模型	对象过程时空概念模型

3.7.5 时空数据模型的主要类型

时空数据模型主要包括以下几种类型：序列快照模型、基态修正模型、时空立方体模型、空间时间组合体模型、面向对象的时空数据模型等。

1. 序列快照模型（sequent snap shots）（Ross，1985）

快照模型是将一系列时间片段的快照保存起来，各个切片分别对应不同时刻的状态图层，以此来反映地理现象的时空演化过程，根据需要对指定时间片段进行播放，有些GIS用该方法来逼近时空特性。这种模型的优点，一个方面是可以直接在当前的地理信息系统软件中实现；二是当前的数据库总是处于有效状态。但是，由于快照将空间实体未发生变化的所有特征进行存储，会产生大量的数据冗余，当应用模型变化频繁，且数据量较大时，系统效率急剧下降，较难处理时空对象间的时空关系。

2. 基态修正模型（base state with amendments）（Langran，1990；Peuquet，1994）

为避免快照模型对于每次未发生变化部分特征重复进行记录，基态修正模型按事先设定的时间间隔进行采样，它只存储某个时间数据状态（基态）和相对于基态的变化量。基态修正模型中每个对象只需存储一次，每变化一次，只有很小的数据量需要记录，只将那些发生变化的部分存入系统中。这种模型可以在现有的 GIS 软件中很好地实现，以地理特征作为基本对象。因为要通过叠加来表示状态的变化，这对于矢量数据来讲效率较低，而对栅格数据比较合适。但也没有考虑由一种状态转变到另一种状态的过程，而实际中可能存在一种"伪变化"，因此有人提出需要设计"过程库"来记录表达变化过程。

3. 时空立方体模型（space-time cube）

Hagerstrand 最早于 1970 年提出了空间-时间立方体模型，这个模型中的三维立方体是由空间两个维度和一个时间维组成，它描述了二维空间沿着第三个时间维演变的过程。任何一个空间实体的演变历史都是空间-时间立方体中的一个实体。该模型形象直观地运用了时间维的几何特性，表现了空间实体是一个时空体的概念，对地理变化的描述简单明了、易于接受，该模型具体实现的困难在于三维立方体的表达（陈志泊，2005）。

4. 空间时间组合体模型（space-time composite）

该模型将空间分隔成具有相同时空过程的最大的公共时空单元，每个时空对象的变化都将在整个空间内产生一个新的对象。对象把在整个空间内的变化部分作为它的空间属性，变化部分的历史作为它的时态属性，时空单元的时空过程可用关系表来表达。若时空单元分裂时，用新增的元组来反映新增的空间单元。这种设计保留了随时间变化的空间拓扑关系，所有更新的特征都被加入到当前的数据集中，新的特征之间的交互和新的拓扑关系也随之生成。该模型将空间变化和属性变化都映射为空间的变化，是序列快照模型和基态修正模型的折中模型。其最大的缺点在于多边形碎化和对关系数据库的过分依赖。

5. 面向对象的时空数据模型（object-oriented）

以上所有时空数据模型的缺点是时空目标的空间信息和时间信息联系不够紧密，面向对象的时空数据模型可将时态变化语义嵌入空间实体的描述中，将空间实体视为封装有变化组分的对象，因此可以表现时间因素并表现实体的过去、现在和未来。该模型的核心是以面向对象的基本思想组织地理时空对象。其中对象是独立封装的具有唯一标识的概念实体。每个地理时空对象中封装了对象的时态性、空间特性、属性特性和相关的行为操作及与其他对象的关系。时间、空间及属性在每个时空对象中具有同等重要的地位，不同的应用中可根据具体重点关心的内容，分别采用基于时间（基于事件）、基于对象（基于矢量）或基于位置（基于栅格）的系统构建方式。

以上时空模型大都是在空间模型的基础上扩展时间维。只能进行基于地理位置与地理对象的简单历史查询，不能进行时间维上的深层分析，如事件因果关系分析。为了克服以上的不足，人们开始考虑从时间的角度进行时空建模。1995 年 Peuquet 和 Duan 从时间角度提出了基于事件的时空数据模型（event-based spatio-temporal data model），这个模型按时间顺序把事件组成一个链。在事件上加上时间标记，在时间序列中展现每次变化，新发生的事件被加到事件系列的尾部。每个事件与一系列描述事件发生地址的事件组元相连。事件组元表示了在一个特定的时间特定地点的变化。与基态修正模型相比，在进行时态查询时，基于事件的时空数据模型要方便得多。但当某个时刻变化影响范围过大，涉及的空间目标过多或变化次数过多时，空间拓扑关系不易维护。这种时空数据模型为国内外广大学者所采用，但应用范围主要在地籍、房地产、土地利用等涉及面状地物的领域。

应当指出的是，一个完整的时空 GIS 应当提供面向地学信息的多种表现方式和时空查询功能，即应当同时提供基于位置、基于对象和基于时间的表现方式和时空查询功能，这些还有待于进一步探索。

3.8　三维空间数据模型

随着计算机技术的飞速发展和计算机图形学理论的日趋完善，GIS 作为一门新兴的边缘学科也日趋成熟，许多商品化的 GIS 软件功能日趋完善。但是，绝大多数的商品化 GIS 软件包还只是在二维平面的基础上模拟并处理现实世界上所遇到的现象和问题，而一旦涉及处理三维问题时，往往感到力不从心。GIS 处理的是与地球有关的数据，即通常所说的空间数据，从本质上说是三维连续分布的。从事关于地质、地球物理、气象、水文、采矿、地下水、灾害、污染等方面的自然现象是三维的，当这些领域的科学家试图以二维系统来描述它们时，就不能够精确地反映、分析或显示有关信息。三维 GIS 的要求与二维 GIS 相似，但在数据采集、系统维护和界面设计等方面比二维 GIS 要复杂得多。

3.8.1 三维 GIS 的功能

从空间信息集成的角度，三维 GIS 应可以进行复杂地学对象的管理和处理，能够对由各种空间对象表达形式表示的地学复杂对象进行有效的空间存取，还应可以对各种空间对象进行有效的空间操作。目前，三维 GIS 研究的内容以及实现的功能主要包括：

（1）数据编码：是采集三维数据和对其进行有效性检查的工具，有效性检查将随着数据的自然属性、表示方法和精度水平的不同而不同。

（2）数据的组织和重构：包括对三维数据的拓扑描述以及一种表示方法到另一种表示方法的转换，如从矢量的边界表示转换为栅格的八叉树表示。

（3）变换：既能对所有物体或某一类物体，又能对某个物体进行平移、旋转、剪裁、比例缩放等变换。另外还可以将一个物体分解成几个以及将几个物体组合成一个。

（4）查询：此功能依赖于单个物体的内在性质（位置、形状、组成）和不同物体间的关系（连接、相交、形状相似或构成相似）。

（5）逻辑运算：通过与、或、非及异或运算符对物体进行组合运算。

（6）计算：计算物体的体积、表面积、中心、物体之间的距离及交角等。

（7）分析：如计算某一类地物的分布趋势，或其他指标，以及进行模型的比较等。

（8）建立模型。

（9）视觉变换：在用户选择的任何视点，以用户确定的视角、比例因子、符号来表示所有地物或某些指定物体。

（10）系统维护：包括数据的自动备份、安全性措施以及网络管理等。

由以上功能可以看出三维 GIS 除了具备二维 GIS 的传统功能以外，还可包容一维、二维对象，能对 2.5 维、三维对象进行可视化表达，并对三维空间 DBMS 进行管理。三维 GIS 的核心是三维空间数据库。三维空间数据库对空间对象的存储与管理使得三维 GIS 既不同于 CAD、商用数据库与科学计算可视化，也不同于传统的二维 GIS。它可能由扩展的关系数据库系统，也可能由面向对象的空间数据库系统存储管理三维空间对象。

3.8.2 三维空间数据模型的类型

三维空间数据模型的研究是三维 GIS 领域内的研究热点和难点，也是空间信息可视化的基础。三维空间数据模型可以归纳为基于面的模型、基于体的模型和基于混合构模的数据模型（吴立新等，2003；吴慧欣，2007），如表 3.2 所示。

1. 基于面模型的构模（吴慧欣，2007）

基于面模型的构模方法侧重于三维空间实体的表面表示，如地形表面、地质层面、构筑物（建筑物）及地下工程的轮廓与空间框架。所模拟的表面可能是封闭的，也可能是非封闭的。基于采样点的 TIN 模型和基于数据内插的 Grid 模型，通常用于非封闭表面模拟；而边界表示模型（B-rep）和线框模型（wire frame）通常用于封闭表面或外

表 3.2　　　　　　　　　　三维空间数据模型分类体系

面模型	体模型		混合模型
	规则体元	不规则体元	
不规则三角网	构造实体几何	四面体格网	TIN-CSG 混合
格网	体素	金字塔	TIN-Octree 混合
边界表示模型	八叉树	三棱柱	Octree-TEN 混合
线框模型	针体	地质细胞	Wire Frame-Block
断面	规则块体	不规则块体	
断面-三角网混合		实体	
多层		广义三棱柱	

部轮廓模拟。断面（section）模型、断面-三角网混合模型（section-TIN）及多层 DEM 模型通常用于地质构模。通过表面表示形成三维空间目标轮廓，其优点是便于显示和数据更新，不足之处是：由于缺少三维几何描述和内部属性记录，难以进行三维空间查询与分析。

基于面模型的构模方法包括以下集中模型：

（1）TIN 与 Grid 模型。有多种方法可以用来表示物体表面，如等高线模型、Grid 模型、TIN 模型等。常用的表面构模技术是基于实际采样点构造 TIN。TIN 方法将无重复点的散乱数据点集按某种规则（如 delaunay 规则）进行三角剖分，形成连续但不重叠的不规则三角网，并以此来描述三维物体的表面；而 Grid 模型则是考虑到采样密度和分布的非均匀性，经内插处理后形成规则的平面分割网格。这两种表面模型一般用于地形表面构模，也可用于层状矿床构模。

（2）边界表示（B-rep）模型。通过面、环、边、点来定义实体的位置和形状。例如一个长方体由 6 个面围成，对应 6 个环，每个环由 4 条边界定，每条边又由两个端点定义。该模型详细记录了构成实体的所有几何元素的几何信息及其相互连接关系，有利于以面、边、点为基础的各种几何运算和操作。边界表示构模在描述结构简单的二维物体时十分有效，但对于不规则三维对象则很不方便、效率低下。边界线可以是平面曲线，也可以是空间曲线。

（3）线框（wire frame）模型。线框构模技术实质是把目标空间轮廓上两两相邻的采样点或特征点用直线连接起来，形成一系列多边形，然后把这些多边形拼接起来形成一个多边形网格来模拟三维物体的表面。某些系统则以 TIN 来填充线框表面，如 DataMine。当采样点或特征点成沿环线分布时，所连成的线框模型也称为相连切片（linked slices）模型，或连续切片模型。

（4）断面（section）模型。断面构模技术实质上是传统地质制图方法的计算机实现，即通过平面图或剖面图来描述矿床，记录地质信息。其特点是将三维问题二维化，简化了程序设计。但是断面模型对所描述对象的表达是不完整的，往往需要通过与其他构模方法配合使用，同时由于采用的是非原始数据而存在误差，其构模精度一般不是很高。

（5）断面-三角网混合模型。在二维地质剖面上，主要信息是一系列表示不同地层界线的或有特殊意义的地质界线（如断层、矿体或侵入体的边界），每条界线赋予属性值，然后将相邻剖面上属性相同的界线用三角面片连接，形成具有特定属性含义的三维曲面。

（6）多层DEM构模。首先基于各地层的界面点按DEM的方法对各个地层进行插值或拟合，然后根据各地层的属性对多层DEM进行交叉划分处理，形成空间中严格按照岩性为要素进行划分的三维地层模型的骨架结构。在此基础上，引入地下空间中的特殊地质现象、人工构筑物等点、线、面、体对象，完成对三维地下空间的完整剖分。

2. 基于体模型的构模（吴慧欣，2007）

体模型是基于三维空间的体元分割和真三维实体表达，体元的属性可以独立描述和存储，因而可以进行三维空间操作和分析。体元模型可以按体元的面数分为四面体（tetrahedral）、六面体（hexahedral）、棱柱体（prismatic）和多面体（polyhedral）共4种类型，也可以根据体元的规整性分为规则体元和非规则体元两个大类。

1）规则体元构模

规则体元包括CSG-tree（构造实体几何树）、voxel（3D体元）、octree（八叉树）、needle和regular block共5种模型，如图3.15所示。规则体元通常用于水体、污染和环境问题构模，其中voxel和octree模型是一种无采样约束的连续空间的标准分割方法，Needle（结晶体构模）和Regular Block（规则块体构模）可用于简单地质构模。

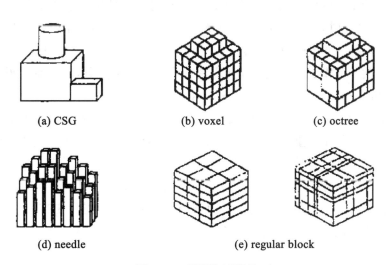

图3.15 规则体元模型

（1）构造实体几何（CSG）构模。首先预定义一些形状规则的基本体元，如立方体、圆柱体、球体、圆锥及封闭样条曲面等，这些体元之间可以进行几何变换和正则布尔操作（并、交、差），由这些规则的基本体元通过正则操作组合成复杂形体。CSG 构模在描述结构简单的三维物体时十分有效，但对于复杂不规则的三维物体，尤其是地质体则很不方便，且效率低下。

（2）3D 体元（voxel）构模。实质是 2D Grid 模型的 3D 扩展，即以一组规则尺寸的 3D 体素来剖分所要模拟的空间。基于 voxel 的构模法有一个显著优点，就是在编制程序时可以采用隐含的定位技术，以节省存储空间和运算时间。该模型虽然结构简单，操作方便，但表达空间位置的几何精度低，不适合于表达和分析实体之间的空间关系。当然，通过缩小 voxel 的尺寸，可以提高构模精度，但空间单元数目及储量将成三次方增长。

（3）八叉树（octree）构模。是将数据场空间进行上下、左右、前后的均匀剖分，形成 8 个子数据场空间，建立 8 个树节点；然后对各个子空间进行类似的剖分，并建立下一层次的树节点；如此迭代进行，直至子空间的大小是一个数据样点的尺寸。

（4）结晶体构模（needle）。其原理类似于结晶生长过程，用一组具有相同截面尺寸的不同长度或高度的针状柱体对某一非规则三维空间、三维地物或地质体进行空间分割，用其集合来表达该目标空间、三维地物或地质体。

（5）规则块体构模（regular block）。把要建模的空间分割成规则的三维立方网格，称为 block。每个块体在计算机中的存储地址与其在自然矿床中的位置相对应，每个块体被视为均质同性体，由克立格法、加权平均法或其他方法确定其品位或岩性参数。该模型用于属性渐变的三维空间构模较为有效，但随着块尺寸的减小，数据量急剧膨胀。

2）非规则体元构模

以上介绍的是规则体元模型，下面介绍非规则体元模型，它主要包括四面体格网（TEN）模型、金字塔（pyramid）模型、三棱柱（tri-prism，TP）模型、地质细胞（geocellular）模型、非规则块体（irregular block）、实体（solid）、3D-voronoi 和广义三棱柱（GTP）共 8 种模型。非规则体元均是有采样约束的、基于地质地层界面和地质构造的面向实体的三维模型。

（1）四面体格网（TEN）模型是在 3D delaunay 三角化研究的基础上提出的。其基本思路是对三维空间中无重复的散乱点集用互不相交的直线将空间散乱点两两连接形成三角面片，再由互不穿越的三角面片构成四面体格网。其中四面体都是以空间散乱点为其顶点，且每个四面体内不含有点集中的任一点。TEN 构模时，四面体内点的属性可由插值函数得到，其中插值函数的参数由四个顶点的属性决定。TEN 虽然可以描述实体内部，但不能精确表示三维连续曲面，而且用 TEN 模拟三维空间曲面也较为困难，算法设计复杂。

（2）金字塔（pyramid）模型类似于 TEN 模型，不同之处是用 4 个三角面片和 1 个四边形封闭形成的金字塔状模型来实现对空间数据场的剖分。由于其数据维护和模型更新困难，一般较少采用。

（3）三棱柱（tri-prism，TP）模型是一种较常用的简单三维地学空间构模技术。由于 TP 模型的前提是三条棱边相互平行，因而不能基于实际的偏斜钻孔来构建真三维地质对象，也难以处理复杂的地质构造。

（4）地质细胞（geocellular）模型实质是 Voxel 模型的变种，即在 X、Y 平面上仍然是标准的 Grid 剖分，而在 Z 方向则依据数据场类型或地层界面变化进行实际划分，从而形成逼近实际界面的三维体元空间剖分。

（5）非规则块体（irregular block）与规则块体（regular block）的区别在于：规则块体 3 个方向上的尺度（a, b, c）互不相等，但保持常数；而非规则块体 3 个方向上的尺度（a, b, c）不仅互不相等，且不为常数。非规则块体构模法的优势是可以根据地层空间界面的实际变化进行模拟，因而可以提高空间构模的精度。

（6）实体（solid）构模方法采用多边形网格来精确描述地质体边界，同时采用传统的块体模型来独立地描述形体内部的属性分布，从而既可以保证边界构模的精度，又可以简化体内属性表达和体积计算。实体构模适合于具有复杂内部结构的地质对象，缺点是人工交互工作量巨大，需要工作耐心。

（7）3D voronoi 图是 2D voronoi 图的扩展。其实质是基于一组离散采样点，在约束空间内形成一组面面相邻而互不交叉（重叠）的多面体，用该组多面体完成对目标空间的无缝分割。

（8）广义三棱柱（GTP）模型。GTP 空间数据模型是针对钻孔偏斜而提出的一种真 3D 地学建模的体元模型（Wu，2004；Che et al，2006；车德福，2006）。该模型由上下不一定平行的两个三角形和三个侧面空间四边形围成，集合要素包含节点、边、顶地面三角形、侧面三角形、GTP，如图 3.16 所示（车德福，2008）。

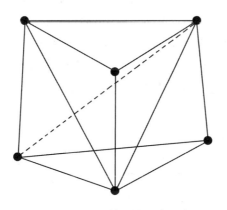

图 3.16 GTP 单元的组成要素

3. 混合模型的构模方法（吴慧欣，2007）

基于面模型的构模方法侧重于三维空间实体的表面表示，如地形表面、地质层面等，通过表面表示形成三维目标的空间轮廓，其优点是便于显示和数据更新，不足之处是难以进行空间分析。基于体模型的构模方法侧重于三维空间实体的边界与内部的整体表示，如地层、矿体、建筑物等，通过对体的描述实现三维目标的空间表示，优点是易于进行空间操作和分析，但存储空间大，模型数据结构复杂，计算速度慢。混合模型的目的则是综合面模型和体模型的优点，以及综合规则体元与非规则体元的优点，取长补短。目前对混合模型的研究尚局限于理论和概念的探讨，还没有成熟的模型算法出现。

混合模型主要有以下几种类型：

（1）TIN-CSG 混合构模。这是当前城市三维构模的主要方式，即以 TIN 模型表示地形表面，以 CSG 模型表示城市建筑物，两种模型的数据分开存储。这种集成只是一种表面上的集成，一个目标只由一种模型来表示，然后通过公共边界来连接，因此其操作与显示都分开进行，效率较低。

（2）TIN-Octree 混合构模。即以 TIN 表达三维空间物体的表面，以 Octree 表达内部结构。用指针建立 TIN 和 Octree 之间的联系。其中 TIN 主要用于可视化与拓扑关系表达。这种模型集中了 TIN 和 Octree 的优点，对拓扑关系搜索较为有效，并可以充分利用映射和光线跟踪等可视化技术。缺点是 Octree 模型数据必须随 TIN 数据的改变而改变，导致数据维护困难。

（3）Wire Frame-Block 混合构模。即以 Wire Frame 模型来表达目标轮廓，以 Block 模型来填充其内部。为提高边界区域的模拟精度，可按某种规则来对 Block 进行细分，如以 Wire Frame 的三角面与 Block 体的截割角度为准则来确定 Block 的细分次数。该模型效率较低，模型数据更新困难。

（4）Octree-TEN 混合构模。随着空间分辨率的提高，Octree 模型的数据量将呈几何级数增加，且八叉树模型始终只是一个近似表示，原始采样数据一般也不保留。而 TEN 模型则可以保存原始观测数据，具有精确表示目标和表示较为复杂的空间拓扑关系的能力。因此，可以将两者结合起来，建立综合两者优点的 Octree-TEN 混合模型。

总体来说，目前基于面或基于体的单个模型发展较为成熟，得到了较为成功的应用，但是对于复杂的三维空间对象，单个模型很难有效地组织和管理三维空间数据，实现对三维空间实体高效、完整的表达。因此，集成模型的构造与实现近年来逐渐成为三维 GIS 研究的热点。

3.8.3 三维空间数据的显示

三维显示通常采用截面图、等距平面、多层平面和立体块状图等多种表现形式，大多数三维显示技术局限于 CRT 屏幕和绘图纸的二维表现形式，人们可以观察到地理现象的三维形状，但不能将它们作为离散的实体进行分析，如立体不能被测量、拉伸、改变形状或组合。借助三维显示技术，通过离散的高程点形成等高线图、截面图、多层平面和透视图，可以把这些最初都是人工完成的工作，用各种计算机程序迅速高效地完成。

一些商用 GIS 系统也加入了三维 GIS 模块，如 ArcView3D Analyst、Titan3D、ER-

DAS IMAGINE 等。这些三维 GIS 模块通过处理遥感图像数据和三维地形数据，能在实时三维环境下，提供地形分析和实时三维飞行浏览。但这些三维 GIS 系统主要集中于二维表面地形的分析，仅将数据在三维环境中进行显示，在空间查询等方面功能比较简单，还不是真正的三维 GIS 系统，通常称之为 2.5 维。

随着 GIS 应用领域的不断扩大，普及程度不断提高，人们对 GIS 的操作界面和结果的可理解性，提出了越来越高的要求。可视化技术是改善操作界面、提高结果可理解性的有效手段。

3.9 常见 GIS 软件的空间数据模型

3.9.1 ARC/INFO 的数据模型

ARC/INFO 是 ESRI 公司开发的 GIS 软件，"ARC"是指定义地物空间位置和关系的拓扑数据结构，"INFO"是指定义地物属性的表格数据（关系数据）结构。ARC/INFO 支持空间目标的矢量表示和栅格表示，其中位置数据用矢量和栅格数据表示，而属性数据存储在一组数据库表格中，并且通过空间和属性数据的连接实现对空间数据的查询、分析和制图输出。

ARC/INFO 的数据模型支持 6 种重要的数据结构：①Coverage：矢量数据表示的主要形式；②Grid：栅格数据表示的主要形式；③TIN：适合于表达连续表面的不规则三角网表示；④属性表；⑤影像：用作地理特征的描述性数据；⑥CAD 图像：用作地理特征的描述性数据。

ARC/INFO 的数据模型中的地理关系模型（geoRelational model，Coverage）在 ARC/INFO 7.X 及更早期的版本中使用，强调的是空间要素的拓扑关系。一个 Coverage 存储指定区域内地理要素的位置、拓扑关系及其专题属性。每个 Coverage 一般只描述一种类型的地理要素。位置信息用 X，Y 表示，相互关系用拓扑结构表示，属性信息用二维关系表存储。Coverage 的数据组织有标识点、节点、弧段、多边形、控制点和范围。其优点是空间数据与属性数据关联，可以将空间数据放在建立了索引的二进制文件中，属性数据则放在 DBMS 表（TABLES）里面，二者以公共的标识编码关联。不仅如此，在 Coverage 中矢量数据间的拓扑关系还能得以保存，根据拓扑关系信息可以得到多边形是哪些弧段（线）组成的、两条弧段（线）是否相连以及一条弧段（线）的左或右多边形是哪个？这便是通常所说的"平面拓扑"。但是 Coverage 中的空间数据不能很好地与其行为相对应，以文件方式保存空间数据，而将属性数据放在另外的 DBMS 系统中。这些对于日益趋向企业级和社会级的 GIS 应用而言，已很难适应。不同的 Coverage 之间无法建立拓扑关系，如河流与国界等。

3.9.2 ArcGIS 的数据模型

ArcGIS 引入的一个全新的空间数据模型，是建立在 DBMS 之上的统一的、智能化的空间数据库，即 GeoDatabase（geographic database），是在专题图层和空间表达中组织 GIS 数据的核心地理信息模型，是一套获取和管理 GIS 数据的应用逻辑和工具，是一个基于 GIS 和 DBMS 标准的物理数据存储器，可应用于多用户访问、个人 DBMS 及 XML，是一个开放的、简单几何图像的存储模型。

它用更先进的几何特征、复杂网络、特征类的关系、平面几何拓扑和别的对象组织模式扩展了 Coverage 和 Shape 文件模型，使得空间数据对象及其相互间的关系、使用和连接规则等均可以方便地表示、存储、管理和扩展。这种数据模型的目的在于让用户通过在其数据中加入其应用领域的方法或行为以及其他任意的关系和规则，使数据更具智能和面向应用领域。

GeoDatabase 模型结构有要素类、要素数据集、关系类、几何网络和域等。同类要素的集合即为要素类，如河流、道路、电缆等。要素数据集由一组具有相同空间参考的要素类组成，如水系的点线面要素，配电网络中，有各种开关、变压器、电缆等。关系类定义两个不同的要素类或对象类之间的关联关系，如可以定义房主和房子之间的关系。几何网络是在若干要素类的基础上建立的一种新的类，定义几何网络时，指定哪些要素类加入其中，同时制定其在几何网络中扮演什么角色。域定义属性的有效取值范围可以是连续的变化区间，也可以是离散的取值集合。GeoDatabase 还在关系表中存储空间和属性数据以及地理数据的模式和规则。GeoDatabase 的模式包括地理数据的定义、完整性规则和行为，如要素类的属性、拓扑、网络、影像目录、关系、域等。

GeoDatabase 可以在同一数据库中统一管理各种类型的空间数据，对于空间数据的录入、编辑和表示更加准确，并可管理连续的空间数据，使得空间数据更面向实际的应用领域，而不再是无意义的点、线、面，GeoDatabase 可以表达空间数据之间的相互关系，支持空间数据的版本管理和多用户并发操作。

3.9.3 ArcView 的数据模型

ArcView 采用一种混合数据模型定义和管理地理数据，空间数据采用无拓扑关系的矢量数据，属性数据采用关系数据库表示。在 ArcView 中一个图层（layer）只能表示一种几何类型的空间目标。ArcView 图像包括 shp、shx、dbf、sbn、sbx、ain、aih 等文件。其中，shp 文件存储无拓扑关系的几何数据，shx 包含几何数据索引，dbf 文件存储属性数据，sbn、sbx 文件包含空间索引，ain、aih 文件包含属性索引。

3.9.4 GeoMedia 的数据模型

GeoMedia 数据模型可以对多源数据进行集成，可以直接读取多个 GIS 的空间数据和属性数据，不需要任何转换。模型中内嵌关系数据库引擎，可以对 Oracle、SQL Server、Access 数据库直接进行读写，不需要中间件，构成了先进的数据库管理方式。它采用了 OLE/COM 开发技术，有着标准的对象和控件，可提出强大的二次开发环境。

3.9.5 GeoStar 的数据模型

GeoStar 采用面向对象数据模型来组织和管理数据，它将地理空间目标抽象为单点对象、点群对象、线状对象、面状对象和注记对象。这些对象可以有与之相应的属性数据，属性数据存储于关系表格中，通过 ODBC 链接，几何对象与属性数据之间的联系通过系统分配的唯一的对象标识（OID）来建立。例如，公路、河流、居民地等均可作为地物类。层是定义在地物之上的，它是多个地物类的集合。为了操作和工作管理上的方便，将管理和使用上相关的多个地物类定义为一个层。如单线河、双线河、湖泊等分别是地物类，在这些地物类上，可以定义一个水系层。工作区是 GeoStar 完整的数据组织单位，指一定区域范围内的地物层的几何对象。GeoStar 的数据都存为工作区，用户通过使用工作区来操纵空间数据。工作区中的信息包括层信息、地物类信息、各种类型的对象以及属性数据等。工作区的区域范围可以根据实际需要来决定，可以按一个图幅范围定义一个工作区，可以按多个连续的图幅范围定义一个工作区，也可以不按图幅范围定义工作区，并且各个工作区的范围可以重叠。工程是具有相同特征的工作区的集合，用来管理大型的空间数据。工程中的工作区数据要求具有相同的坐标和比例尺，有相同的投影方式。

3.9.6 MapInfo 的数据模型

MapInfo 采用双数据库存储模式，其空间数据和属性数据是分开存储的。属性数据存储在关系数据库的若干属性表中，而空间数据则以 MapInfo 自定义格式保存于若干文件之中，两者之间通过一定的索引机制联系起来。为了提高查询和处理效率，MapInfo 采用层次结构对空间数据进行组织，即根据不同的专题将地图分层，每个图层存储为若干个基本文件。在 MapInfo 中，图层是计算机地图的构筑块，计算机地图实际上是多个图层的集合。图层来自于含有图形对象的数据库表，每个含有图形对象的数据库表都可显示为一个图层，图层就是含有图形对象的表。

思 考 题

1. 简述空间数据的基本概念及其基本特性。
2. 简述空间数据的表示方法。
3. 简述空间数据模型的基本概念及基本类型。
4. 简述场模型的主要特征。
5. 简述要素模型的主要特征。
6. 简述常用的网络结构模型。
7. 简述时空数据模型的主要类型。
8. 简述三维空间数据模型的主要类型。

9. 简述常用 GIS 软件的空间数据模型的特点。

参 考 文 献

艾自兴，毋河海，谌虎．2005．梁永贤．GIS 中河网空间数据模型．测绘与空间地理信息，28（6）：10-12．

陈军．1995．GIS 空间数据模型的基本问题和学术前沿．地理学报，50（Suppl.）：24-33．

陈军，李志林，蒋捷，朱庆．2004．多维动态 GIS 空间数据模型与方法的研究．武汉大学学报，29（10）：858-862．

陈志泊．2005．GIS 中栅格数据时空数据模型及其应用的研究（博士学位论文）．北京：北京林业大学．

陈新保，Songnian Li，朱建军，陈建群．2009．时空数据模型综述．地理科学进展，28（1）：9-17．

程朋根，龚健雅．2001．地勘工程 3 维空间数据模型及其数据结构设计．测绘通报，30（1）：74-81．

崔铁军．2007．地理空间数据库原理．北京：科学出版社．

车德福．2006．基于 GTP 的复杂地质体多尺度空间建模研究（博士学位论文）．北京：中国矿业大学（北京）．

车德福，吴立新，殷作如，郭甲腾．2008．基于 GTP 的断层三维交互建模方法．东北大学学报（自然科学版），29（3）：395-398．

戴上平，黄革新．1999．空间数据模型研究．武汉冶金科技大学学报（自然科学版），22（1）：78-80．

邓念东，侯恩科．2009．三维体元拓扑数据模型的修正及其形式化描述．武汉大学学报（信息科学版），34（1）：52-26．

龚健雅．1997．GIS 中面向对象时空数据模型．测绘学报，26（4）：289-298．

郭仁忠．2001．空间分析（第二版）．北京：高等教育出版社．

国土资源部中国地质调查局，http：//www.cgs.gov.cn/dzzs/zt_more/xxh/news/054.htm，2009.9.9．

黄文斌，肖克炎，宋国耀，陈郑辉，姜作勤．2001．地学空间数据模型的研究．物探化探计算技术，23（1）：55-61．

李云，戴长华．2003．GIS 中空间数据结构和空间数据模型一体化研究．计算机与现代化，（9）：7-10．

李建松．2006．地理信息系统原理．武汉：武汉大学出版社．

梁大圣，刘纪平，梁勇，毕军芳．2009．基于存储结构的三元组地理信息元数据模型．测绘通报，（2）：31-35．

刘英. 2003. 地理信息系统中时空数据建模及面向对象数据模型的研究（硕士学位论文）. 济南：山东科技大学.

毛先成, 彭华熔. 2005. 关系数据库存储空间数据模型与结构分析. 地球信息科学, 7（1）：76-79.

潘雨青, 陈天滋. 2002. 基于GML的得力空间数据模型. 江苏大学学报（自然科学版）, 23（6）：82-84.

宋杨, 万幼川. 2004. 一种新型空间数据模型Geodatabase. 测绘通报, （11）：31-33.

唐坤益. 1996. 论地理信息系统数据模型和数据结构设计. 铁路航测, （4）：6-11.

王宴民. 1996. 一种矢量GIS数据模型及其关系数据结构. 测绘工程, 5（2）：20-26.

王贺封. 2006. 时空数据模型及TGIS研究. 测绘与空间地理信息, 29（4）：11-13.

王火新. 2009. 实现网络地理信息系统的方法. 矿山测量, 2（1）：57-58.

吴立新, 史文中, Christopher Gold. 2003. 3D GIS与3D GMS中的空间构模技术. 地理与地理信息科学, 19（1）：5-11.

吴德华, 毛先成, 刘雨. 2005. 三维空间数据模型综述. 测绘工程, 14（3）：70-73.

吴慧欣. 2007. 三维GIS空间数据模型及可视化技术研究. 西安：西北工业大学.

严寒冰, 郑加成, 吴奕立, 于少华. 1999. GIS的空间数据模型. 浙江工程学院学报, 16（2）：110-115.

严燕儿. 2003. 用Vornnoi多边形扩展的空间数据模型. 中国图像图形学报, 8（1）：115-120.

叶亚琴, 左泽均, 陈波. 2006. 面向实体的空间数据模型. 地球科学（中国地质大学学报）, 31（5）：595-599.

游晓明, 刘升, 陈传波. 2004. 基于UML的地理数据模型研究. 微电子学与计算机, 21（5）：90-92.

张巍, 许云涛, 龚健雅. 1995. 面向对象的空间数据模型. 武汉测绘科技大学学报, 20（1）：18-11.

张锐, 陈伟鹤, 王德强, 谢俊元. 2002. 空间数据模型. 计算机科学, 29（4）：130-134.

张成才, 秦昆, 卢艳, 孙喜梅. 2004. GIS空间分析理论与方法. 武汉：武汉大学出版社.

张保刚. 2005. 时空数据模型在城市测绘数据库中的应用（博士学位论文）. 北京：中国地质大学.

张龙其. 2005. 关于GIS数据模型的研究——基于数据质量检查软件. 北京：中国地质大学.

赵永军, 李汉林, 王海起. 2001. GIS三维空间数据模型的发展与集成. 石油大学学报（自然科学版）, 25（5）：24-28.

Che D F, Wu L X, Chen X X, et al. 2006. 3D urban geological modeling and its application in CBD. Proceedings of 25th Urban Data Management Symposium. Copenhagen: UDMS.

Dutton G. 1991. Improving spatial analysis in GIS environment. in: Proceedings of Auto-Carto. pp. 168-185.

Langran G. 1992. Time in Geographical Information System. Taylor & Francis.

Lee Y C and Isdale M. 1991. The need for a spatial data model. in: Proceedings of the Canadian Conference on GIS'1991. pp. 531-540.

Peuquet D J and Duan N. 1995. An Event-based Spatio-temporal Data Model (ESTDM) for Temporal Analysis of Geographical Data. International Journal of Geographical Information Systems, 9 (1): 7-24.

Wu LX. 2004. Topological relations embodied in a generalized triprism (GTP) model for a 3D geoscience modeling system. Computers and Geosciences, 30 (4): 405-418.

http://www.cgs.gov.cn/dzzs/zt_more/xxh/news/054.htm, 2009.11.16.

第4章 栅格数据空间分析方法

栅格数据是 GIS 的重要数据模型之一，基于栅格数据的空间分析方法是空间分析的重要内容之一。栅格数据由于其自身数据结构的特点，在数据处理与分析中通常使用线性代数的二维数字矩阵分析法作为数据分析的数学基础。栅格数据的空间分析方法具有自动分析处理较为简单、分析处理模式化很强的特点。

一般来说栅格数据的分析处理方法可以概括为聚类聚合分析、多层面复合叠置分析、窗口分析及追踪分析等几种基本的分析方法（汤国安，赵牡丹，2001；张成才等，2004）。GIS 的旗舰产品 ArcGIS 提供了一套功能齐全的栅格数据的空间分析工具，包括密度制图分析（density）、距离制图分析（distance）、栅格插值分析（interpolate to raster）、栅格数据的统计分析（statistics）、重分类分析（reclassify）、表面分析（suface analysis）等。

在介绍栅格数据的空间分析方法之前，先对栅格数据进行分析和介绍。对栅格数据的理解是进行栅格数据空间分析的基础。

4.1 栅 格 数 据

4.1.1 栅格数据集的组成

一个栅格数据集，就像一幅地图，它描述了某区域的位置和特征与其在空间上的相对位置。由于单个栅格数据集典型代表了单一专题，如土地利用、土壤、道路、河流或高程，因此必须创建多个栅格数据集来完整描述一个区域，如图4.1所示。

图 4.1　栅格数据集的组成（引自：ESRI，ArcGIS 空间分析使用手册）

4.1.2 单元（cell）

栅格数据集由单元（cell）组成。每个单元，或像元，是代表某个区域特定部分的方块。栅格中的所有单元都必须是同样大小的。如图 4.2 所示。栅格数据集中的单元大小可以是用户想要的任何值，但必须保证其足够小，以便能完成最细致的分析。一个单元可代表一平方公里、一平方米，甚至一平方厘米。

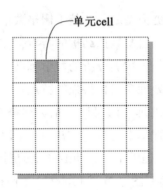

图 4.2　栅格单元（引自：ESRI，ArcGIS 空间分析使用手册）

4.1.3 行（rows）与列（columns）

栅格单元按行列摆放，组成了一个笛卡儿矩阵。矩阵的行平行于笛卡儿平面的 x 轴，列平行于 y 轴。每个单元有唯一的行列地址，如图 4.3 所示。研究区的所有位置被此矩阵覆盖。

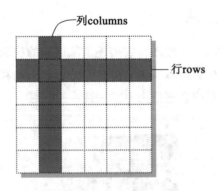

图 4.3　栅格数据的行和列（引自：ESRI，ArcGIS 空间分析使用手册）

4.1.4 值（value）

每个单元被分配一个指定的值，以描述单元归属的类别、种类或组，或栅格所描述现象的大小或数量，如图 4.4 所示。值代表的要素包括土壤类型、土壤质地、土地利用类型、道路类别和居住类型等。值也可以表示连续表面上单元的大小、距离或单元之间的关系。高程、坡度、坡向、飞机场噪声污染和沼泽的 pH 浓度都是连续表面的实例。如果用栅格表示图像或照片，值能代表颜色或光谱反射值（张治国，2007）。

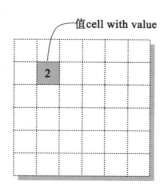

图 4.4　栅格数据的值（引自：ESRI，ArcGIS 空间分析使用手册）

4.1.5　空值（no data）

如果某单元被赋予空值，则要么该单元所在位置没有特征信息，要么是信息不足。空值，有时也被称为 null 值。在所有操作符和函数中，对空值的处理方式是有别于任何其他值的。

被赋予空值的单元有两种处理方式：①如果在一个操作符或局域函数、邻域函数中的邻域或分区函数的分类区中的输入栅格的任何位置上存在空值，则为输出单元的该位置分配空值。②忽略空值单元并用所有的有效值完成计算。

4.1.6　分类区（zones）

两个或多个具有相同值的单元属于同一分类区，如图 4.5 所示。分类区可以由连续、不连续或同时由以上两种单元组成。由连续单元组成的分类区通常表示某区域的单元要素，如一个建筑物、一个湖泊、一条道路或一条电力线。而实体的集合，如某州的森林林段、某县的土壤类型或城镇的家庭住宅等数据，最有可能用许多离散的组（组由连续的单元构成）构成的分类区来表达。栅格数据的每个单元都归属于某个分类区。有些栅格数据集只包含很少的分类区，有些则包含很多。

4.1.7　关联表

整型、类别数据类型栅格数据集通常伴有一个关联的属性表。表的第一项是网格值（value），存储栅格的每个分类区所分配的值。第二项为计数（count），存储数据集中属于每个分类区的单元总数。关联表如图 4.6 所示。

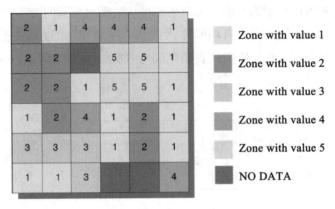

图4.5 分类区（引自：ESRI，ArcGIS空间分析使用手册）

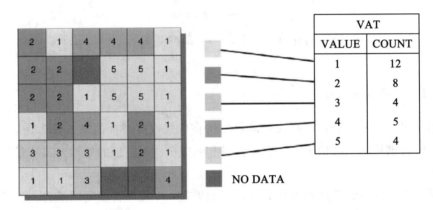

图4.6 关联表（引自：ESRI，ArcGIS空间分析使用手册）

理论上说，在关联表中可插入无限数量的可选项以表示分类区的其他属性，如图4.7所示。

4.1.8 坐标空间和栅格数据集

坐标空间定义了栅格数据集中位置间的空间关系，如图4.8所示。所有栅格数据集都位于某个坐标空间内。坐标空间可以是真实世界坐标系统或图像空间。由于几乎所有的栅格数据集都表示真实世界的某个场所，因此其在栅格数据集中应用最能代表真实世界的真实坐标系统。将一个栅格数据集的非真实世界坐标系统（图像空间）转变为真实世界坐标系统的过程称为地理配准。

对于栅格数据集，单元的方位由坐标系统的 x 轴和 y 轴决定。单元边界平行于 x 轴和 y 轴，所有单元在地图坐标上都是正方形。在地图坐标中单元以 (x, y) 位置的方式来访问，而不用行列位置。属于真实世界坐标空间的栅格数据集的 x，y 笛卡儿坐标系统依照地图投影来定义。地图投影变换使三维地表能够用二维地图来显示和存储。

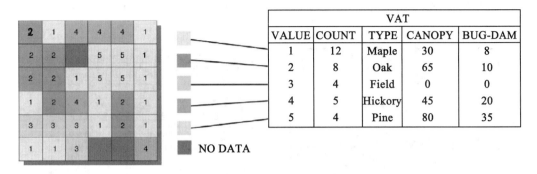

图 4.7　关联表中插入其他属性（引自：ESRI，ArcGIS 空间分析使用手册）

校正栅格数据集到地图坐标或转变栅格数据集从一个投影到另一个投影的过程被称为几何变换。

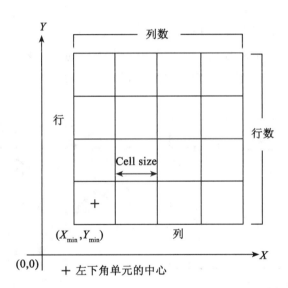

图 4.8　栅格数据的坐标系统（引自：ESRI，ArcGIS 空间分析使用手册）

4.1.9　在栅格数据集上表示要素

在将点、线或多边形转化为栅格的时候，应该知道栅格数据是如何表示要素的。

1. 点数据

点要素是在指定精度下能够标识的没有面积的对象。虽然在某些精度下，一口井、一根电线杆、或一株濒危植物的位置都可被认为是点要素，但在其他精度下它们确实是有面积的。例如，一根电线杆从两公里高的飞机上看仅仅是一个点，但从 25m 高的飞机上看将是一个圆。点要素用栅格的最小基元（即单元）来表示，如图 4.9 所示。

单元是有面积大小的,单元越小,则面积越小,其越接近所代表的点要素。带面积的点的精度为加减半个单元大小,这是用基于单元的系统工作必须付出的代价。

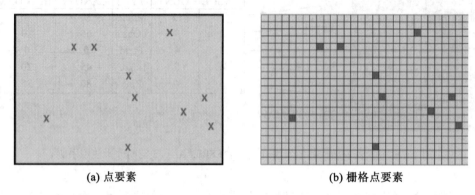

(a) 点要素　　　　　　　　　　(b) 栅格点要素

图 4.9　点特征的栅格数据表示（引自：ESRI，ArcGIS 空间分析使用手册）

2. 线数据

线数据是在某种精度下所有那些仅以多段线形式出现的要素,如道路、河流或电力线。线是没有面积的。在栅格数据中,线可用一串连接的单元表示,如图 4.10 所示。类似于点数据,其表示精度将随着数据的尺度和栅格数据集的精度的改变而改变。

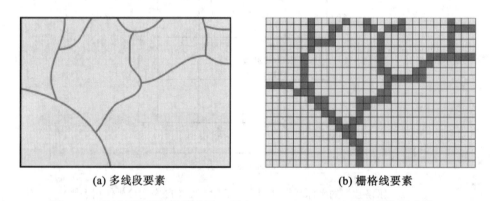

(a) 多线段要素　　　　　　　　　(b) 栅格线要素

图 4.10　线特征的栅格数据表示（引自：ESRI，ArcGIS 空间分析使用手册）

3. 多边形数据

表示多边形或面数据的最好方式是能够最佳描绘多边形形状的一系列连接单元,如图 4.11 所示。多边形要素包括建筑物、池塘、土壤、森林、沼泽和田野。试图用一系列的方块单元表示多边形的平滑边界确实会有一些问题,其中的一个问题就是"锯齿",将产生类似楼梯一样的效果。表示精度依赖于数据的尺度和单元的大小。单元精度越高,表示小区域的单元的数量越多,表示就越精确。

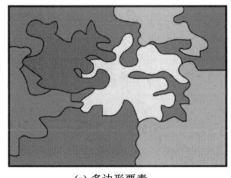
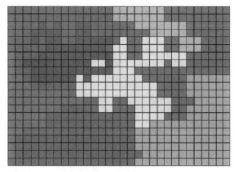

(a) 多边形要素　　　　　　　　　　(b) 栅格多边形要素

图 4.11 多边形特征的栅格数据表示（引自：ESRI，ArcGIS 空间分析使用手册）

4.2 栅格数据的聚类、聚合分析

栅格数据的聚类、聚合分析是指将栅格数据系统经某种变换而得到具有新含义的栅格数据系统的数据处理过程，既可以对单一层面的栅格数据进行处理，也可以对多个层面的栅格数据进行处理。基于单一层面的栅格数据聚类、聚合分析方法也称为栅格数据的单层面派生处理法（汤国安，赵牡丹，2001）。

4.2.1 聚类分析

栅格数据的聚类分析是根据设定的聚类条件对原有数据系统进行有选择的信息提取而建立新的栅格数据系统的方法。既可以对单一层面的栅格数据进行聚类分析，也可以对多个层面的栅格数据进行聚类分析。

1. 单一层面的栅格数据聚类分析

单一层面的栅格数据聚类分析是指根据设定的某种聚类条件对单一层面的栅格数据进行有选择的信息提取，从而建立新的栅格数据系统的方法（汤国安，赵牡丹，2001）。

图 4.12（a）为一个栅格数据系统，其中标号为 1，2，3，4 的多边形表示四种类型要素，图 4.12（b）为提取其中要素"2"的聚类结果，其中的黑色区域为提取结果。

2. 多层面栅格数据的聚类分析

在实际应用过程中，常常利用多层面的栅格数据构成的栅格数据集进行聚类分析，每个栅格图层代表了某个专题，如土地利用、土壤、道路、河流或高程，或者是遥感图像的某波段的光谱值。栅格图层的每个栅格单元对应多个属性值，如图 4.13 所示。这里以 K 均值聚类算法为例说明多层面栅格数据的聚类分析方法。

设栅格数据集 $X = \{x_1, x_2, \cdots, x_n\} \subset \mathbf{R}^s$ 为 s 维的特征矢量，s 表示栅格数据的层

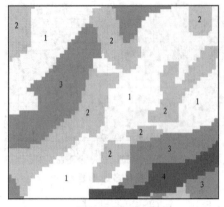
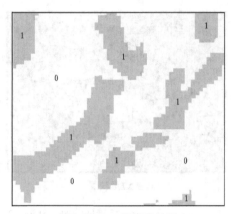

(a) 栅格数据系统样图　　　　　　　(b) 提取要素"2"的聚类结果

图 4.12　单一层面的栅格数据的聚类分析

数，n 表示每层的栅格单元数。$x_i = (x_{i1}, x_{i2}, \cdots, x_{is})$ 为栅格单元 x_i 的特征矢量或模式矢量，表示栅格单元 i 的 s 个栅格层面的属性值。

具体的聚类方法如下(孙家抦，2003)：

假设要将栅格数据聚成 k 类。

第一步：适当地选取 k 个类的初始中心 $Z_1^{(1)}$, $Z_2^{(1)}$, $\cdots$, $Z_k^{(1)}$。

第二步：在第 m 次迭代中，对任一栅格单元 X，计算其到每个聚类中心的距离，距离计算采用常用的欧式距离法。栅格单元 i 到第 j 个聚类中心的距离计算公式为：

$$D_{ij} = \| X_i - Z_j^{(1)} \| = \sqrt{\sum_{p=1}^{s} (x_{ip} - z_{jp})^2}$$

对于所有的 $i \neq j$, $i = 1, 2, \cdots, k$，如果 $\| X - Z_j^{(m)} \| < \| X - Z_i^{(m)} \|$，则 $X \in S_j^{(m)}$，其中 $S_j^{(m)}$ 是以 $Z_j^{(m)}$ 为中心的类。

第三步：由第二步得到 $S_j^{(m)}$ 类新的中心 $Z_j^{(m+1)}$：

$$Z_j^{(m+1)} = \frac{1}{N_j} \sum_{X \in S_j^{(m)}} X$$

式中：N_j 为 $S_j^{(m)}$ 类中的样本数；$Z_j^{(m+1)}$ 是按照使 J 最小的原则(最小平方误差准则)确定的；J 的表达式为：

$$J = \sum_{j=1}^{k} \sum_{X \in S_j^{(m)}} \| X - Z_j^{(m+1)} \|^2$$

第四步：对于所有的 $i = 1, 2, \cdots, k$，如果 $Z_j^{(m+1)} = Z_j^{(m)}$，或者二者的差值小于一个很小的阈值，则迭代结束，否则跳转到第二步继续迭代。

按照以上方法可以实现多层面的栅格数据的聚类分析。如图 4.13 所示，图 4.13(a) 为武汉局部地区的 TM 影像的 1，2，3，4，5，7 共 6 个层面的栅格数据，图 4.13(b) 为利用上述 k 均值聚类方法得到的聚类结果，从图 4.13(b) 中可以看出，将该地区的6个层面的栅格数据聚类成长江、湖泊、建筑用地和其他共四种类型。

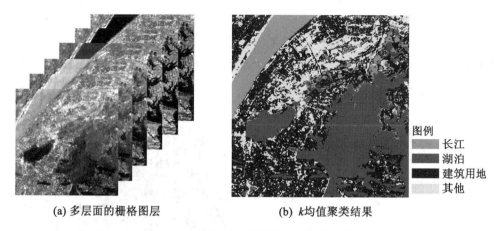

(a) 多层面的栅格图层　　　　　(b) k均值聚类结果

图4.13　多层面栅格数据的k均值聚类

4.2.2　聚合分析

栅格数据的聚合分析是指根据空间分辨率和分类表，进行数据类型的合并或转换以实现空间地域的兼并。空间聚合的结果往往将较复杂的类别转换为较简单的类别，并且常以较小比例尺的图形输出。当从小区域到大区域的制图综合变换时，常需要使用这种分析处理方法（汤国安，赵牡丹，2001）。

对于图4.12（a）的栅格数据系统样图，如给定聚类的标准为1和2合并为b，3和4合并为a，则聚合后形成的栅格数据系统如图4.14（a）所示。如果给定的聚合标准为2和3合并为c，1和4合并为d，则聚合后形成的栅格数据系统如图4.14（b）所示。

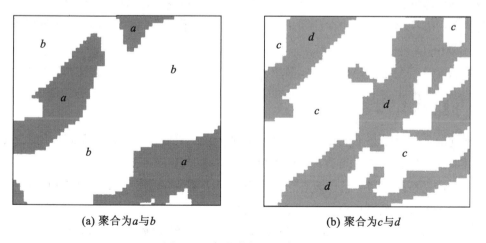

(a) 聚合为a与b　　　　　　(b) 聚合为c与d

图4.14　栅格数据的聚合分析

栅格数据的聚类、聚合分析处理方法在数字地形模型及遥感图像处理中的应用是十分普遍的。例如，由数字高程模型转换为数字高程分级模型便是空间数据的聚合；而从遥感数字图像信息中提取其中某一地物的方法则是栅格数据的聚类。如图 4.15 所示为将数字高程模型转换为数字高程分级模型的示意图，图 4.15（a）为某地区的数字高程模型数据，图 4.15（b）为利用聚合分析得到的数字高程分级模型，划分为三级，黑色、灰色、白色分别表示低、中、高三个高程等级。

(a) 数字高程模型

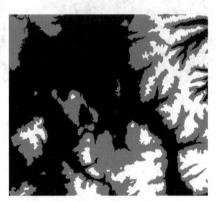
(b) 数字高程分级模型

图 4.15　数字高程模型的聚合分析

4.3　栅格数据的信息复合分析

能够非常便利地进行同地区多层面空间信息的自动复合叠置分析，是栅格数据的一个突出优点。正因为如此，栅格数据常被用来进行区域适宜性评价、资源开发利用、城市规划等多因素分析研究工作。在数字遥感图像处理工作中，利用该方法可以实现不同波段遥感信息的自动合成处理；还可以利用不同时期的数据信息进行某类空间对象动态变化的分析和预测。该方法在计算机地学制图与分析中具有重要的意义（汤国安，赵牡丹，2001）。

信息复合模型包括两种类型：简单的视觉信息复合和较为复杂的叠加分类模型。

4.3.1　视觉信息复合

视觉信息复合是将不同专题的内容叠加显示在结果图件上，以便系统使用者判断不同专题地理实体的相互空间关系，获得更为丰富的信息。

地理信息系统中视觉信息复合包括以下几种类型（汤国安，赵牡丹，2001）：

(1) 面状图、线状图和点状图之间的复合；

(2) 面状图区域边界之间或一个面状图与其他专题区域边界之间的复合；

(3) 遥感影像与专题地图的复合；

(4) 专题地图与数字高程模型复合显示立体专题图；

(5) 遥感影像与 DEM 复合生成三维地物景观。

视觉信息的叠加不产生新的数据层面，只是将多层信息复合显示，便于分析。

4.3.2 叠加分类模型

简单视觉信息复合之后，参加复合的平面之间没有发生任何逻辑关系，仍保留原来的数据结构；叠加分类模型则根据参加复合的数据平面各类别的空间关系重新划分空间区域，使每个空间区域内各空间点的属性组合一致。叠加结果生成新的数据平面，该平面图形数据记录了重新划分的区域，而属性数据库结构中则包括了原来的几个参加复合的数据平面的属性数据库中所有的数据项（汤国安，赵牡丹，2001）。下面按复合运算方法的不同进行分类讨论。

1. 逻辑判断复合运算

逻辑判断运算也叫布尔运算，主要包括：逻辑与（and）、逻辑或（or）、逻辑异或（xor）、逻辑非（not）。它们是基于布尔运算来对栅格数据进行判断的。若判断为"真"，则输出结果为 1；若为"假"，则输出结果为 0。

具体包括以下几种逻辑运算：

(1) 逻辑与（&）：比较两个或两个以上栅格数据层，如果对应的栅格值均为非 0 值，则输出结果为真（赋值为 1），否则输出结果为假（赋值为 0）。

(2) 逻辑或（｜）：比较两个或两个以上栅格数据层，对应的栅格值中只要有一个或一个以上为非 0 值，则输出结果为真（赋值为 1），否则输出结果为假（赋值为 0）。

(3) 逻辑异或（！）：比较两个或两个以上栅格数据层，如果对应的栅格值的逻辑真假互不相同，即一个为 0，一个为非 0，则输出结果为真，赋值为 1；否则，输出结果为假，赋值为 0。

(4) 逻辑非（¬）：对一个栅格数据层进行逻辑"非"运算。如果栅格值为 0，则输出结果为 1；如果栅格值为非 0，则输出结果为 0。

例如，对于 C＝A&B，解算过程如图 4.16 所示。其中，A、B、C 均为栅格数据层。

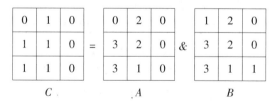

图 4.16 栅格数据逻辑运算示意图

2. 数学运算复合法

数学运算复合法是指不同层面的栅格数据逐网格按一定的数学法则进行运算，从而得到新的栅格数据系统的方法。其主要类型有以下几种：

（1）算术运算

指两层以上的对应网格值经加、减等算术运算，而得到新的栅格数据系统的方法。这种复合分析法被广泛应用于地学综合分析、环境质量评价、遥感数字图像处理等领域中（汤国安，赵牡丹，2001）。如图 4.17 给出了该方法在栅格数据分析中的应用例证。

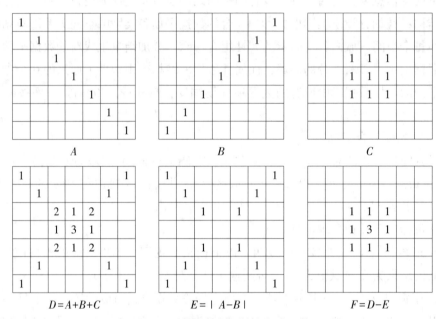

图 4.17　栅格数据的算术复合运算

（2）函数运算

栅格数据的函数运算指两个以上层面的栅格数据系统，以某种函数关系作为复合分析的依据进行逐网格运算，从而得到新的栅格数据系统的过程。这种复合叠置分析方法被广泛地应用于地学综合分析、环境质量评价、遥感数字图像处理等领域。类似这种分析方法在地学综合分析中具有十分广泛的应用前景。只要得到对于某项事物关系及发展变化的函数关系式，便可以完成各种人工难以完成的极其复杂的分析运算。这也是目前信息自动复合叠加分析法受到广泛应用的原因。

下面给出一个数学运算的例子。例如，某森林地区的融雪经验模型为：

$$M = 0.19T + 0.17D$$

式中，M 是融雪速度（cm/d），T 是空气温度，D 是露点温度。

根据此方程，使用该地区的空气气温栅格图层和露点温度分布的栅格图层，就能计算出该地区的融雪速率分布图，如图 4.18 所示。计算过程是先分别把温度分布图乘以 0.19 和露点温度分布图乘以 0.17，再把得到的结果相加。根据这种方法，可以根据一些比较容易获得专题信息（如空气温度、露点温度），计算出较难获得的专题信息（如融雪速度）。

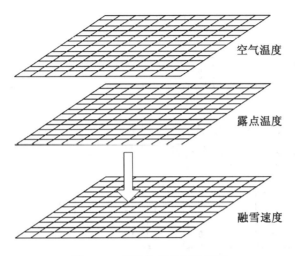

图 4.18 栅格数据的函数运算

ArcGIS 的空间分析模块（Spatial Analyst）提供了一个栅格计算器（Raster Calculator），如图 4.19 所示。栅格计算器由四部分组成，左上部 Layers 选择框为当前 ArcMap 视图中已加载的所有栅格数据层列表，双击一个数据层名，该数据层便可自动添加到左下部的公式编辑器中；中间部分是常用的算术运算符、1~10、小数点、关系和逻辑运算符面板，单击所需按钮，按钮内容便可自动添加到公式编辑器中；右边可伸缩区域为常用的数学运算函数面板，同样单击一个按钮，内容便可自动添加到公式编辑器中。

图 4.19 栅格计算器（Raster Calculator）

4.4 栅格数据的追踪分析

所谓栅格数据的追踪分析是指对于特定的栅格数据系统，由某一个或多个起点，按照一定的追踪线索进行目标追踪或者轨迹追踪，以便进行信息提取的空间分析方法（汤国安，赵牡丹，2001）。

例如，对于图 4.20 的栅格数据，栅格记录的是地面点的海拔高程值，根据地面水流必然向最大坡度方向流动的原理分析追踪线路，可以得出地面水流的基本轨迹。

3	2	3	8	12	17	18	17
4	9	9	12	18	23	23	20
4	13	16	20	25	28	26	20
3	12	21	23	33	32	29	20
7	14	25	32	39	31	25	14
12	21	27	30	32	24	17	11
15	22	34	25	21	15	12	8
16	19	20	25	10	7	4	6

图 4.20　追踪分析提取水流路径

追踪分析方法在扫描图件的矢量化、利用数字高程模型自动提取等高线、污染水源的追踪分析等方面都发挥着十分重要的作用。图 4.21 显示了利用 GIS 显示的追踪分析得到的河流图。

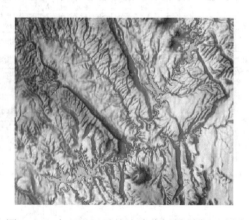

图 4.21　由 GIS 显示的追踪分析得到的河流图

4.5 栅格数据的窗口分析

地学信息除了在不同层面的因素之间存在着一定的制约关系外，还表现在空间上存在着一定的制约关联性。对于栅格数据所描述的某项地学要素，其中的某个栅格往往会影响其周围栅格属性特征。准确而有效地反映这种事物空间上联系的特点，是计算机地学分析的重要任务。

窗口分析是指对于栅格数据系统中的一个、多个栅格点或全部数据，开辟一个有固定分析半径的分析窗口，并在该窗口内进行诸如极值、均值等一系列统计计算，或与其他层面的信息进行必要的复合分析，从而实现栅格数据有效的水平方向扩展分析（汤国安，赵牡丹，2001）。

4.5.1 分析窗口的类型

按照分析窗口的形状，可以将分析窗口划分为以下四种类型：

（1）矩形窗口：是以目标栅格为中心，分别向周围 8 个方向扩展一层或多层栅格，从而形成的矩形分析区域，如图 4.22（a）所示。

（2）圆形窗口：以目标栅格为中心，向周围作一个等距离搜索区，构成一个圆形分析窗口，如图 4.22（b）所示。

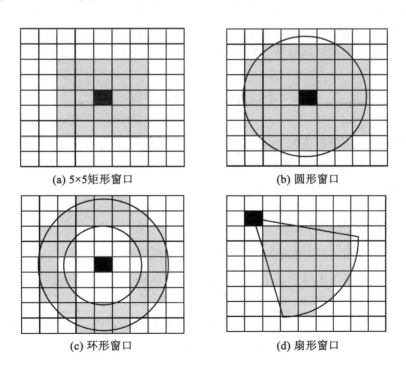

(a) 5×5矩形窗口　　(b) 圆形窗口

(c) 环形窗口　　(d) 扇形窗口

图 4.22 分析窗口的类型

（3）环形窗口：以目标栅格为中心，按指定的内外半径构成环形分析窗口，如图 4.22（c）所示。

（4）扇形窗口：以目标栅格为起点，按指定的起始与终止角度构成扇形分析窗口，如图 4.22（d）所示。

4.5.2 窗口内统计分析的类型

栅格分析窗口内的空间数据的统计分析类型主要包括以下几个方面：①最大值；②最小值；③均值；④中值；⑤范围；⑥总和；⑦方差；⑧频数；⑨众数等。例如，对于一幅栅格格式的 DEM，可以统计分析其最大高程、最低高程、平均高程、某给定高程出现的频率等，通过这些统计参数的计算和分析，可以对该 DEM 数据有一个整体的了解，可以了解数据分布的趋势。

4.6 栅格数据的量算分析

空间信息的自动化量算是地理信息系统的重要功能，也是进行空间分析的定量化基础。栅格数据模型由于自身特点很容易进行距离、面积和体积等数据的量算。例如，基于遥感图像数据（栅格）可以计算某种地物类型，如计算耕地的面积，只需要统计出该地物类型所占栅格数，然后乘以栅格单元的面积即可。例如，分辨率为 2.5m 的遥感图像的栅格单元面积就是 6.25（2.5×2.5）m^2。对于栅格格式的 DEM 数据，可以方便地进行体积计算，这种计算在工程土方计算、水库库容估算等方面经常使用，具体方法在第 6 章（三维数据的空间分析方法）介绍。

4.7 ArcGIS 的栅格数据空间分析工具

栅格数据的空间分析方法是 GIS 空间分析方法的重要内容。GIS 软件的旗舰产品 ArcGIS 的 Spatial Analyst 模块提供了一套功能齐全的栅格数据空间分析工具，下面对其中的部分栅格数据空间分析工具进行介绍。

4.7.1 密度制图分析（density）

密度制图根据输入的要素数据集计算整个区域的数据聚集状况，从而产生一个连续的密度表面。密度制图主要是基于点数据生成的，以每个待计算格网点为中心，进行圆形区域的搜寻，进而计算每个格网点的密度值。

密度制图其实是一个通过离散采样点进行表面内插的过程，根据内插原理的不同，分为核函数密度制图（kernal）和简单密度制图（simple）两种。

（1）核函数密度制图：在核函数密度制图中，落入搜索区的点具有不同的权值，靠近格网搜索区域中心的点或线会被赋以较大的权重，随着其与格网中心距离的加大，权重降低。它的计算结果分布较平滑。

（2）简单密度制图：在简单密度制图中，落在搜寻区域内的点或线具有同样的权重，先对其进行求和，再除以搜索区域的面积，得到每个点的密度值。

如图 4.23 所示为按照以上介绍的密度制图方法制作的某地区的人口密度图。其中，图 4.23（a）为利用"简单密度制图（simple）"得到的结果，图 4.23（b）为利用"核函数密度制图（kernal）"得到的结果。从图 4.23 中可以看出，利用核函数密度制图方法得到的结果的分布更加平滑。

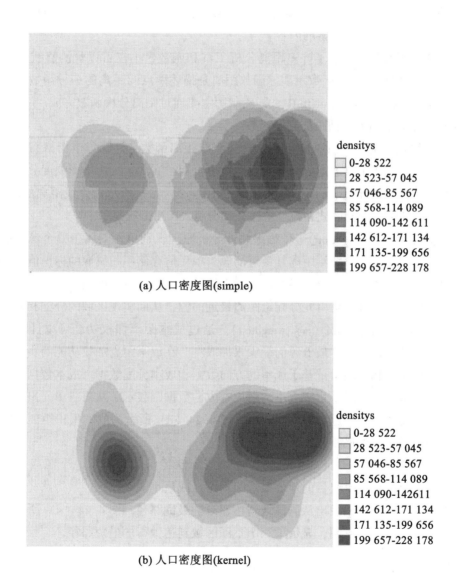

(a) 人口密度图(simple)

(b) 人口密度图(kernel)

图 4.23 密度制图分析（引自：汤国安，杨昕，2006）

4.7.2 距离制图分析（distance）

距离制图即根据每一栅格相距其最邻近要素（也称为"源"）的距离来进行分析制图，从而反映出每一栅格与其最邻近源的相互关系。通过距离制图可以获得很多相关信息，指导人们进行资源的合理规划和利用。例如，飞机失事紧急救援时从指定地区到最近医院的距离；消防、照明等市政设施的布设及其服务区域的分析等。此外，也可以根据某些成本因素找到 A 地到 B 地的最短路径或成本最低路径（汤国安，杨昕，2006）。距离在空间分析中是一个非常广义的概念，它不只是单一的代表两点间的直线程度，而是被赋予了更加丰富的内容。

ArcGIS 的距离制图提供了许多距离分析工具和函数，不仅可以量测直线距离（欧式距离），还可以计算许多函数距离。函数距离是描述两点间距离的一种函数关系，如时间、摩擦、消耗等。在 ArcGIS 中，距离制图主要通过距离分析函数完成。

ArcGIS 提供了如下几种距离制图函数：

（1）直线距离函数（straight line）。通过直线距离函数，计算每个栅格与最近源之间的欧式距离，并按距离远近分级。直线距离可以用于实现空气污染影响度分析、寻找最近医院、计算距最近超市的距离等操作。如图 4.24（a）所示为直线距离的示意图，计算每个栅格与最近源的欧式距离，并按距离分级。

（2）分配函数（allocation）。依据最邻近分析原理识别单元归属于哪个源。通过分配函数将所有栅格单元分配给距离其最近的源。单元值存储了归属源的标识值。分配功能可以用于超市服务区域划分，寻找最邻近学校等问题的分析。如图 4.24（b）所示为区域分配分析，将所有栅格单元分配给距离最近的源，从而实现区域的分配和划分。

（3）成本距离加权函数（cost weighted）。通过成本距离加权功能可以计算出每个栅格单元到距离最近、成本最低源的最少累加成本。在成本距离加权功能的实现中还可同时生成另外两个相关输出：基于成本的方向数据和成本分配数据。成本数据表示了每一个单元到它最近源的最小累积成本，而成本方向数据则表示了从每一单元出发，沿着最低累计成本路径到达最近源的路线方向。图 4.24（c）所示为成本累积距离分析，对每个单元到它最近源的最小累积成本进行分级。

（4）最短路径函数（shortest path）。通过最短路径函数获取从一个源或一组源出发，到达一个目的地或一组目的地的最短距离路径或最小成本路径。最短路径分析可找到通达性最好的路线，或找出从居民地到达超市的最优路径。图 4.24（d）所示为栅格数据最短路径分析的示意图，显示了三个不同区域到达银行的最短路径。

4.7.3 栅格插值分析（interpolate to raster）

栅格插值分析通过有限数量的样点预测出栅格内所有网格的数值。插值函数可以预测任何未知点的数值，这些数值可以是海拔、降水、化学物质浓度、噪声等级等（张治国，2007）。

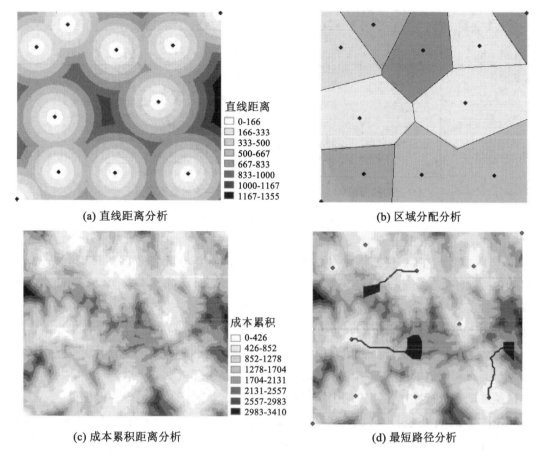

图 4.24 距离制图分析（引自：汤国安，杨昕，2006）

应用空间点插值的一个典型范例就是通过一组已测得的高程数据插值生成一个高程表面。在点图层中的每个符号代表所在位置的已测量的高程值。通过空间插值，对这些输入点间的值进行预测。图 4.25 所示为栅格插值分析示意图，图 4.25（a）为已知的高程点，图 4.25（b）为内插生成的高程表面。

4.7.4 栅格数据的统计分析（statistics）

栅格数据的统计分析包括单元统计（cell statistics）、邻域统计（neighborhood statistics）、分类区统计（zonal statistics）。

单元统计（cell statistics）：多层面栅格数据叠合分析时，经常需要以栅格单元为单位来进行单元统计分析。例如，分析一些随时间而变化的现象，诸如 10 年来的土地利用变化或者不同年份的温度波动范围。单元统计输入数据集必须是来源于同一个地理区域，并且采用相同的坐标系统（汤国安，杨昕，2006）。

邻域统计（neighborhood statistics）：邻域统计以待计算栅格为中心，向其周围扩展

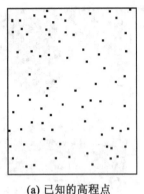 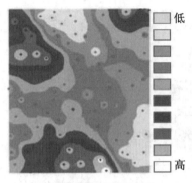

(a) 已知的高程点　　　　(b) 内插生成的高程表面

图 4.25　栅格数据的插值分析

一定范围，基于这些扩展栅格数据进行函数运算，从而得到此栅格的值。邻域统计计算过程中，对于邻域有不同的设置方法，ArcGIS 提供了四种邻域分析窗口：矩形窗口、圆形窗口、环形窗口和扇形窗口，如图 4.22 所示。

分类区统计（zonal statistics）：以一个数据集的分类区为基础，对另一个数据集进行数值统计分析，包括计算数值取值范围、最大值、标准差等。一个分类区就是在栅格数据中拥有相同值的所有栅格单元，而不考虑它们是否邻近。分类区统计是在每一个分类区的基础上运行操作，所以输出结果时同一分类区被赋予相同的单一输出值。

ArcGIS 的单元统计、邻域统计和分类区统计都提供了十种统计方法，包括：Minimum（最小值）、Maximum（最大值）、Range（范围）、Sum（求和）、Mean（均值）、Standard Deviation（标准差）、Variety（不同数值个数）、Majority（频率最高的数值）、Minority（频率最低的数值）、Median（中值）。

4.7.5　重分类分析（reclassify）

重分类即基于原有数值，对原有数值重新进行分类整理从而得到一组新值并输出。重分类一般包括四种基本分类形式：新值替代、旧值合并、重新分类以及空值设置。

（1）新值替代。根据新的信息来取代原来的值。重分类可帮助用户将输入栅格数据中的值取代为新的值。例如，经过一段时间后一地区的土地利用发生了变化。

（2）旧值合并。用户可能期望简化栅格中的数据。比如，可以将各种各样的森林类型归为森林这一大类。

（3）重新分类。重分类的一个原因是给一个栅格数据分配类似于偏好、敏感度、优先权等标准的值。这可被用于单个的栅格数据，例如，给土壤类型的栅格数据的单元赋值为 1~10 来代表土壤侵蚀潜力，将多个栅格数据在统一的等级体系下重新归类。

例如，当寻找最易发生雪崩的坡面时，输入栅格数据可以是坡度数据、土壤类型数据和植被数据。这些栅格数据中，依据每个栅格数据的每个属性对雪崩活动的感受性可将每个数据重分类为1~10的范围，也就是说，在坡度栅格数据中可以给陡峭的坡面赋值为10，因为这些地方最易发生雪崩。

（4）空值设置。将指定值设置为空值或将空值设置为指定值。有时用户需要从分析中移去特殊的值。举个例子，因为一定的土地利用类型受到限制，如湿地限制，这意味着不能在那里建造建筑。这种情况下，为了在进一步的分析中剔除它们，可以将这些值变为空值。另一种情况是，要将空值赋予一定的值，就像这种情况，哪里有新的信息就意味着哪里的空值变为了已知值。

4.7.6 表面分析（surface analysis）

表面分析主要通过生成新数据集，诸如等值线、坡度、坡向、山体阴影等派生数据，获得更多的反映原始数据集中所暗含的空间特征、空间格局等信息。在ArcGIS中，表面分析的主要功能有：查询表面值、从表面获取坡度和坡向信息、创建等值线、分析表面的可视性、从表面计算山体的阴影、确定坡面线的高度、寻找最陡路径、计算面积和体积、数据重分类、将表面转化为矢量数据等。栅格数据的表面分析主要集中于基于DEM的表面分析，将在第6章（三维数据的空间分析方法）详细介绍。

思 考 题

1. 简述你对栅格数据的理解。
2. 简述栅格数据的聚类、聚合分析方法，并举例说明。
3. 简述栅格数据的信息复合分析方法，并举例说明。
4. 简述栅格数据的窗口分析方法，并举例说明。
5. 简述栅格数据的量算方法。
6. 简述栅格数据的空间分析工具。

参 考 文 献

丁建伟.1991.栅格图形数据叠置分析方法及其在城镇规划中应用.武汉测绘科技大学学报，16（3）：59-69.

郝慧梅，任志远.2009.基于栅格数据的陕西省人居环境自然适宜性测评.地理学报，64（4）：498-506.

林先成，杨武年.2008.基于栅格数据空间分析的城镇土地定级研究.国土资源遥感，76（2）：99-101.

秦昆，关泽群，李德仁，周军其.2002.基于栅格数据的最佳路径分析方法研究.国土资源遥感，52（2）：38-41.

孙家抦.2003.遥感原理与应用.武汉：武汉大学出版社.

沈正军．2007．基于栅格数据的最优路径算法分析与设计．测绘与空间地理信息，30（2）：36-39．

汤国安，赵牡丹．2001．地理信息系统．北京：科学出版社．

汤国安，杨昕．2006．ArcGIS地理信息系统空间分析实验教程．北京：科学出版社．

王霖琳，胡振琪．2009．基于GIS栅格数据的空间模糊综合评判方法与实践．地理与地理信息科学，25（4）：38-41．

吴林，张鸿辉，王慎敏，周寅康．2005．基于栅格数据空间分析的土地整理生态评价．中国土地科学，19（3）：24-28．

杨春成，陈双军，何列松，谢鹏，周校东．2008．基于小波变换的栅格数据聚类．地理与地理信息科学，24（4）：36-38．

虞强源，刘大有，王生生．2004．一种栅格图层的模糊叠置分析模型．中国图像图形学报，9（7）：832-836．

张成才，秦昆，卢艳，孙喜梅．2004．GIS空间分析理论与方法．武汉：武汉大学出版社．

张治国．2007．生态学空间分析原理与技术．北京：科学出版社．

ESRI：美国环境系统研究所公司．2001．ArcGIS空间分析使用手册．

Sheng Y H, Tang H, Zhao X H. 2001. Linear quadtree encoding of raster data and its spatial analysis approaches. 20th International Cartographic Conference：Mapping the 21st Century, Aug 6-10, 2001, Beijing China.

Wu Y, Ge Y, Yan W B, Li X Y. 2007. Improving the performance of spatial raster analysis in GIS using GPU. SPIE vol. 6754 pt. 1; Conference on Geospatial Information Technology and Applications; 20070525-27; Nanjing（CN）.

http：//www.esriaustralia.com.au/esri/5403.html，Geoprocessing Raster Data using ArcGIS Spatial Analyst, 2009.11.17.

http：//www.sli.unimelb.edu.au/gisweb/RSAModule/RSAModule.htm，Raster spatial analysis, 2009.11.17.

http：//www.sli.unimelb.edu.au/gisweb/RSAModule/RSATheory.pdf，Raster spatial analysis-specific theory, 2009.11.17.

第5章 矢量数据空间分析方法

矢量数据模型把 GIS 数据组织成点、线、面几何对象的形式，是基于对象实体模型的计算机实现，对有确定位置与形状的离散要素是理想的表示方法。在 GIS 空间分析中基于矢量数据的分析方法是重点研究内容。矢量数据以坐标形式表示离散的对象，在此基础上的空间分析一般不存在模式化的分析处理方法，而表现为处理方法的多样性和复杂性。本章首先论述矢量数据的基本概念，然后介绍几种常用的矢量数据分析方法，如包含分析、叠置分析、缓冲区分析和网络分析等，最后介绍 ArcGIS 的矢量数据空间分析方法。

5.1 矢量数据

5.1.1 矢量数据模型

矢量数据模型用坐标点构建空间要素，把空间看做是由不连续的几何对象组成的。构建矢量数据模型一般包括：首先，用简单的几何对象（点、线、面）表示空间要素；其次，在 GIS 的一些应用中，明确地表达空间要素之间的相互关系；第三，数据文件的逻辑结构必须恰当，使计算机能够处理空间要素及其相互关系；第四，陆地表面数据、重叠的空间要素和路网适于用简单几何对象的组合来表示（Kang-tsung Chang，2006）。

5.1.2 几何对象

根据维数和性质，空间要素可以表示为点、线或面几何对象。点对象表示零维的且只有位置性质的空间要素。线对象表示一维的，且有长度特性的空间要素。面对象表示二维的且有面积和边界性质的空间要素。在 GIS 中点对象也称为节点或折点，线对象称为轮廓（edge）、链路（link）或链（chain），面对象称为多边形（polygon）、区域（face）或地带（zone）。

矢量数据模型的基本单元是点及点的坐标。线要素由点构成，包括两个端点和端点之间标记线形态的一组点，可以是平滑曲线或折线，如图5.1所示（Kang-tsung Chang，2006）。

面要素通过线要素定义，面的边界把面要素区域分成内部区域和外部区域。面要素可以是单独的或相连的，如图 5.2 所示，图 5.2（a）表示两个相互邻接的面。单独的区域只有一个特征点，既是边界的起始点又是边界的终点，如图 5.2（b）所示。面要

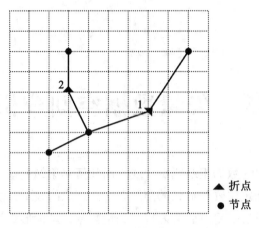

图 5.1 线对象

素可以相互重叠产生重叠区域，如网络服务区域可能重叠，如图 5.2（c）所示。面要素可以在其他面要素内形成岛，如图 5.2（d）表示一个面中的岛（Kang-tsung Chang，2006）。

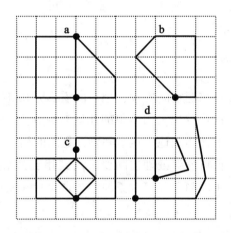

图 5.2 面对象（（a）邻接的面；(b) 单独的面；(c) 两个重叠的面；(d) 面中的岛）

5.1.3 拓扑关系

拓扑关系用来表达空间要素之间的空间关系。拓扑研究几何对象在弯曲或拉伸等变换下仍保持不变的性质。如区域内的岛无论怎样弯曲和拉伸仍然在区域内。拓扑是指通过图论这一数学分支，用图表或图形研究几何对象排列及其相互关系（Wilson et al，1990）。矢量数据模型常用有向图建立点、线对象之间的邻接和关联关系，有向图包括点和有向线（弧段）。

5.1.4 拓扑数据结构

基于拓扑关系的矢量数据模型在计算机中表现为数字数据文件结构和文件之间的关

系。点要素直接用标识码和 x,y 坐标对进行编码,如图5.3所示(Kang-tsung Chang, 2006)。

线要素的数据结构如图5.4所示（Kang-tsung Chang, 2006），在ARC/INFO中，一条线段被称为一条弧段，与两个端点连接，开始点为始节点，结束点为终节点。弧段-节点之间的关系用弧段-节点清单来表示。如弧段2的始节点是12,终节点为13。弧段-坐标清单显示了组成弧段的 x,y 坐标。如弧段3由始节点12（2,9）、折点（2,6）、(4,4) 和终节点15 (4,2) 四个点及四个点连接的三条线段组成。

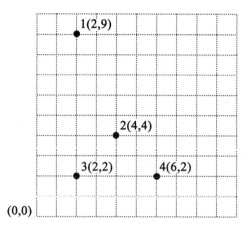

图5.3 点要素的数据结构

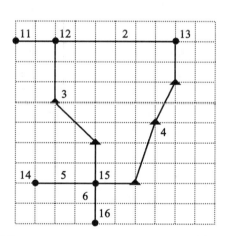

弧段-节点清单

弧段号	始节点	终节点
1	11	12
2	12	13
3	12	15
4	13	15
5	15	14
6	15	16

弧段-坐标清单

弧段号	x, y 坐标
1	(0,9)(2,9)
2	(2,9)(8,9)
3	(2,9)(2,6)(4,4)(4,2)
4	(8,9)(8,7)(7,5)(6,2)(4,2)
5	(4,2)(1,2)
6	(4,2)(4,0)

图5.4 线要素的数据结构

面要素的数据结构如图 5.5 所示（Kang-tsung Chang, 2006），多边形/弧段清单表示多边形和弧段之间的关系，如多边形 101 由弧段 1、4、6 连接构成。多边形 102 中包含了多边形 104，其表示方法是在弧段清单中多边形 102 含有一个 0 来区分外边界和内边界，显示在 102 中存在一个岛。而多边形 104 是一个独立的多边形，由唯一的一个弧段 7 和一个节点 15 构成。左/右多边形清单显示弧段的左多边形和右多边形的关系，如弧段 1 是从始节点 13 到终节点 11 的有向线，其左多边形为 100，右多边形为 101。

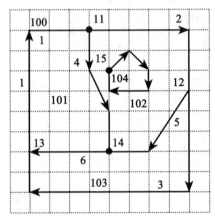

左/右多边形清单

弧段号	左多边形	右多边形
1	100	101
2	100	102
3	100	103
4	102	101
5	103	102
6	103	101
7	102	104

多边形/弧段清单

多边形号	弧段号
101	1, 4, 6
102	4, 2, 5, 0, 7
103	6, 5, 3
104	7

图 5.5 面要素的数据结构

基于拓扑关系的数据结构有利于数据文件的组织、减少数据冗余。两个多边形之间的共享边界只列出一次，使多边形的更新相对容易。

5.1.5 简单对象的组合

对于一些空间要素，如陆地表面数据、重叠的空间要素、路网等适合用简单几何对象的组合来表示。

陆地表面数据可用 TIN（不规则三角网）这种矢量数据结构来表示。TIN 模型把地表近似描述成一组互不重叠的三角面的集合，每个三角面有一个恒定的倾斜度。

重叠空间要素可用区域数据模型表示，如图5.6所示（Kang-tsung Chang, 2006）。区域数据模型包含两个重要特征：区域层和区域。区域层表示属性相同的区域，区域层可以重叠或涵盖相同的范围，如不同历史年代的区域范围可能重叠。当不同区域层覆盖相同区域时，区域之间形成一种等级区域结构，一个区域层嵌套在另一个区域层中。区域可以有分离或者隔开的部分。如武汉大学由多个校区组成，这些校区在空间上不一定相邻。此特性也用于区域的空白范围，如国家林地中的私人宗地可作为空白区分出来。图5.6中（a）为重叠区域；（b）是由三个组成部分的区域；（c）表示一个区域内的小区造成的空白区和外部区。

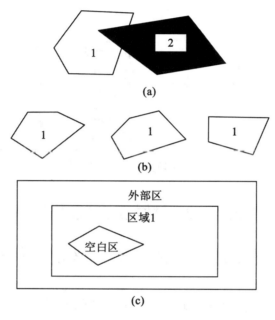

图5.6 区域数据模型

区域数据结构包括两个基本元素：一是区域与弧段关系的文件；另一个是区域与多边形关系的文件，如图5.7所示（Kang-tsung Chang, 2006）。图中包括有4个多边形、5个弧段和3个区域。区域-多边形列表连接区域和多边形，区域101由多边形11和多边形12组成，区域102包含两个组成部分，一个是多边形12和多边形13，另一个由多边形14构成。多边形12是两个区域101和102的重叠区域。区域-弧段列表把区域和弧段链接起来，区域101只有一个圈，由弧段1和弧段2连接而成。而区域102有两个圈：一个由弧段3和弧段4连接而成，另一个由弧段5构成。

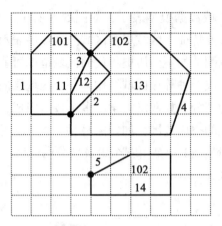

区域-多边形清单	
区域号	多边形号
101	11
101	12
102	12
102	13
102	14

区域/弧段清单		
区域号	圈号	弧段号
101	1	1
101	1	2
102	1	3
102	1	4
102	2	5

图 5.7　区域数据结构的文件结构

5.2　矢量数据的包含分析

矢量数据的包含分析用于确定空间要素之间是否存在直接的联系，即点、线、面之间在空间位置上的联系，具体分为：

（1）点和点之间的包含关系：通过计算两点之间的距离，如两点之间的距离为零或者小于某个阈值，则认为两点之间具有包含关系。

（2）点与线的包含关系：一个点落在线状目标上。通过计算点到线之间的距离，如距离为零或者小于某个阈值，则认为线包含点。

（3）点与面的包含关系：一个点完全落在一个面内。判断点是位于面域范围之内还是之外，用多边形表示面状物体时，即为著名的"点在多边形内"的识别问题。

（4）线与线的包含关系：一条线完全或部分包含了另一条线。例如，行政区边界可能包含了一段河流。

（5）线与面的包含关系：一条线完全落在一个面内。通过判断组成该线的所有节点是否都包含在某个面之内来判定，线与面的包含问题可转化为计算多个点与面之间的包含关系的问题。

（6）面与面的包含关系：一个面完全被另一个面包含。通过判断组成一个面的所有节点是否都包含在另外一个面的区域范围之内来判定，面与面的包含问题可转化为判断多个点与面之间的包含问题。

在矢量数据的包含分析中，点与面的包含、线与面的包含、面与面的包含分析都可以归结为点在多边形内的判断问题，这种判断的实现算法主要有两个：一个是计算通过点的垂直线与多边形相交的交点的分布情况，如图 5.8（a）所示，另一个是计算点与多边形顶点连线的方向角之和，如图 5.8（b）所示。

第一种方法中，用过点的垂直线与多边形交点分布的奇偶特性判别多边形与点的关系。若两侧交点个数均为奇数，则可判断点位于多边形内，若与某一侧交点个数为偶数，则可判断点位于多边形外。对于如图 5.8（a）中的三个点 P_1，P_2 和 P_3。P_1，P_3 位于多边形内部，而 P_2 位于多边形外部。这种方法计算简单，并且能够识别点在多边形边界上的情况，但若过点的垂直线与多边形的边重合时则需要进行附加判断。

第二种方法通过角度计算进行判断，若点与多边形顶点连线形成的方向角之和为 360°，则点必位于多边形内，否则（等于 0°）位于多边形外，如图 5.8（b）所示。角度计算比交点计算稍微复杂，对于点在多边形边界上的情况则不便识别。

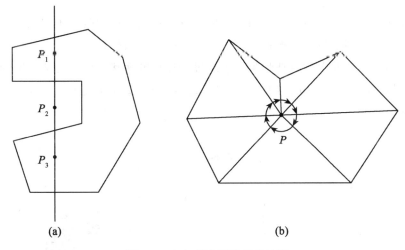

图 5.8　点与多边形关系的计算

在 GIS 中，包含分析的实现具有重要的地位，GIS 的空间查询如鼠标点击查询、图形查询、开窗查询等各种查询的实现，都离不开点与其他物体之间关系的判断这一最基本的运算。对 GIS 的其他空间分析功能，如叠置分析、缓冲区分析来说，包含分析也是其重要的组成部分。如确定某个矿井属于哪个行政区，需要先对矿井、行政区等相关图层进行叠置运算，再通过点在多边形的包含分析确定具体关系。缓冲区分析中，缓冲区域确定后通常需要通过包含分析确定缓冲内所包含地物要素的情况。

5.3　矢量数据的缓冲区分析

缓冲是基于近邻的概念把空间分为两个区域：一个区域位于所选空间要素的指定距

离之内，另一个区域在距离之外，在指定距离之内的区域称为缓冲区。选定的空间要素可以是点、线、面或复杂要素。缓冲区分析是 GIS 最重要、最基本的空间操作功能之一。例如，公共设施的选址、确定服务半径等，都是点缓冲问题；河流两侧灌溉区域的确定为线缓冲问题。

从数学的观点看，缓冲区分析可视为基于空间目标拓扑关系的距离分析，其基本思想是给定一个空间目标，确定它们的某邻域，邻域的大小由邻域半径决定。对一个空间目标 O_i，其缓冲区可定义为：

$$B_i = \{x: d(x, O_i) \leq R\}$$

即对象 O_i 的半径为 R 的缓冲区是全部距 O_i 的距离 d 小于等于 R 的点的集合，d 一般是指最小欧氏距离。

对于空间目标的集合 $O = \{O_i: i=1, 2, 3, \cdots, n\}$，其半径为 R 的缓冲区是单个物体的缓冲区的并，即

$$B = \bigcup_{i=1}^{n} B_i$$

从缓冲区的定义可见，点目标的缓冲形成围绕点的半径为缓冲距的圆形缓冲区；线目标的缓冲形成围绕线目标两侧距离不超过缓冲距的一系列长条形缓冲带；面要素缓冲形成围绕多边形边界线内侧或外侧距离不超过缓冲距的面状区域；复杂目标的缓冲形成由组成复杂目标的单个目标的缓冲区的并组成的区域。图 5.9 表示了点状、线状和面状目标的缓冲区示例。

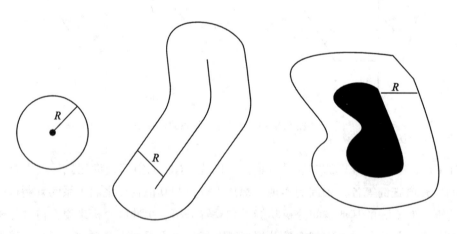

图 5.9 点、线、面物体缓冲区示意图

缓冲区分析包括两个部分：一部分是缓冲区域的生成；另一部分是在缓冲区域内进行的各种统计分析或查询分析。缓冲区分析的关键算法是缓冲区的生成和多个缓冲区的合并。

5.3.1 点状要素的缓冲区

点状要素的缓冲区比较简单,对选定的目标点,设定缓冲距,生成圆形缓冲区。有两种常用的生成方法:一是直接绘圆法,以点目标为中心,以缓冲区距离为半径直接绘圆,如图 5.10 所示;二是基于步进拟合的圆弧拟合法,即将圆心角等分为若干等份,用等长的弦来代替圆弧,用直线代替曲线,用已知半径为 R(缓冲距)的圆弧上 n 个等间距的离散点来逼近缓冲圆,如图 5.11 所示(朱长青,史文中,2006)。

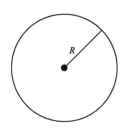

图 5.10 点缓冲区直接生成

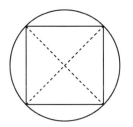 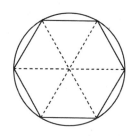 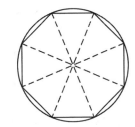

图 5.11 圆弧步进拟合法

特殊情况下,对点状目标,还可以生成三角形、矩形、圆形等特殊形态的点缓冲区;对于相邻多个点目标的缓冲区分析,根据实际应用需要进行缓冲区的合并,消除重叠区域。缓冲带的边界可以融合,也可以保留。

5.3.2 线状要素的缓冲区

线状要素在 GIS 中表示为折线的集合,线缓冲区的建立是以线状目标为参考轴线,以轴线为中心向两侧沿法线方向半移一定距离,并在线端点处以光滑曲线连接,所得到的点组成的封闭区域即为线状目标的缓冲区。生成线状目标缓冲区的过程实质上是一个对线状目标上的坐标点逐点求得其缓冲点的过程。其关键算法是缓冲区边界点的生成和多个缓冲区的合并。缓冲区边界点的生成有多种算法,代表性的有角平分线法和凸角圆弧法。

1. 角平分线法

角平分线法的基本思想是在转折点处根据角平分线确定缓冲线的形状,如图 5.12

所示。基于角平分线的缓冲区生成算法的基本步骤如下：

（1）确定线状目标左右侧的缓冲距离 d_l，d_r；

（2）提取线状目标的坐标序列；

（3）沿线状目标轴线的前进方向，依次计算轴线上各点的角平分线，线段起始点和终止点处的角平分线取为起始线段或终止线段的垂线；

（4）在各点的角平分线的延长线上分别用左右侧缓冲距离 d_l 和 d_r 确定各点的左右缓冲点位置；

（5）将左右缓冲点顺序相连，即构成该线状目标的左右缓冲边界的基本部分；

（6）在线状目标的起始端点和终止端点处，以角平分线（即垂线）为直径所在位置，直径长度为 d_l+d_r，向外作外接半圆；

（7）将外接半圆与左右缓冲边界的基本部分相连，即形成该线状目标的缓冲区。

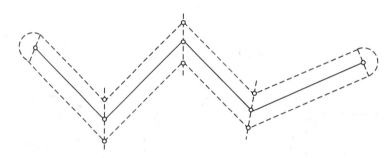

图 5.12　角平分线法

角平分线的缺点是难以保证双线的等宽性，尤其是对凸侧角点在变成锐角时将远离轴线定点。为了克服角平分线法的缺点，相应的一种较好的改进方法是凸角圆弧法，它能较好地保持凸侧角点与轴线的距离。

2. 凸角圆弧法

凸角圆弧法的基本思想是：在轴线的两端用半径为缓冲距的圆弧拟合；在轴线的各转折点，首先判断该点的凹凸性，在凸侧用半径为缓冲距的圆弧拟合，在凹侧用与该点关联的两缓冲线的交点为对应缓冲点（毋河海，1997），如图 5.13 所示。

该算法的优点是可以保证凸侧的缓冲线与轴线等宽，而凹侧的对应缓冲点位于凹角的角平分线上，因而能最大限度地保证缓冲区边界与轴线的等宽关系。

特殊情况下，可以指定不同线状目标的不同的缓冲区宽度，同一线状目标两侧的缓冲区宽度也可以不一样，甚至同一线状目标不同段的缓冲区宽度也可以不一样，还可以生成双侧对称、双侧不对称或单侧缓冲区，如图 5.14 所示。

5.3.3 面状要素的缓冲区

面目标可视为由边界线目标围绕而成，面目标的缓冲区生成算法的基本思路与线目

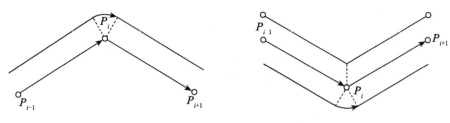

图 5.13 凸角圆弧法

标缓冲器生成算法基本相同。对面状物体可以生成内侧缓冲区和外侧缓冲区。面状目标的缓冲区宽度可以不一样，甚至同一面状目标内外侧的缓冲区宽度也可以不一样，如图5.14 所示。

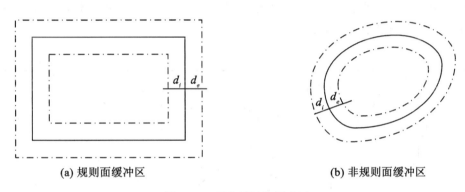

(a) 规则面缓冲区　　　　　　　　　(b) 非规则面缓冲区

图 5.14 面状目标的缓冲区

5.3.4 特殊缓冲区情况

简单空间要素的缓冲区可根据基本计算方法生成，但对形状比较复杂的目标或者目标集合的缓冲区进行计算时，问题就要复杂得多，这种复杂主要是数据组织方面的复杂。由于 GIS 中线状目标和面状目标的复杂性，在缓冲线生成过程中往往会遇到一些特殊情况，如缓冲线失真、缓冲线自相交和缓冲区重叠等。

1. 缓冲区失真问题

当轴线转角太大时，会导致转角处的缓冲线交点随缓冲距的增大迅速远离轴线，出现尖角或凹陷等失真现象。

图 5.15 所示为按角平分线法得到的大转角处的缓冲线。由于 B 点的右转角太大，按照前述缓冲区的生成算法得到的 B 点的左右缓冲点 B_l 和 B_r 点均远离 B 点，使缓冲区宽度发生变异，这是不合理的。

2. 缓冲线自相交问题

当轴线的弯曲空间不能容许缓冲区边界自身无压覆地通过时，缓冲线将产生自相交

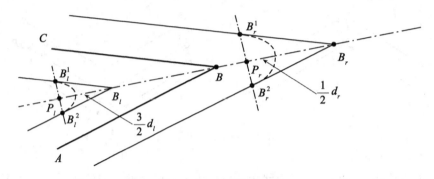

图 5.15 缓冲区失真

现象,并形成多个自相交多边形,包括岛屿多边形和重叠多边形,如图 5.16 所示。缓冲线自相交处理的关键是识别自相交产生的是岛屿多边形还是重叠多边形。重叠多边形要删除,岛屿多边形则要保留。

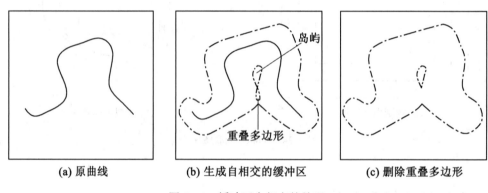

(a) 原曲线　　　　(b) 生成自相交的缓冲区　　　　(c) 删除重叠多边形

图 5.16 缓冲区自相交的处理

3. 缓冲区重叠问题

缓冲区的重叠主要指不同目标的缓冲区之间的重叠。对于这种重叠,首先通过拓扑分析方法自动识别出落在某个特征区内部的线段或弧段,然后删除这些线段或弧段,最后得到处理后的相互连通的缓冲区,如图 5.17 所示。

图 5.18 给出了一个河网缓冲区的例子,从图 5.18 (a) 中可以看到,河网不同部位的缓冲区相互重叠,使得最后的缓冲区不能以简单多边形表示。对于此类情况,必须计算出所有的重叠,通过一系列判断而产生一个复杂多边形(含有洞的多边形)或多边形集合表示的缓冲区。图 5.18 (a) 为河网的缓冲区,图 5.18 (b) 为处理后的缓冲区多边形。

5.3.5 动态目标缓冲区

前面讨论的缓冲区都属于静态缓冲区,即空间目标对邻近对象的影响呈现单一的距

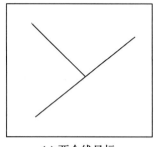 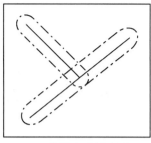 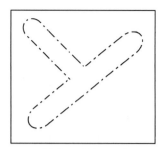

(a) 两个线目标　　　　　(b) 分别生成缓冲区　　　　(c) 缓冲区重叠处理之后

图 5.17　缓冲区重叠的处理

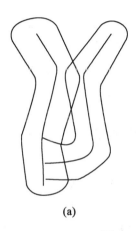 

(a)　　　　　　　　　　　　(b)

图 5.18　河网缓冲区示例图

离关系。在实际应用中，空间目标的缓冲区生成会受到其他因素的影响，空间目标对邻近对象的影响呈现不同强度的扩散或衰减关系，如污染对周围环境的影响呈梯度变化，这样的缓冲区称为动态缓冲区。

动态缓冲区的生成不能简单地设定距离参数，而要根据空间目标的特点和要求选择合适的方法。动态缓冲区生成是针对两类特殊情况提出的：一类是流域问题，另一类是污染问题。

1. 流域问题中的动态缓冲区生成问题

在流域问题中，从流域上游的某一点出发沿流域下溯，河流的影响半径或流域辐射范围逐渐扩大；而从流域下游的某一点出发沿流域上溯，河流的影响半径或流域辐射范围逐渐缩小。类似问题还有参数动态变化的运动目标的影响范围分析等。

对于流域问题，可以基于线目标的缓冲区生成算法，采用分段处理的办法分别生成各流域分段的缓冲区，然后按某种规则将各分段缓冲区光滑连接。也可以基于点目标的缓冲区生成算法，采用逐点处理的办法分别生成沿线各点的缓冲圆，然后求出缓冲圆序列的两两外切线，所有外切线相连即形成流域问题的动态缓冲区，如图 5.19 所示。

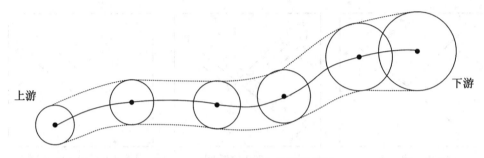

图 5.19 流域问题逐点处理原理图

2. 污染问题中的动态缓冲区生成问题

在污染问题中,污染源对邻近对象的影响程度随距离的增大而逐渐缩小。类似问题还有城市辐射影响分析、矿山开采影响分析等。对于污染问题,可以根据物体对周围空间影响度变化的性质,通过引入一个影响度参数来确定缓冲区半径的动态变化,从而生成动态缓冲区。

5.4 矢量数据的叠置分析

叠置分析是在统一的空间坐标系下,将同一地区的两个或两个以上的地理要素图层进行叠置,产生空间区域的多种属性特征的分析方法。过去由于计算机运算速度慢和算法的原因,一般认为矢量叠置分析效率低,因而过去许多系统采用栅格的叠置分析算法。但随着计算机的发展和算法的改进,矢量叠置分析的效率大为提高,用户完全可以接受这样的效率。

矢量数据的叠置分析即点、线、面对象之间的叠置分析,包括 6 种不同的叠置分析,分别是点与点的重叠、点与线的重叠、点与面的重叠、线与线的重叠、线与面的重叠和面与面的重叠。

5.4.1 点与点的叠置

点与点的叠置是把一个图层上的点与另一个图层上的点进行叠置,为图层内的点建立新的属性,同时对点的属性进行统计分析。点与点的叠置通过不同图层间的点的位置和属性关系完成,得到一张新属性表,属性表示点之间的关系(朱长青,史文中,2006)。如图 5.20 表示城市中网吧与学校的叠置及相应的属性表,从属性表中可判断网吧与学校的距离。

5.4.2 点与线的叠置

点与线的叠置是把一个图层上的点目标与另一个图层上的线目标进行叠置,为图层

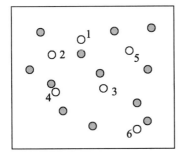

图 5.20　网吧与学校的叠置分析（朱长青，史文中，2006）

内的点和线建立新的属性。叠置分析的结果可用于点和线的关系分析，如计算点与线的最近距离（朱长青，史文中，2006）。图 5.21 表示城市与高速公路两个图层叠置分析的结果，可以分析城市与高速公路之间的关系、高速公路的分布情况等。

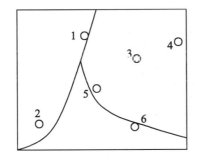

图 5.21　城市与高速公路的叠置分析（朱长青，史文中，2006）

5.4.3　点与多边形的叠置

点与多边形的叠置，实际上是计算多边形对点的包含关系。将一个含有点的图层叠加到另一个含有多边形的图层上，以确定每个点落在哪个多边形内，如图 5.22 所示。

点与多边形的叠置通过点在多边形内的判别完成，通常是得到一张新的属性表，该属性表除了原有的属性以外，还含有落在那个多边形的目标标识（朱长青，史文中，2006）。如果必要还可以在多边形的属性表中提取一些附加属性。

通过点与多边形叠置，可以计算出每个多边形类型里有多少个点，不但要区分点是否在多边形内，还要描述在多边形内部的点的属性信息。例如将油井与行政区划叠置可以得到除油井本身的属性如井位、井深、出油量等外，还可以得到行政区划的目标标识、行政区名称、行政区首长姓名等。

5.4.4　线与线的叠置

线与线的叠置是将一个图层上的线与另一图层的线叠置，分析线之间的关系，为图

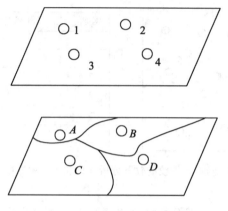

图 5.22 点与多边形的叠置

层中的线建立新的属性关系。图 5.23（朱长青，史文中，2006）是河流与公路的叠置分析结果，可以分析水陆交通运输的分布情况。

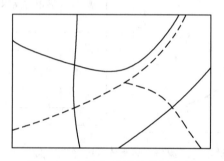

图 5.23 河流与公路的叠置分析

5.4.5 线与多边形的叠置

线与多边形的叠置是将线的图层叠置在多边形的图层上，以确定一条线落在哪一个多边形内。线与多边形的叠置是比较线上坐标与多边形坐标的关系，判断线是否落在多边形内。一个线目标可能跨越多个多边形，需要先进行线与多边形边界的求交，将线目标进行切割，对线段重新编号，形成新的空间目标的结果集，同时产生一个相应的属性数据表记录原线和多边形的属性信息。如图 5.24 所示，线状目标 1 与多边形 B 和多边形 C 的边界相交，因而将它分切成两个目标。建立起线状目标的属性表，包含原来线状目标的属性和被叠置的面状目标的属性。根据叠置的结果可以确定每条弧段落在哪个多边形内，查询指定多边形内指定线穿过的长度。如将公路线图层与县城图层进行叠加分析，能够回答每个县所包含的公路里程等问题。若线状图层为河流，叠置的结果是多边形将穿过它的所有河流分割成弧段，可以查询多边形内的河流长度，进而计算河流密度。

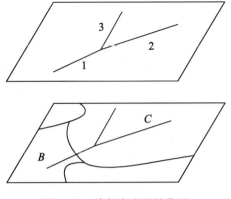

图 5.24 线与多边形的叠置

5.4.6 多边形与多边形的叠置

多边形与多边形的叠置分析是指同一地区、同一比例尺的两组或两组以上的多边形要素进行叠置。参加叠置分析的两个图层都是矢量数据结构。若需进行多层叠置，也是两两叠置后再与第二层叠置，依次类推。其中被叠置的多边形为本底多边形，用来叠置的多边形为上覆多边形，叠置后产生具有多重属性的新多边形。多边形与多边形的叠置比前面两种叠置要复杂得多。需要将两层多边形的边界全部进行边界求交的运算和切割。然后根据切割的弧段重建拓扑关系，最后判断新叠置的多边形分别落在原始多边形层的哪个多边形内，建立起叠置多边形与原多边形的关系，如果必要再抽取属性。

其基本的处理方法是，根据两组多边形边界的交点来建立具有多重属性的多边形或进行多边形范围内的属性特性的统计分析。其中，前者叫做地图内容的合成叠置，如图 5.25（a）所示；后者称为地图内容的统计叠置，如图 5.25（b）所示。

合成叠置的目的，是通过区域多重属性的模拟，寻找和确定同时具有几种地理属性的分布区域。或者按照确定的地理目标，对叠置后产生的具有不同属性多边形进行重新分类或分级，因此叠置的结果为新的多边形数据文件。统计叠置的目的，是准确地计算一种要素（如土地利用）在另一种要素（如行政区域）的某个区域多边形范围内的分布状况和数量特征（包括拥有的类型数、各类型的面积以及所占总面积的百分比等），或提取某个区域范围内某种专题内容的数据。

多边形叠置完成后，根据新图层的属性表可以查询原图层的属性信息，新生成的图层和其他图层一样可以进行各种空间分析和查询操作。

叠置分析方法已得到广泛研究和应用，如 ARC/INFO 地理信息系统中，叠置分析是该系统的主要功能之一，此外，国际上已建立起来的地理信息系统中，大部分都具有叠置分析功能。

上述 6 种叠置分析中，点与多边形的叠置、线与多边形的叠置、多边形与多边形的叠置是比较常用的叠置分析。

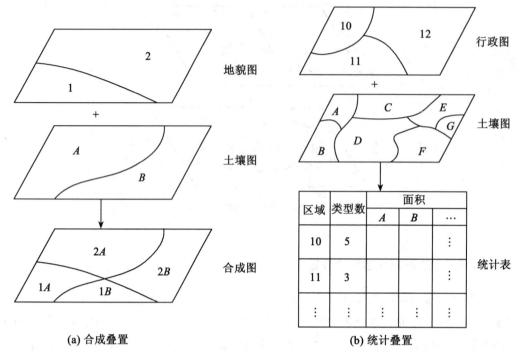

图 5.25 合成叠置与统计叠置

叠置分析的基本步骤是：①判定点、线、多边形；②判定点的位置，进行线与多边形的裁剪、多边形与多边形裁剪；③对应的点、线、多边形要素进行重组和合并。

5.5 矢量数据的网络分析

5.5.1 网络分析的基本方法

GIS 中的网络即具有图论中网络的边、节点、拓扑等特征，还具有空间定位上的地理意义，目标复合上的层次意义和地理属性意义。如交通网络中除道路网络外，还涉及车站、路况、通行能力等。

网络分析是对地理网络和城市基础设施网络等网状事物以及它们的相互关系和内在联系进行地理分析和模型化。网络分析的主要用途是：一是选择最佳路径；二是选择最佳布局中心的位置。所谓最佳路径是指从起始点到终止点的最短距离或花费最少的路线；最佳布局中心位置是指各中心所覆盖范围内任一点到中心的距离最近或花费最小；网络流量是指网络上从起点到终点的某个函数，如运输价格、运输时间等。网络上任意点都可以是起点或终点。其基本思想在于人类活动总是趋向于按一定目标选择达到最佳效果的空间位置。这类问题在生产、社会、经济活动中不胜枚举，如电子导航、交通旅游、城市规划管理以及电力、通信等各种管网管线的布局设计等。

在任何定义域上，距离总是指两点或其他对象间的最短间隔，在讨论距离时，定义这个距离的路径也是重要的方面。但在一个网络中，给定了两点的位置，在计算两点间的距离时，必须同时考虑与之相关联的多条路径。因为路径的确定相对复杂，无法直接计算。这就是为什么"计算网络上两点的距离"，在大多数情况下，都称为"最短路径计算"。这里"路径"显然比"距离"更为重要。网络分析的基本方法包括路径分析、地址匹配和资源分配等。

1. 路径分析

路径分析是网络分析的核心问题，是对最佳路径的求解。从网络模型的角度看，最佳路径的求解就是在指定网络的两个节点之间找一条阻抗强度最小的路径。一般情况下，可分为如下4种：

（1）静态求最佳路径：由用户确定权值关系后，给定每条弧段的属性，当求最佳路径时，读出路径的相关属性，求最佳路径。

（2）N 条最佳路径分析：确定起点、终点，求代价较小的几条路径。在实际应用中仅求出最佳路径并不能满足要求，可能因为某种因素不走最佳路径，而走近似最佳路径。

（3）最短路径：确定起点、终点和所要经过的中间连线，求最短路径。

（4）动态最佳路径分析：实际网络分析中权值是随着权值关系式变化的，而且可能会临时出现一些障碍点，所以往往需要动态地计算最佳路径。

2. 地址匹配

地址匹配实质是对地理位置的查询，它涉及地址的编码。地址匹配与其他网络分析功能结合起来，可以满足实际工作中非常复杂的分析要求。所需输入的数据，包括地址表和含地址范围的街道网络及待查询地址的属性值。

3. 资源分配

资源分配网络模型由中心点（分配中心）及其状态属性和网络组成。分配有两种方式，一种是由分配中心向四周输出，另一种是由四周向中心集中。这种分配功能可以解决资源的有效流动和合理分配。其在地理网络中的应用与区位论中的中心地理论类似。在资源分配模型中，研究区可以是机能区，根据网络流的阻力等来研究中心的吸引区，为网络中的每一个链接寻找最近的中心，以实现最佳的服务。

资源分配模型可用来计算中心地的等时区、等交通距离区、等费用距离区等。可用来进行城镇中心、商业中心或港口等地的吸引范围分析，用来寻找区域中最近的商业中心，进行各种区划和港口腹地的模拟等。

5.5.2 最短路径基本概念

最短路径的数据基础是网络，组成网络的每一条弧段都有一个权值，用来表示此弧段所连接的两节点间的阻抗值。在数学模型中，这些权值可以为正值，也可以为负值。而权值都是正值和有正有负（称为负回路）的两种情况下，其最短路径的算法是有本质区别的。由于在 GIS 中一般的最短路径问题都不涉及负回路的情况，因此以下所有的讨论中均假定弧的权都为非负值。

若一条弧段 $\langle v_i, v_j \rangle$ 的权表示节点 v_i 和 v_j 间的长度，那么道路 $u = \{e_1, e_2, \cdots, e_k\}$ 的长度即为 u 上所有边的长度之和。所谓最短路径问题就是在 v_i 和 v_j 之间的所有路径中，寻求长度最短的路径，这样的路径称为从 v_i 到 v_j 的最短路径。其中，第一个顶点和最后一个顶点相同的路径称为回路或环（cycle），而顶点不重复出现的路径称为简单路径。

在欧氏空间 E^n 中，设 x，y，z 为任意三点，令 $d(x, y)$ 为 $x \to y$ 的距离，则有：$d(x,y) \leq d(x,z) + d(z,y)$，当且仅当 z 在 x，y 的连线上时等式成立。

类似的，令 d_k 为节点 v_1 到 v_j 的最短距离，w_{ij} 为 v_i 到 v_j 的权值，对于 $(v_i, v_j) \notin E$ 的节点对，令 $w_{ij} = \infty$，显然：

$$\begin{cases} d_1 = 0 \\ d_k \leq d_j + w_{jk} \quad j, k = 2, 3, \cdots, p \end{cases}$$

当且仅当边 (v_j, v_k) 在 v_1 到 v_k 的最短路径上时，等式成立。由于 d_k 是到 v_1 到 v_k 的最短路径，设该路的最后一段弧为 (v_j, v_k)，则由局部与整体的关系，路径的前一段 v_1 到 v_j 的路径也必为从 v_1 到 v_j 的最短路径。这个整体最优则局部也最优的原理正是最短路径算法设计的重要指导思想。上式可改写为：

$$\begin{cases} d_1 = 0 \\ d_k = \min(d_j + w_{jk}) \quad j, k = 2, 3, \cdots, p; k \neq j \end{cases}$$

这就是最短路径方程，然而直接求解此方程比较困难。几乎所有最短路径的算法都是围绕着怎样解这个方程的问题。

5.5.3 最短路径求解方法

1. 单源点间最短路径的戴克斯徒拉算法

戴克斯徒拉算法是 E. W. Dijkstra 于 1959 年提出的一个按路径长度递增的次序产生最短路径的算法。此算法公认为是解决此类最短路径问题最经典、比较有效的算法。其基本思路如下：假设每个点都有一对标号：(d_j, p_j)，其中 d_j 是从源点 S 到该点 j 的最短路径的长度，p_j 则是从 S 到 j 的最短路径中的 j 点的前一点。这样，求解从起源点 S 到各点 j 的最短路径算法的基本过程如下，这种实现方法也称标号法或染色法。

(1) 初始化

起源点设置为：$d_s = 0$，p_s 为空；

所有其他点 j 设置为：$d_j = \infty$，$p_j = ?$；

将起源点 S 标号，记 $k = S$，其他点尚未处理。

(2) 距离计算

检验从所有标记的点 k 到其他直接连接的未标记的点 j 的距离，并设置：

$$d_j = \min[d_j, d_k + l_{kj}],$$

式中：l_{kj}是从点k到j的直接连接距离。

（3）选取下一个点

从节点中，选取d_j最小的一个连接点i：$d_i = \min [d_j$，所有未标记的点$j]$，点i为最短路径中的下一个点，并标记。

（4）找到点i的前一点

从已标记的点中找到直接连接点i的点j^*，将其作为前一点。

（5）标记点i

如果所有点已标记，则算法完全退出，否则记$k=i$，转到第（2）步再继续。

如图 5.26 所示为一个带权的有向图，若对其实行戴克斯徒拉算法，则所得从V_0到其余各顶点的最短路径以及运算过程中距离的变化情况如表 5.1 所示（龚健雅，2001）。

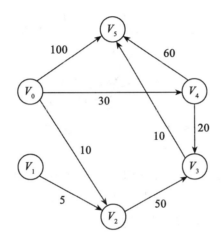

图 5.26　一个带权的有向图

表 5.1　　　　　　　　　　**Dijkstra 算法示例及计算过程**

终点	从源点V_0到各终点的距离值和最短路径的求解过程				
	$i=1$	$i=2$	$i=3$	$i=4$	$i=5$
V_1	∞	∞	∞	∞	∞
V_2	10 (V_0, V_2)				
V_3	∞	60 (V_0, V_2, V_3)	50 (V_0, V_4, V_3)		
V_4	30 (V_0, V_4)	30 (V_0, V_4)			
V_5	100 (V_0, V_5)	100 (V_0, V_5)	90 (V_0, V_4, V_5)	60 (V_0, V_4, V_3, V_5)	
V_j	V_2	V_4	V_3	V_5	
S	$\{V_0, V_2\}$	$\{V_0, V_2, V_4\}$	$\{V_0, V_2, V_3, V_4\}$	$\{V_0, V_2, V_3, V_4, V_5\}$	

由此可见，在求解从源点到某一特定终点的最短路径过程中还可得到源点到其他各点的最短路径，因此，这一计算过程的时间复杂度是 $O(n^2)$，其中 n 为网络中的节点数。利用标号法或染色法求解图 5.26 所示的最短路径的戴克斯徒拉算法的具体过程如下：

(1) 初始化，对每一个点进行设置，并对 V_0 点进行标记，如图 5.27 所示。

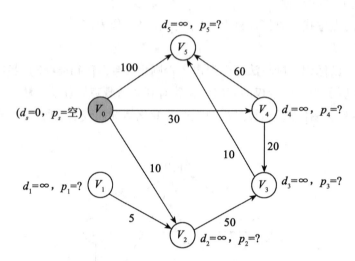

图 5.27 初始化并对 V_0 点进行标记

(2) 检测从 V_0 点到与之直接连接的未标记点之间的距离，得到：

$$d(V_0, V_2) = 10, d(V_0, V_4) = 30, d(V_0, V_5) = 100$$

式中：$d_{\min} = d(V_0, V_2) = 10$；得到 $V_j = V_2$；$S = \{V_0, V_2\}$，对 V_2 进行标记，如图 5.28 所示。

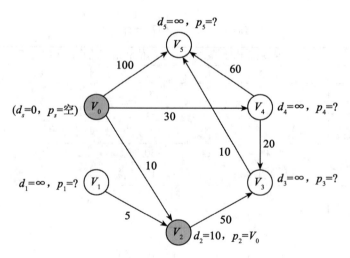

图 5.28 对 V_2 进行标记

（3）检测经过标记点 V_0 和 V_2 到与其直接连接的未标记的点的距离。即

$d(V_0, V_2, V_1) = \infty$，$d(V_0, V_2, V_3) = 60$，$d(V_0, V_4) = 30$，$d(V_0, V_5) = 100$

显然，$d_{\min} = d(V_0, V_4) = 30$；$V_j = V_4$；$S = \{V_0, V_2, V_4\}$，对 V_4 进行标记，如图 5.29 所示。

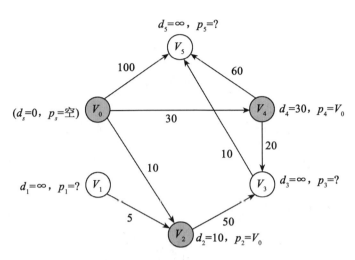

图 5.29 对 V_4 进行标记

（4）检测经过标记点 V_0、V_2 和 V_4 到与其直接连接的未标记的点的距离。得：

$d(V_0, V_2, V_3) = 60$，$d(V_0, V_4, V_3) = 50$，$d(V_0, V_4, V_3) = 50$，$d(V_0, V_5) = 100$，$d(V_0, V_4, V_5) = 90$，$d(V_0, V_4, V_5) = 90$

显然，$d_{\min} = d(V_0, V_4, V_3) = 50$；$V_j = V_3$；$S = \{V_0, V_2, V_4, V_3\}$。对 V_3 进行标记，如图 5.30 所示。

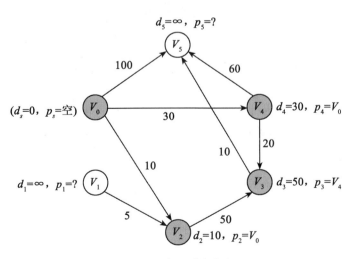

图 5.30 对 V_3 进行标记

(5) 检测经过标记点 V_0、V_2、V_3 和 V_4 到与其直接连接的未标记的点的距离，得：
$d(V_0, V_5) = 100$，$d(V_0, V_2, V_3, V_5) = 70$，$d(V_0, V_2, V_3, V_4, V_5) = 140$，$d(V_0, V_4, V_5) = 90$，$d(V_0, V_4, V_3, V_5) = 60$

显然，$d_{min} = d(V_0, V_4, V_3, V_5) = 60$；$V_j = V_5$；$S = \{V_0, V_2, V_3, V_4, V_5\}$。对 V_5 进行标记，如图 5.31 所示。

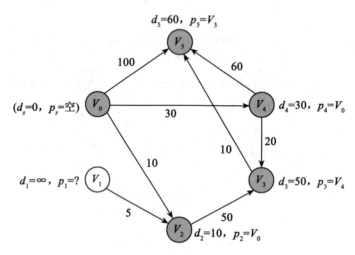

图 5.31 对 V_5 进行标记

(6) V_5 没有后续节点，所以就没有最短路径的比较，接着对最后一个节点 V_1 进行标记，如图 5.32 所示。

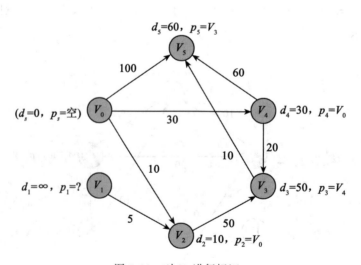

图 5.32 对 V_1 进行标记

(7) 所有点已标记，算法完成，退出。

2. 多点对间最短路径

求解网络系统中多点对乃至所有节点对之间的最短路径，可以重复多次执行上述戴克斯特拉算法，也可以使用弗洛伊德（Floyd）算法。

3. 弗洛伊德算法

弗洛伊德算法是一种求多点对间最短路径的方法，该算法有效地利用了邻接矩阵，其基本思想是：

递推地产生一个矩阵序列：$M(0)$，$M(1)$，$M(2)$，$\cdots$，$M(n)$。其中，$M(0)$就是邻接矩阵，$M(0)[i, j]$等于从V_i到V_j的边的权值，即从V_i到V_j的路径上不经过任何中间顶点；$M(k)[i, j]$等于从顶点V_i到顶点V_j的路径上中间顶点序号不大于k的最短路径长度值（$k = 1$，2，$\cdots$，n）。

由于在具有n个顶点的有向网络中，任何一对顶点之间的最短路径上都不可能出现序号大于n的中间点。因此，矩阵元素$M(n)[i, j]$就等于从V_i到V_j的最短路径长度值。递推地产生$M(0)$，$M(1)$，$M(2)$，$\cdots$，$M(n)$的过程就是逐步允许越来越多的顶点作为路径上的中间顶点，直到所有顶点都允许作为中间顶点的过程。

假设已求得矩阵$M(k-1)$，如何由它求$M(k)$呢？

从V_i到V_j的路径上中间点数不大于k的最短路径只有以下两种可能的情况：

（1）中间不经过顶点V_k。在这种情况下：

$$M(k)[i, j] = M(k-1)[i, j]$$

因为在这种情况下，在最短路径中并没有增加节点。

（2）中间经过顶点V_k。在这种情况下，

$$M(k)[i, j] < M(k-1)[i, j]$$

这条由V_i经V_k到达V_j的最短路径由两段组成：一段是从V_i到V_k中间序号不大于$k-1$的最短路径，其长度为$M(k-1)[i, k]$；另一段是从V_k到V_j的中间序号不大于$k-1$的最短路径，其长度为$M(k-1)[k, j]$。因此，可得到递推公式：

$$M(k)[i, j] = \min\{M(k-1)[i, j], M(k-1)[i, k] + M(k-1)[k, j]\}$$

例如，在如图 5.33 所示的有向网络中，$M(k)[1, 2]$表示由节点 1 到节点 2 经过节点序号不大于k的最短路径。

$M(1)[1, 2]$，$M(2)[1, 2]$，$M(3)[1, 2]$，$M(4)[1, 2]$和$M(5)[1, 2]$的计算结果为：

$M(1)[1, 2] = M(2)[1, 2] = M(3)[1, 2] = \infty$；

$M(4)[1, 2] = \min\{M(3)[1, 2], M(3)[1, 4] + M(3)[4, 2]\} = \min\{\infty, 15\} = 15$；

$M(5)[1, 2] = \min\{M(4)[1, 2], M(4)[1, 3] + M(4)[3, 2], M(4)[1, 4] + M(4)[4, 2] + M(4)[1, 5] + M(4)[5, 2]\} = \min\{15, 15, 15, 12\} = 12$。

因此，从V_1到V_2的最短路径长度值为 12。

5.5.4 次最短路径求解算法

在某些情况下，除了需要求出两个给点之间的最短路径之外，还可能需要求出这两

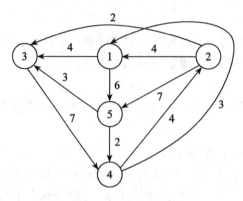

图 5.33 有向网络

点之间的次最短路径，第 3 短路径……第 k 短路径。可以在求出第 1 最短路径 P_1 之后，用枚举法求出与 P_1 有尽可能多公共边的次最短路径 P_2。

算法的基本思路是：假定第 1 最短路径 P_1 包含了 n 条有向弧，每次删除其中的一条弧，即得到 n 个与原来只有一弧之差的新的网络。按原最短路径算法分别求解这 n 个新网络的最短路径，然后比较这 n 条最短路径，其中最短的那条即为所求的次最短路径。依此进行，可以分别求出第 3 短路径……第 k 短路径。

5.5.5 最佳路径算法

所谓最佳路径，是指网络两节点之间阻抗最小的路径。"阻抗最小"有多种理解，如基于单因素考虑的时间最短、费用最低、风景最好、路况最佳、过桥最少、收费站最少、经过乡村最多等；基于多因素综合考虑的风景最好且经过乡村较多，或时间短、路况较佳、且收费站最少等。最短路径问题是最优路径问题的一个单因素特例，即认为路径最短就是最优。

最佳路径的求解算法有几十种，包括基于贪心策略的最近点接近法、最优插入法、基于启发式搜索策略的分支算法、基于局部搜索策略的对边交换调整法，以及广泛采用的 Dijkstra 算法等。这里分别介绍基于最大可靠性和最大容量的最优路径。

1. 最大可靠路径

利用最短路径算法也可以求解最大可靠路径。具体方法是：定义网络 $D(V,A)$ 中的每条弧 $a_{ij}(V_i,V_j)$ 的权为：

$$w_{ij}=\ln p_{ij}$$

因 $0 \leqslant p_{ij} \leqslant 1$，所以 $w_{ij} \geqslant 0$。从而可以用前述 Dijkstra 算法求出关于权 w_{ij} 的最短路径。由于 $\sum_{i,j} w_{ij} = -\ln \left(\prod_{i,j} p_{ij} \right)$，所以，关于权 w_{ij} 的最短路径就是 (V_i,V_j) 的最大可靠路径，其完好概率为 $\exp \left(-\sum_{i,j} w_{ij} \right)$。

2. 最大容量路径

设网络 $D(V, E, W)$ 中任意一条路径 P 的容量定义为该路径中所有弧的容量 c_{ij} 的最小值,即:

$$c(P) = \min_{e_{ij} \in E(P)} (c_{ij})$$

则网络 $D(V, A)$ 中所有 (V_i, V_j) 路径中的容量最大的路径即为 (V_i, V_j) 的最大容量路径。

同样,可以将网络中的每条边或弧的权值定义为通过该边或弧的时间,就可以求出时间最优路径;若定义为该弧的费用,则所求出的就是费用最优路径。

最优路径的求解有多种形式,如两点间最优路径、多点间指定顺序的最优路径、多点间最优顺序最优路径、经指定点回到起点的最优路径等,如图 5.34 所示。

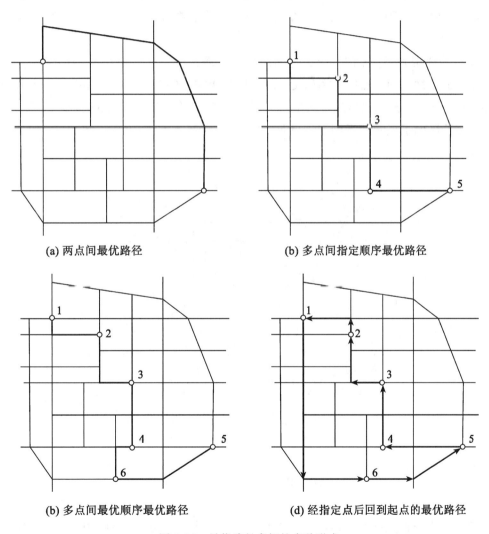

图 5.34 最优路径求解的多种形式

5.6 ArcGIS 的矢量数据空间分析工具

矢量数据的空间分析是 ArcGIS 的重要空间分析功能，具体方法包括缓冲区分析、叠置分析和网络分析等，下面分别对 ArcGIS 的矢量数据空间分析方法进行介绍。

5.6.1 ArcGIS 的缓冲区分析

在 ArcGIS 中建立缓冲区的方法是基于生成多边形来实现的。ArcGIS 根据给定的缓冲区距离，对点状、线状和面状要素的周围形成缓冲区多边形图层。ArcGIS 中提供了生成缓冲区的缓冲区向导 (buffer wizard)，通过向导可以对主题中选定的要素生成缓冲区。ArcGIS 提供三种缓冲区的建立方法，分别是普通缓冲区、属性权值缓冲区和分级缓冲区。

（1）普通缓冲区：是以一个给定的距离建立缓冲区；在普通缓冲区创建时，给出一定距离的缓冲范围，然后选择相交的缓冲区是否需要融合在一起，并设定多边形是内缓冲还是外缓冲，最后指定缓冲区的保存方式，创建缓冲区。图 5.35 为对分析对象创建普通缓冲区的示意图（汤国安，杨昕，2006）。

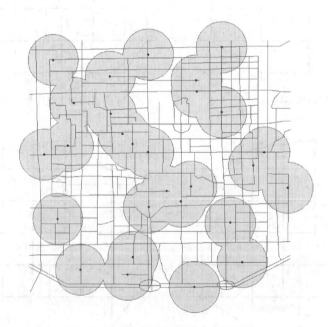

图 5.35　名胜古迹周边影响范围缓冲区

（2）属性权值缓冲区：是以分析对象的属性值作为权值建立缓冲区；通过对分析对象设置属性权值可以创建不同宽度的缓冲区，图 5.36 为对分析对象创建属性权值缓冲区得到的分析结果（汤国安，杨昕，2006）。

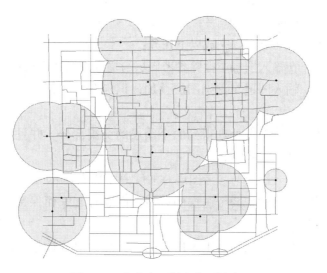

图 5.36 商业中心影响范围缓冲区

(3) 分级缓冲区,是建立一个给定环个数和间距的分级缓冲区,即对分析对象创建多个距离的环状缓冲区。图 5.37 为对分析对象创建分级缓冲区得到的分析结果。

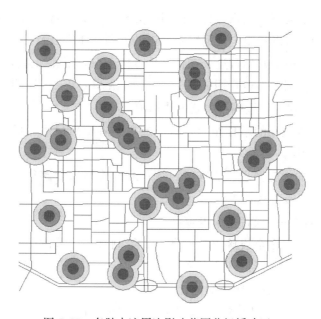

图 5.37 名胜古迹周边影响范围分级缓冲区

5.6.2 ArcGIS 的叠置分析

叠置分析是按照一定的数学模型对要素进行计算分析得出新属性,计算中通常涉及逻辑交、逻辑并、逻辑差等运算。根据操作形式的不同，叠置分析可分为图层擦除、识别叠加、交集操作、对称区别、图层合并和修正更新等。

ArcGIS 的叠置分析功能可以完成以下任务：

（1）图层擦除：在输入图层中擦除参考图层与输入图层相交的部分。

（2）识别叠加：输入图层与识别图层叠加，识别图层将其属性赋予两层相交的区域。

（3）交集操作：通过叠置处理得到两个图层的交集部分，并且原图层的所有属性将同时在得到的新图层上显示出来。

（4）对称区别：输入图层与参考图层叠加后去掉其公共区域。

（5）图层合并：指通过把两个图层的区域范围联合起来而保持来自输入地图和叠加地图的所有地图要素。

（6）修正更新：输入图层与修正图层叠加，其公共部分被修正图层代替，输入图层的这部分被擦除。

5.6.3 ArcGIS 的网络分析

ArcGIS 的网络分析包括传输网络分析（network analyst）和效用网络分析（utility network analyst）。

传输网络常用于道路、地铁等交通网络的分析。传输网络是无向网络，具有主观选择方向的能力。用户可以自由定义网络中前进的方向、速度以及终点。例如一个卡车司机可以决定在哪条道路上开始行进，在什么地方停止，采用什么方向。并且还可以给网络设置限定性规则，例如是单行线还是禁行。在 ArcGIS 中，传输网络通过网络数据集（network dataset）创建。传输网络主要解决以下问题：

（1）计算点与点之间的最佳距离：时间最短或者距离最短，最佳路径的计算能够绕开事先设置的障碍物。

（2）进行多点的物流派送：能够按照规定时间规划送货路径，也能够自由调整各点的顺序，也会绕开障碍物。

（3）寻找最近的一个或者多个设施点。

（4）确定一个或者多个设施点的服务区：绘制服务区范围的条件可以是多个，例如，同时列出 3 分钟、6 分钟、9 分钟的服务区。

（5）绘制"起点-终点"距离矩阵。

效用网络是有向网络，网络中流动的对象必须按照在网络中定义好的规则前进，运行路径是事先定义好的，可以被修改，但是不能被对象本身修改，而是被网络的工程师来修改网络的规则，使通过设置节点的开启状态来改变网络的流动方向。如在效用网络中，水、电、气通过管道和线路输送给消费者，水、电、气被动地由高压向低压输送，不能主观选择方向。在 ArcGIS 中，效用网络是通过几何网络来模拟的。效用网络常用于水、电、气等管网的连通性分析。效用网络主要用于寻找连通的或不连通的管线；进行上游或下游追踪；寻找环路；寻找通路或进行爆管分析等。

思 考 题

1. 简述矢量数据的包含分析方法。
2. 分别简述点状要素的缓冲区生成方法、线状要素的缓冲区生成方法和面状要素的缓冲区生成方法。
3. 简述缓冲区的特殊情况及其处理方法。
4. 简述动态目标的缓冲区及其生成方法。
5. 简述矢量数据的叠置分析方法。
6. 简述网络分析的基本方法。
7. 简述最短路径分析的戴克斯徒拉算法。
8. 简述次最短路径求解方法。
9. 简述最大可靠路径和最大容量路径算法的基本思路。
10. 简述 ArcGIS 的矢量数据空间分析工具。

参 考 文 献

龚健雅．2001．地理信息系统基础．北京：科学出版社．

郭仁忠．2001．空间分析．北京：高等教育出版社．

李翠华，郎奎建，刘兆刚．2007．基于 GIS 的森林资源变化叠置分析研究．林业调查规划，32（1）：19-22．

李鲁群，邓敏，刘冰，李建．2002．GIS 中空间数据叠置分析的优化算法设计．山东科技大学学报（自然科学版），21（2）：62-64．

汤国安，赵牡丹．2001．地理信息系统．北京：科学出版社．

汤国安，杨昕．2006．ArcGIS 地理信息系统空间分析实验教程．北京：科学出版社．

王杰臣，倪绍祥，周娅．1998．简单闭曲线的拓扑特征及其在 GIS 包含分析中的应用．遥感信息，(4)：5-9．

毋河海．1997．关于 GIS 缓冲区的建立问题．武汉测绘科技大学学报，22（4）：358-365．

吴立新．2003．地理信息系统原理与算法．北京：科学出版社．

谢忠，叶梓，吴亮．2007．简单要素模型下多边形叠置分析算法．地理与地理信息科学，33（3）：19-23．

薛丰昌，卞正富．2009．基于泛布尔函数的空间叠置分析．武汉大学学报（信息科学版），34（4）：488-491．

张成才，秦昆，卢艳，孙喜梅. 2004. GIS 空间分析理论与方法. 武汉：武汉大学出版社.

赵军. 1994. MAP 环境下地图叠置分析的实现和应用. 西北师范大学学报（自然科学版），30（3）：68-72.

朱选. 1988. 机助制图叠置分析及其在自然资源研究中的应用. 自然资源学报，3（2）：174-185.

朱长青，史文中. 2006. 空间分析建模与原理. 北京：科学出版社.

Kang-tsung Chang 著［美］. 陈健飞等译. 2006. 地理信息系统导论. 北京：科学出版社.

Michael J. de Smith, Michael F. Goodchild, Paul A. Longley 著［美］. 杜培军，张海荣，冷海龙等译. 2009. 地理空间分析——原理、技术与软件工具. 北京：电子工业出版社.

第6章 三维数据空间分析方法

6.1 三维地形模型

地形的表达和分析是环境分析和 GIS 应用的重要部分。为了适应计算机的数字化处理，地形分析首先要将地形信息转换为地面点高程的数字形式。下面分别介绍与之相关的数字地面模型和数字高程模型的概念，并对其中的数字高程模型的表示方法进行分析。

6.1.1 数字地面模型（DTM）

数字地面模型（digital terrain model，DTM）是比数字高程模型含义更加广泛的概念。数字地面模型概念在 20 世纪 50 年代由美国 MIT 摄影测量实验室主任米勒（C. L. Miller）首次提出，并利用这个模型成功地解决了道路工程中的土方估算等问题。

数字地面模型的通用定义是指描述地球表面形态多种信息空间分布的有序数值阵列。从数学的角度看，可以用式（6.1）的二维函数系列取值的有序集合表示数字地面模型。

$$K_p = f_k(u_p, v_p) \quad (k = 1, 2, 3, \cdots, m; \ p = 1, 2, 3, \cdots, n) \quad (6.1)$$

其中，K_p 为第 p 号地面点（可以是单一的点，但一般是某点极其微小邻域所划定的一个地表面元）上的第 K 类地面特性信息的取值；(u_p, v_p) 为第 p 号地面点的二维坐标，可以是采用任一地图投影的平面坐标，或者是经纬度和矩阵的行列号等；m（$m \geq 1$）为地面特性信息类型的数目；n 为地面点的个数。

例如，假定将土壤类型作为第 i 类地面特征信息，则土壤类型的数字地面模型（数字地面模型的第 i 个组成部分）如下：

$$I_p = f_i(u_p, v_p) \quad (p = 1, 2, 3, \cdots, n) \quad (6.2)$$

DTM 的概念提出后，相继又出现了其他相似的术语。如德国的 DHM（digital height model）、英国的 DGM（digital ground model）、美国地质测量局 USGS 的 DTEM（digital terrain elevation model）、DEM（digital elevation model）等。这些术语在应用上可能有某些限制，实质上差别很小。相比而言，DTM 的含义比 DEM 和 DHM 更广。

6.1.2 数字高程模型（DEM）

在公式（6.1）中，当 $m=1$ 且 f_1 为地面高程的映射，(u_p, v_p) 为矩阵行列号时，公式（6.1）表达的数字地面模型就是数字高程模型（digital elevation model, DEM）。

显然，DEM 是 DTM 的一个特例或者子集。从本质来说，DEM 是 DTM 中最基本的部分，它是对地球表面地形地貌的一种离散的数学表达。数字高程模型是地理空间定位的数字数据集合，凡牵涉地理空间定位的研究，一般都要建立数字高程模型。

从这个角度看，建立数字高程模型是对地面特性进行空间描述的一种数字方法。数字高程模型的应用遍及整个地学领域。例如，在测绘中可用于绘制等高线、坡度图、坡向图、立体透视图、立体景观图等，制作正射影像图、立体匹配图、立体地形模型及地图的修测等。在各种工程应用中用于体积和面积的计算、各种剖面图的绘制及线路的设计。在军事上可用于导航（包括导弹及飞机的导航）、通信、作战任务的计划等。在遥感中可作为分类的辅助数据。在环境与规划中可用于土地现状的分析、各种规划及洪水险情预报等。

总体来说，DEM 的主要应用可归纳为以下几个方面：

（1）国家地理信息的基础数据：DEM 是国家空间数据基础设施 NSDI 中的框架数据组成部分。我国的"4D 产品"建设包括数字线画图（digital line graphic, DLG）、数字高程模型（digital elevation model, DEM）、数字正射影像（digital orthophoto map, DOM）和数字栅格图（digital raster graphic, DRG）。其中，DLG、DEM 和 DOM 是国家空间数据基础设施（NSDI）的框架数据。

（2）土木工程、景观建筑与矿山工程的规划与设计。

（3）军事目的（军事模拟等）的地表三维显示。

（4）景观设计与城市规划。

（5）水流路径分析、可视性分析。

（6）交通路线的规划与大坝的选址。

（7）不同地表的统计分析与比较。

（8）生成坡度图、坡向图、剖面图，辅助地貌分析，估计侵蚀和径流等。

（9）作为背景数据叠加各种专题信息，如土壤、土地利用及植被覆盖数据等，便于显示与分析。

6.1.3 DEM 的表示方法

DEM 是 DTM 的最常用方式，也是模拟地表高程变化特征的主要方式。DEM 的表达有多种方法，常用的方法如图 6.1 所示。

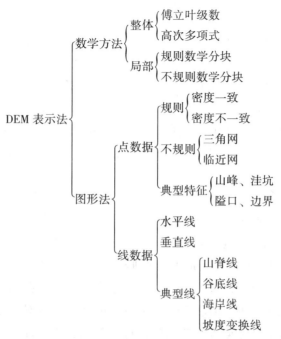

图 6.1 DEM 的表示方法（李成名等，2008）

1. 数学方法

数学方法又可分为整体拟合和局部拟合两种类型。整体拟合的思想是将区域中所有高程点的数据用傅立叶高次多项式、随机布朗运动函数等统一拟合高程曲面。而局部拟合则是把地面分成若干块（规则区域或者面积大致相等的不规则区域），每一块用一种数学函数，如傅立叶级数高次多项式、随机布朗运动函数等，以连续的三维函数高平滑度地表示复杂曲面。

2. 图形法

图形法又可分为线模式和点模式两种。

线模式是利用离散的地形特征性模型表示地形起伏。其中，等高线是最常见的线形式。其他的地形特征线包括山脊线、谷底线、海岸线和坡度变换线等。

点模式用离散采样数据点建立 DEM，是最常用的生成 DEM 的方法之一。点数据的采样方式包括规则格网模式和不规则模式，或者根据山峰、洼坑等地形特征点有针对性地采样。具体包括规则格网模型（Grid）和不规则格网模型（TIN）两种。

1）规则格网模型（Grid）

规则格网通常是正方形，也可以是矩形、三角形等规则格网。规则格网将区域空间切分为规则的格网单元，每个格网单元对应一个数值，且每一个格网点与相邻格网点之间的拓扑关系都可以从行列号中反映出来。设定对应区域的某个原点坐标，根据格网间距可以用任意格网点的行列号来确定其平面位置。因此，只需要存储一个原点的位置坐标和格网间距就可以推算任意点的坐标。

数学上，规则格网可以表示为一个矩阵，在计算机存储中则是一个二维数组。每个格网单元或数组的一个元素对应一个高程值。DEM 的规则格网可以表示成高程矩阵：

$$\text{DEM} = \{H_{ij}\}, \quad i=1,2,\cdots,m; \quad j=1,2,\cdots,n \tag{6.3}$$

对于每个格网的数值有两种不同的解释：第一种是格网栅格观点，认为该格网单元的数值是其中所有点的高程值，即格网单元对应的地面面积内高程是均一的高度，这种数字高程模型是一个不连续的函数。第二种是点栅格观点，认为该网格单元的数值是网格中心点的高程或该网格单元的平均高程值，这样就需要用一种插值方法来计算每个点的高程。

规则格网表示法的优点在于：结构简单、易于计算机处理，特别是栅格数据结构的地理信息系统。另外，通过规则格网矩阵可以很容易地计算等高线、坡度、坡向、山坡阴影和自动提取流域地形。这些优点使得规则格网表示法成为 DEM 最广泛使用的格式。目前，许多国家提供的 DEM 数据都是以规则格网的数据矩阵形式提供的。但是，规则格网系统也有缺点，一方面，对于地形简单的地区存在大量冗余数据；另一方面，如不改变格网大小，则无法适用于地形起伏差别较大的地区。且对于某些特殊计算（如视线计算）的格网轴线方向被夸大；如果栅格过于粗略，则不能精确表示地形的关键特征，如山峰、坑洼、山脊、山谷等。

2）不规则三角网模型（TIN）

不规则三角网（triangulated irregular network，TIN）是另一种数字高程模型表示方法，如图 6.2 所示。它克服了高程矩阵中的数据冗余的问题，在一些地形分析中的计算效率优于基于等高线的方法。

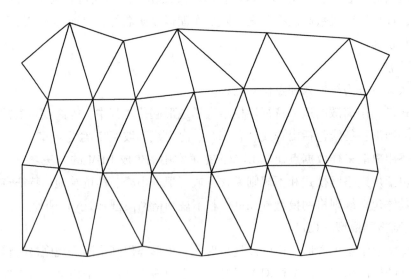

图 6.2　不规则三角网（TIN）

TIN 模型的基本思想是将采集的地形特征点根据一定的规则构成覆盖整个区域且不

重叠的一系列三角形网。这种方法通过不规则分布的数据点构成的连续三角面来拟合地形起伏面。显然，区域中的任意点与三角面有三种可能的位置关系，即位于三角面的顶点、三角面的边和三角面内。除了位于三角面的顶点位置，其他的两种位置关系的点高程值需要通过对顶点进行线性插值得到。

由于 TIN 可根据地形的复杂程度来确定采样点的密度和位置，能充分表示地形特征点和线，从而减少了地形较平坦地区的数据冗余。TIN 表示法利用所有采样点获得的离散数据，按照优化组合的原则，把这些离散点（各三角形的顶点）连接成相互连续的三角面，在连接时，尽可能地确保每个三角形都是锐角三角形或三条边的长度近似相等。

TIN 的特点使得其在显示速度及表示精度方面都明显优于规则格网的方法。同样精度的规则格网数据通过合并和三角形重构可以大大提高显示速度。TIN 是一种变精度表示方法，在相对平坦的地区，TIN 的数据点较少；而在地形起伏大的地区，TIN 数据点的密度较大。这种机制使得 TIN 数据可以用较小的数据量实现较高的表达精度。

TIN 与 Grid（规则格网）方法相比，具有下列特点（李成名等，2008）：

（1）从等高线数据中选取重要的点构成 TIN，并生成规则格网，在两者数据量相同的情况下，TIN 数据具有最小的中误差 RMS。

（2）与数字正射影像（DOM）的叠加方面，基于 TIN 的地形图与影像的吻合程度比规则格网的地形图好。

（3）当采样数据点的数量减少时，规则格网模型的质量比 TIN 模型降低的速度快，但随着采样点或数据密度的增加，两者的差别会越来越小。从数据结构占用的数据量来看，在顶点个数相同的情况下，TIN 的数据量要比规则格网的大，大约是其 3~10 倍。

6.1.4 DEM 在地图制图学与地学分析中的应用

DEM 在科学研究与生产建设中的应用是多方面的、是非常广泛的。这里仅以 DEM 在地学分析与制图中有典型意义的几个方面为例来说明其应用的基本思路和方法。

1. 利用 DEM 绘制等高线图

如图 6.3 所示，利用 DEM 绘制等高线图，以格网点高程数据或者将离散的高程数据转换为矢量等值线，生成等高线图。该方法可以适用于所有的利用格网数据绘制等值线图的方法。

2. 利用 DEM 绘制地面晕渲图

晕渲图是通过模拟实际地面本影与落影的方法反映实际地形起伏特征的重要的地图制图学方法。它是一种采用光线照射使地表产生反射的地面表示方法，是表现地貌地势的一种常见手段。在各种小比例尺地形图、地理图以及各类有关专题地图上得到了广泛的应用。如图 6.4 所示，利用 DEM 数据作为信息源，以地面光照通量为依据，计算该栅格所输出的灰度值，由此得到晕渲图的立体效果，逼真程度很好。

自动地貌晕渲图的计算方法是：

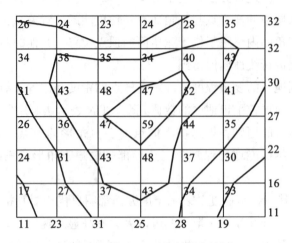

图 6.3 利用 DEM 绘制等高线图

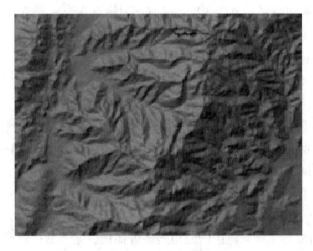

图 6.4 利用 DEM 生成地面晕渲图

（1）首先是根据 DEM 数据计算坡度和坡向。

（2）然后将坡向数据与光源方向比较：面向光源的斜坡得到浅色调灰度值，反方向的得到深色调灰度值；两者之间得到中间灰值，中间灰值由坡度进一步确定。

晕渲图在描述地表三维状况中很有价值，而且在地形定量分析中的应用不断扩大。如果把其他专题信息与晕渲图叠置组合在一起，将大幅度提高地图的实用价值。例如，运输线路规划图与晕渲图叠加后大大增强了直观感。

3. 基于 DEM 的透视立体图的绘制

立体图是表现物体三维模型最直观形象的图形，它可以生动逼真地描述制图对象在平面和空间上分布的形态特征和构造关系。通过分析立体图，可以了解地理模型表面的平缓起伏，而且可以看出其各个断面的状况，这对研究区域的轮廓形态、变化规律以及内部结构是非常有益的。计算机自动绘制透视立体图的理论基础是透视原理，而 DEM 是其绘制的数据基础。调整视点、视角等各个参数值，可以从不同方位、不同距离绘制形态各不相同的透视图，并制作动画。图 6.5 为制作透视立体图的基本流程。图 6.6（a）为由栅格 DEM 构成的三维模型，图 6.6（b）为由 TIN 构成的三维模型。

图 6.5　制作透视立体图的基本流程

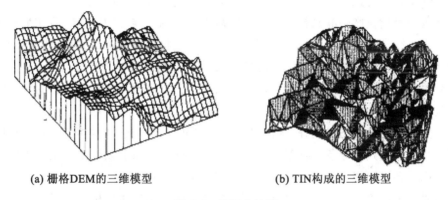

(a) 栅格DEM的三维模型　　　　(b) TIN构成的三维模型

图 6.6　透视立体图

6.2　三维可视化

三维可视化是三维 GIS 的基本功能。在进行三维分析时，数据的输入和对象的选择都涉及三维对象的可视化。这里介绍三维可视化的原理及建立三维可视化场景的基本步骤。

三维可视化是运用计算机图形学和图像处理技术，将三维空间分布的复杂对象（如地形、模型等）或过程转换为图形或图像在屏幕上显示并进行交互处理的技术和方法（唐泽圣，1999）。三维可视化的基本流程如图 6.7 所示。

在以上流程中，观察坐标系中的三维裁剪和视口变换是非常关键的步骤。

受到人眼视觉的限制，人眼的观察范围是有一定角度和距离范围的。相应地，在计算机实现三维可视化的时候，也有一定的观察范围。我们可以用视景体（frustum）来

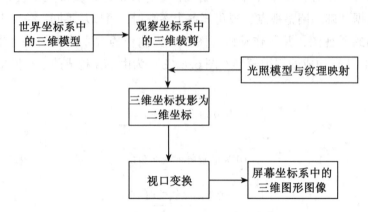

图 6.7　三维可视化的处理流程（李成名等，2008）

表示这个范围。视景体通常用远、近、左、右、上、下等 6 个平面来确定。另外，根据视景体的性质可以将其分为平行投影视景体和透视投影视景体两大类。

平行投影是指投影中心到投影平面的距离无限远的时候，物体投影后在某一个方向的投影大小与距离视点的远近无关。平行投影能保留物体间的度量关系，常用于工业制造和设计方面，以及城市三维景观中的二维表示（如侧视图）等方面。

透视投影是指距离视点越远的物体投影后越小，反之越大。透视投影的特点贴近人眼的视觉特点，常用于户外三维景观中。

观察空间的三维裁剪是指在三维图形显示过程中，将位于视景体范围外的物体裁剪掉而不显示。通过判断对象与视景体中的 6 个裁剪面的关系可以确定对象是否位于视景体内部。用户还可以根据需要增加一个附加裁剪面，去掉与场景无关的目标。

视口是指屏幕窗口内制定的区域，而视口变换则是指经过坐标变换、几何裁剪、投影变换后的物体显示到视口区域。这种变换类似指定区域的缩放操作。需要注意的是，视口的长宽比例应与视景体一致，否则会使视口内的投影图像发生变形。

当视角增大，投影平面的面积增大，视口面积与投影平面面积的比值变小，但由于物体的投影尺寸不变，所以实际显示的物体变小。反之，视角变小时，显示物体变大。

三维可视化流程中的这些处理技术都可以用一些图形可视化开发包实现。常用的开发包包括 OpenGL、DirectX、QD3D、VTK、Java3D 等，用户可以利用这些开发包提供的接口实现三维显示中的各种功能。

可以把三维可视化的基本流程进一步细化，得到建立三维可视化场景的技术。三维场景的创建一般包括三维建模、数据预处理、参数设置、投影变换、三维裁剪、视口变换、光照模型、纹理映射和三维场景合成等步骤（刘翔南等，2008）。

6.3　三维空间查询

三维数据的空间查询是三维 GIS 的基本功能之一，是其他三维空间分析的基础。三维空间查询的方式包括基于属性数据的查询、基于图形数据的查询、图形属性的混合查询及模糊查询等方式,其基本方法与二维空间查询的方法类似。下面主要介绍三维查询中的坐标和高程的查询原理。

三维坐标查询是其他三维空间分析的基础。在获取三维坐标的过程中,由于屏幕上的三维模型的像点与三维模型的大地坐标不是一一对应的,因此,须将鼠标捕捉到的二维屏幕坐标转换为三维的大地坐标,这实际上是透视投影的逆过程。

设 $\mathbf{I}^2$ 是欧式平面上的整数集,$\mathbf{R}^3$ 是欧式三维空间上的实数集,P 为计算机屏幕空间,T 为地面三维空间,则有 $P \subset \mathbf{I}^2$,$T \subset \mathbf{R}^3$。

若 P 与 T 之间存在映射关系:$T \to P$,则对于任意元素 $p \in P \subset \mathbf{I}^2$,$t \in T \subset \mathbf{R}^3$,若满足 $t \to p$,有 $t = \{t_1, t_2, \cdots, t_k\}$,$k \geq 2$,则 p 与模型上多个点 (X, Y, Z) 对应。

若有元素 t_m,$t_m \in t$,$t_m = (X_m, Y_m, Z_m)$ 使得 $\|t_m - E\| = \min$,则 t_m 为多个点中唯一的可见点,其中 E 为视点位置。

利用以上方法可以实现屏幕二维点到三维坐标点的转换。

在地形分析中,如果使用的是 TIN 数据,可以用内插的方法根据 TIN 中三角网点的高程求出任意一点的高程。TIN 数据的内插一般使用线性内插,只能保证地面的连续性但无法保证其光滑。内插的过程主要包括格网点定位和高程内插两个过程。

假设待求点的平面坐标为 $P(x, y)$,要求该点的高程 Z。首先判断该点落在哪个三角面中。具体的方法是计算该点到三角网点的距离,找出一个距离最短的点 Q。然后把与 Q 相关的三角面都取出,判断 P 点落在其中的哪个三角面中。若 P 点不在 P 点相关联的所有三角面,则找出与 P 点次最近的三角网点,重复上面的判断,直到找到为止。

假设 P 点所在的三角面为 $\triangle Q_1 Q_2 Q_3$,对应的坐标为 (x_1, y_1, z_1),(x_2, y_2, z_2),(x_3, y_3, z_3)。由其确定的平面方程为:

$$\begin{vmatrix} x & y & z & 1 \\ x_1 & y_1 & z_1 & 1 \\ x_2 & y_2 & z_2 & 1 \\ x_3 & y_3 & z_3 & 1 \end{vmatrix} = 0 \tag{6.4}$$

即:

$$\begin{vmatrix} x-x_1 & y-y_1 & z-z_1 \\ x_2-x_1 & y_2-y_1 & z_2-z_1 \\ x_3-x_1 & y_3-y_1 & z_3-z_1 \end{vmatrix} = 0 \tag{6.5}$$

令

$$x_{21} = x_2 - x_1;\quad x_{31} = x_3 - x_1$$
$$y_{21} = y_2 - y_1;\quad y_{31} = y_3 - y_1$$
$$z_{21} = z_2 - z_1;\quad z_{31} = z_3 - z_1 \tag{6.6}$$

则 P 点的高程为：

$$z=z_1-\frac{(x-x_1)(y_{21}z_{31}-y_{31}z_{21})+(y-y_1)(z_{21}x_{31}-z_{31}x_{21})}{x_{21}y_{31}-x_{31}y_{21}} \qquad (6.7)$$

6.4 三维空间特征量算

6.4.1 表面积计算

空间曲面表面积的计算与空间曲面拟合的方法，以及实际使用的数据结构（规则格网或者三角形不规则格网）有关。对分块曲面拟合，曲面表面积由分块曲面表面积之和给出。问题的关键是要计算出曲面片的表面积。对于全局拟合的曲面，通常也是将计算区域分成若干规则单元，对每个单元计算出其面积，再累积计算总面积。因此空间曲面的计算可以归结为三角形格网上表面积的计算和正方形格网上的表面积计算。

1. 三角形格网上的表面积计算

基于三角形格网的曲面插值一般使用一次多项式模型 $Z=a_0+a_1X+a_2Y$，所以计算三角格网上的曲面片的面积时，首先将其转换成平面片，然后通过计算平面片的面积来计算曲面片的面积。

如图 6.8 所示，$P_1P_2P_3$ 构成的三角形曲面片，$P_1'P_2'P_3'$ 为使用一次多项式模型拟合得到的平面片，计算曲面片的面积其实是计算拟合后的平面片的面积。

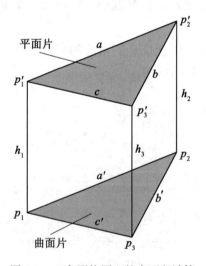

图 6.8 三角形格网上的表面积计算

利用海伦公式计算面积，公式如式（6.8）所示：

$$\begin{cases} S=[P(P-a)(P-b)(P-c)]^{1/2} \\ P=(a+b+c)/2 \end{cases} \qquad (6.8)$$

注意，a，b，c 的长度必须根据数据点 P_1，P_2，P_3 上的数据值 h_1，h_2，h_3 以及 $\triangle P_1P_2P_3$ 的边长 a'，b'，c' 计算，计算公式如式（6.9）所示：

$$\begin{cases} a = (a'^2 + (h_1-h_2)^2)^{1/2} \\ b = (b'^2 + (h_2-h_3)^2)^{1/2} \\ c = (c'^2 + (h_3-h_1)^2)^{1/2} \end{cases} \quad (6.9)$$

2. 正方形格网上表面积的计算

正方形格网上的表面积计算方法包括曲面拟合重积分和分解为三角形方法两种计算方法。

1）曲面拟合重积分方法

正方形格网上的曲面片表面积的计算问题要复杂得多，因为在正方形格网上，最简单形式的曲面模型为双线性多项式，其拟合面是一曲面，无法以简单的公式计算其曲面积。根据数学分析，某定义域 A 上的空间单值曲面 $Z=f(x,y)$ 的面积由以下重积分计算：

$$S = \iint\limits_{A} (1 + f_x^2 + f_y^2)^{1/2} dxdy \quad (6.10)$$

一般来说，式（6.10）是无法直接计算的，常用的方法是近似计算。积分的近似计算方法很多，有关计算方法的著作对此都有详细全面的讨论。比较常用的方法是抛物线求积方法，亦称辛卜生方法（Simpson）。这一方法的基本思想是先用二次抛物面逼近面积计算函数，进而将抛物面的表面积计算转换为函数值计算。

2）分解为三角形的方法

将正方形格网 DEM 的每个格网分解为三角形，利用三角形表面积的计算公式（海伦公式）分别计算分解的三角形的面积，然后累加即得到正方形格网 DEM 的面积。计算公式如式（6.11）所示：

$$\begin{gathered} S = \sqrt{P(P-D_1)(P-D_2)(P-D_3)} \\ P = \frac{1}{2}(D_1+D_2+D_3) \\ D_i = \sqrt{\Delta X^2 + \Delta Y^2 + \Delta Z^2} \quad (1 \leq i \leq 3) \end{gathered} \quad (6.11)$$

式中，D_i 表示第 i（$1 \leq i \leq 3$）对三角形两顶点之间的表面距离，S 表示三角形的表面积，P 表示三角形周长的一半。

6.4.2 体积计算

体积通常是指空间曲面与某基准平面之间的空间的体积，在绝大多数情况下，基准平面是一个水平面，基准平面的高度不同，尤其当高度上升时，空间曲面的高度可能低于基准平面，此时出现负的体积。

在对地形数据的处理中，当体积为正时，工程中称之为"挖方"，体积为负时，称之为"填方",如图6.9中的阴影部分为"填方"。

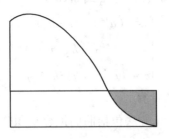

图6.9 "挖方"和"填方"

体积的计算通常也是近似方法。由于空间曲面的表示方法的差异,近似计算的方法也不一样。以下仅给出基于三角形格网和正方形格网的体积计算方法。其基本思想均是以基底面积(三角形或正方形)乘以格网点曲面高度的均值,区域总体积是这些基本格网体积之和。

1. 基于三角形格网的体积计算

如图6.10,S_A 是基底格网三角形 A 的面积,三角形格网的基本格网的体积计算公式为:

$$V = S_A (h_1 + h_2 + h_3) / 3 \tag{6.12}$$

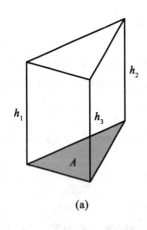
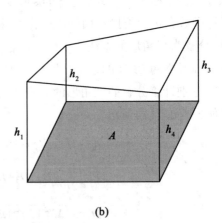

图6.10 体积计算示意图

2. 基于正方形格网的体积计算

如图6.10(b),正方形格网的基本格网的体积计算公式为:

$$V = S_A (h_1 + h_2 + h_3 + h_4) / 4 \tag{6.13}$$

6.5 地形分析

6.5.1 坡度和坡向计算

坡度坡向是地形分析中最常用的参数，其中，坡度是指某点在曲面上的法线方向与垂直方向的夹角，是地面特定点高度变化比率的度量，如图6.11（a）所示。坡向则是法线的正方向在平面上的投影与正北方向的夹角，也就是法方向水平投影向量的方位角，如图6.11（b）所示，其取值范围从零方向（正北方向）顺时针到360°（重新回到正北方向）。总的来说，坡度反映了斜坡的倾斜程度，坡向反映了斜坡所面对的方向。

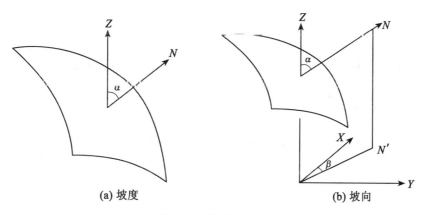

图6.11 坡度与坡向

坡度是地形描述中常用的参数，是一个具有方向与大小的矢量。作为地形的一个特征信息，除了能间接表示地形的起伏形态以外，在交通、规划以及各类工程中有很多用途，如农业土地开发中，坡度大于25°的土地一般被认为是不宜开发的；如果打算在山上建造一座房子，必须找比较平坦的地方；而如果建的是滑雪娱乐场，则要选择有不同坡度的区域。

坡向在植被分析、环境评价等领域具有重要意义。例如，生物地理和生态学家知道，生长在朝向北的斜坡上和生长在朝向南的斜坡上的植物一般有明显的差别，这种差别的主要原因在于绿色植物需要得到充分的阳光。建立风力发电站进行选址时，需要考虑把它们建在面向风的斜坡上。地质学家经常需要了解断层的主要坡向或者褶皱露头，分析地质变化的过程。植物栽培者也常把果树栽到山坡朝阳的一面以获得最大的光照量。

坡度坡向的计算可以用不同的数据源来计算，下面分别介绍基于规则格网DEM、不规则三角网（TIN）、等高线三种不同数据源的计算方法。

1. 基于规则格网的坡度坡向计算

以规则格网为数据源计算时,基本思想是由单元标准矢量的倾斜方向和倾斜量,计算每个单元的坡度和坡向。标准矢量是指垂直于格网单元的有向直线。设标准矢量为 (n_x, n_y, n_z),则该格网单元的坡度 S 为:

$$S = \frac{\sqrt{n_x^2 + n_y^2}}{n_z} \tag{6.14}$$

格网单元的坡向 D 为:

$$D = \arctan(n_x/n_y) \tag{6.15}$$

在实际计算时,通常是用 3×3 的移动窗口来计算中心单元的坡度和坡向。计算时考虑邻接单元的影响有不同方式,下面介绍几种常用的方法。

(1) Ritter 算法:只考虑直接与中心点单元相邻的 4 个单元,如图 6.12(a) 所示,中心点 e 的坡度为:

$$S_e = \frac{\sqrt{(e_1 - e_3)^2 + (e_4 - e_2)^2}}{2d} \tag{6.16}$$

其中:e_i 表示相邻单元值,d 为单元大小,$e_1 - e_3$ 表示 x 方向的高差,$e_4 - e_2$ 表示 y 方向的高差。

中心点的坡向为:

$$D_e = \arctan \frac{e_4 - e_2}{e_1 - e_3} + 90° \tag{6.17}$$

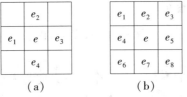

图 6.12 坡度坡向计算示例

(2) Horn 算法:考虑了与中心单元相邻的 8 个相邻单元,如图 6.12(b) 所示,直接邻接单元 (e_2, e_4, e_5, e_7) 的权值为 2,其他 4 个单元 (e_1, e_3, e_6, e_8) 的权值为 1,中心点 e 的坡度为:

$$S_e = \frac{\sqrt{[(e_1 + 2e_4 + e_6) - (e_3 + 2e_5 + e_8)]^2 + [(e_6 + 2e_2 + e_8) - (e_1 + 2e_2 + e_3)]^2}}{8d} \tag{6.18}$$

中心单元的坡向为:

$$D_e = \arctan \frac{(e_6 + 2e_7 + e_8) - (e_1 + 2e_2 + e_3)}{(e_1 + 2e_4 + e_6) - (e_3 + 2e_5 + e_8)} \tag{6.19}$$

Horn 算法被广泛用于商业软件中,ArcGIS 软件就是使用该算法来计算坡度坡向的。

2. 基于不规则三角网的坡度坡向计算

不规则格网计算坡度坡向中用的是双向标准矢量，该矢量垂直于三角面。设三角面的三个节点坐标分别为 $E_1(x_1, y_1, z_1)$，$E_2(x_2, y_2, z_2)$ 和 $E_3(x_3, y_3, z_3)$，则标准矢量为矢量 $\overrightarrow{E_1E_2} = (x_2-x_1, y_2-y_1, z_2-z_1)$ 和 $\overrightarrow{E_1E_3} = (x_3-x_1, y_3-y_1, z_3-z_1)$ 的向量积，标准向量的三个分量为：

$$
\begin{aligned}
n_x &: (y_2-y_1)(z_3-z_1) - (y_3-y_1)(z_2-z_1) \\
n_y &: (z_2-z_1)(x_3-x_1) - (z_3-z_1)(x_2-x_1) \\
n_z &: (x_2-x_1)(y_3-y_1) - (x_3-x_1)(y_2-y_1)
\end{aligned}
\tag{6.20}
$$

代入式(6.14)和式(6.15)，可以算出三角面的坡度 S 和坡向 D。

3. 基于等高线的坡度坡向计算

基于等高线也可以计算相应的坡度和坡向。具体的方法包括等高线计长法和统计学计算方法。

1) 等高线计长法

等高线计长法由 20 世纪 50 年代原苏联著名的地图学家伏尔科夫提出，该方法定义地表坡度为：

$$\tan\alpha = h \sum \frac{l}{p} \tag{6.21}$$

式中：h 为等高距；$\sum l$ 为测区等高线总长度；p 为测区面积。

该方法求出的是一个区域内坡度的均值，其前提是量测区域内的等高距相等。该方法对于测区较大或等高距不等的情况所计算出坡度将有较大误差。

直接利用等高线计算坡度的基本思想是设置一个小窗口，首先计算小窗口内单根矢量等高线的坡向 β_i（等高线法线的倾角），然后利用公式(6.22)计算窗口内的最终的坡向：

$$\beta = \frac{\sum\limits_{i} l_i \times \beta_i}{\sum\limits_{i} l_i} \tag{6.22}$$

式中：β 为窗口内的最终坡向；l_i 为窗口内单根等高线的长度；$\sum\limits_{i} l_i$ 为窗口内等高线的总长度；窗口内的坡向计算是以单根等高线的长度为权值的。

2) 统计学计算方法

对于测区较大或等高距不等时，可以采用基于等高线计长方法的变通方法，即基于统计学的方法。该方法基于地图上地形坡度越大等高线越密、坡度越小等高线越稀这一地形地貌表示的基本逻辑，将所研究的区域划分为 $m \times n$ 个矩形子区域（格网），计算各子区域内等高线的总长度，再根据回归分析方法统计计算出单位面积内等高线长度值与坡度值之间的回归模型，然后将等高线的长度值转换成坡度值。这种算法的最大优点是可操作性强，且不受数据量的限制，能够处理海量数据。

6.5.2 剖面分析

剖面分析是以数字地形模型为基础构造某一个方向的剖面，以线代面，概括研究区域的地势、地质和水文特征，包括区域内的地貌形态、轮廓形状、绝对与相对高度、地质构造、斜坡特征、地表切割强度和侵蚀因素等。剖面分析是区域性地学数据处理分析的有效方法。

如果在地形剖面上叠加表示其他地理变量，例如坡度、土壤、岩石抗蚀性、植被覆盖类型、土地利用现状等，可以作为提供土地侵蚀速度研究、农业生产布局的立体背景分析、土地利用规划，以及工程决策（例如工程选线和位置选择）等的参考依据。

在剖面分析中，生成地形剖面线是基础。地形剖面线是根据所选剖面与数字地形图上地形表面的交点来反应地形的起伏情况。根据所选择的数据源不同，可分为基于规则格网（Grid）的方法和基于不规则三角网（TIN）的方法两种。

1. 基于规则格网的剖面线生成方法

具体方法包括以下步骤：

（1）确定剖面线的起止点。起止点位置可由精确的坐标确定，也可以由用户用鼠标在三维场景中选择决定。

（2）计算剖面线与所经过网格的所有交点，内插出各交点的坐标和高程，并将交点按离起始点的距离进行排序；

（3）顺序连接相邻交点，得到剖面线。

（4）选择一定的垂直比例尺和水平比例尺，以距离起始点的距离为横坐标，以各点的高程值为纵坐标绘制剖面图。

如图 6.13 所示，图 6.13（a）是 DEM 及 A，B 两点的剖面线，图 6.13（b）是 DEM 上两点之间的剖面线图，反映了 A，B 两点之间沿着如图 6.13（a）所示的剖面线的高程变化情况。

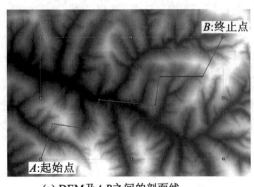
(a) DEM及A,B之间的剖面线

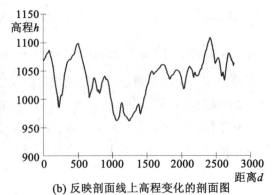
(b) 反映剖面线上高程变化的剖面图

图 6.13 剖面线分析示意图

2. 基于不规则三角网的剖面线生成方法

基于不规则三角网的方法则是用剖面所在的直线与 TIN 中的三角面的交点得到。为了提高运算速度，可以先利用 TIN 中各三角形构建的拓扑关系快速找到与剖面线相交的三角面，再进行交点高程值的计算。最后，以距离起始点的距离为横坐标，以各点的高程值为纵坐标绘制剖面图。

6.5.3 谷脊特征分析

基于 DEM 的谷脊分析是地形分析的重要内容，在地学中的水文分析中有重要应用。如地表径流分析首先要找出该区域的谷脊点。所谓谷脊是两个相对的概念。谷是地势中相对最低点的集合，而脊则是地势相对最高点的集合。

如果基于栅格 DEM 数据来判断谷点和脊点，各点的编号如图 6.14 所示。

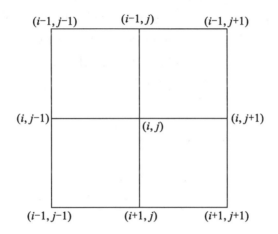

图 6.14 基于栅格 DEM 的谷脊点分析示意图

设 h_x 为某点的高程值，则：

（1）当 $(h_{i,j-1} - h_{i,j}) \times (h_{i,j+1} - h_{i,j}) > 0$ 时，若 $h_{i,j+1} > h_{i,j}$，则 $V_{R(i,j)} = -1$；若 $h_{i,j+1} < h_{i,j}$，则 $V_{R(i,j)} = +1$。

（2）$(h_{i-1,j} - h_{i,j}) \times (h_{i-1,j} - h_{i,j}) > 0$ 时，若 $h_{i-1,j} > h_{i,j}$，则 $V_{R(i,j)} = -1$；若 $h_{i-1,j} < h_{i,j}$，则 $V_{R(i,j)} = +1$。

（3）其他情况下，$V_{R(i,j)} = 0$。

其中，$V_{R(i,j)} = -1$ 表示该点为谷点；$V_{R(i,j)} = +1$ 表示该点为脊点；$V_{R(i,j)} = 0$ 表示该点为其他点。

这种判定方法只能提供概略的结果。如果需要对谷脊特征作精确分析时，须由曲面拟合方程建立地表单元的曲面方程。然后，通过确定曲面上各个插值点的极小值和极大值，以及当插值点在两个相互垂直的方向上分别为极大值或极小值时，确定出谷点或脊点。

6.5.4 水文分析

由 DEM 生成集水流域和水流网络数据,是地表水文分析的重要手段。表面水文分析模型用于研究与地表水流有关的各种自然现象,如洪水水位及泛滥情况,划定受污染源影响的地区,以及预测改变某一地区的地貌将对整个地区造成的后果等。水文分析主要包括以下几个方面的内容(李志林,朱庆,2000):

1. 无洼地 DEM 的生成

由于 DEM 数据中存在误差,以及存在一些真实的低洼地形,如喀斯特地貌,使得 DEM 表面存在一些凹陷区域。在进行水流方向计算时,由于这些区域的存在,往往得到不合理的甚至错误的水流方向。因此,在进行水流方向的计算之前,应该首先对原始 DEM 数据进行洼地填充,得到无洼地的 DEM。

这里的"水流方向"是指水流离开此格网时的方向。通过将格网 X 的 8 个邻域格网编码,水流方向便可以其中的一个值来确定,格网方向编码如图 6.15 所示。例如,如果格网 X 的水流流向左边,则其水流方向赋值 32。方向值以 2 的幂值指定是因为存在格网水流方向不能确定的情况,需将数个方向值相加。这样,在后续处理中根据相加结果就可以确定相加时中心格网的邻域格网状况。

64	128	1
32	X	2
16	8	4

图 6.15 格网方向编码示意图

水流的流向是通过计算中心格网与邻域格网的最大距离权落差来确定的。距离权落差是指中心栅格与邻域栅格的高程差除以两栅格间的距离,栅格间的距离与方向有关,如果邻域栅格对中心栅格的方向数为 1、4、16、64,则栅格间的距离为栅格单元边长的 $\sqrt{2}$ 倍,如果方向数为 2、8、32、128,则栅格间的距离就为栅格单元的边长。

2. 汇流累积矩阵的计算

汇流累积数值矩阵表示区域地形每点的流水累积量。在地表径流模拟过程中,汇流累积量是基于水流方向数据计算得到的。汇流累积量计算的基本思想是以规则格网表示的数字地面高程模型的每点都有一个单位水量,按照自然水流从高处往低处流的自然规律,根据区域地形的水流方向数据计算每点处所流过的水量数值,计算得到该区域的汇流累积量。

3. 水流长度的计算

水流长度指地面上一点沿水流方向到其流向起点(或终点)间的最大地面距离在

水平面上的投影长度。水流长度直接影响地面径流的速度，进而影响地面土壤的侵蚀力。水流长度的提取和分析在水土保持工作中具有十分重要的意义。

4. 河网的提取

提取地面水流网络是 DEM 水文分析的主要内容之一。河网提取方法主要采用地表径流漫流模型，具体方法如下：

（1）首先在无洼地 DEM 上利用最大坡降法计算出每一个栅格的水流方向。

（2）根据自然水流由高处流向低处的自然规律，计算出每一个栅格在水流方向上累积的水量数值，即汇流累积量。

（3）假设每一个栅格携带一份水流，那么栅格的汇流累积量就代表着该栅格的水流量。

（4）当汇流量达到一定值的时候，就会产生地表水流，所有汇流量大于临界值的栅格就是潜在的水流路径，由这些水流路径构成的网络就是河网，从而完成河网的提取。

5. 流域的分割

流域又称集水区域，是指流经其中的水流和或其他物质从一个公共的出水口排出从而形成了一个集中的排水区域。流域显示了每个流域汇水区域的大小。出水口（或出水点）是流域内水流的出口，是整个流域的最低处。流域间的分界线就是分水岭。分水岭包围的区域称为一条河流或水系的流域，流域分水线所包围的区域面积就是流域面积。

基于 DEM 的流域分割的主要思想是水域盆地是由分水岭分割而成的汇水区域，可利用水流方向确定出所有相互连接并处于同一流域盆地的栅格区域。具体步骤为：

（1）首先确定分析窗口边缘出水口的位置，所有流域盆地的出水口均处于分析窗口的边缘。

（2）找出所有流入出水口的上游栅格，一直搜索到流域的边界，即得到分水岭的位置。由分水岭构成的区域就是流域。

6.5.5 可视性分析

可视性分析亦称为视线图分析，由于它描述通视情况，也称为通视分析。可视性分析实质上属于对地形进行最优化处理的范畴，比如设置雷达站、电视台的发射站、道路选择、航海导航等，在军事上如布设阵地（如炮兵阵地、电子对抗阵地）、设置观察哨所、铺设通信线路等。有时还可以对不可见区域进行分析，如低空侦察飞机在飞行时，要尽可能避免敌方雷达的捕捉，飞机显然应选择雷达盲区飞行等。因此，可视性分析对军事活动、微波通信网和旅游娱乐点的规划开发都有着重要的应用价值。

在进行可视性分析时，一个需要注意的问题是，数字高程模型通常描述地面点的高程而不包括地面物体，如森林和建筑物等的高度，因此，当地物高度对分析结果有不可忽略的影响时，需要考虑进行地物高度的因子修正，以正确地确定通视情况。

可视性分析包括两点之间的可视性（intervisibility）分析和可视域（viewshed）分析两种。

1. 两点之间的可视性分析

在基于格网 DEM 的通视分析中，为了简化问题，通常将格网点作为计算单位，也就是把点对点的通视问题简化为 DEM 格网与某一地形剖面线（视线）的相交问题，如图 6.16 所示（李志林，朱庆，2000）。

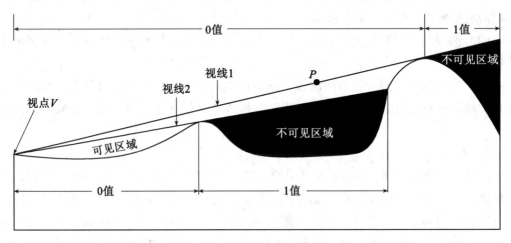

图 6.16　通视分析（黑色区域为不可见区域）

如图 6.16 所示，设视点 V 的坐标为 (x_0, y_0, z_0)，目标点 P 的坐标为 (x_P, y_P, z_P)。DEM 为二维数组 Z_{mn}，则 V 为 $(m_0, n_0, Z[m_0, n_0])$，P 为 $(m_P, n_P, Z[m_P, n_P])$。

两点之间的可视性分析的计算过程如下：

(1) 生成 V、P 的连线到 DEM 的 XY 平面的投影点集 $\{x_k, y_k, k=1,2,\cdots,N\}$，得到投影点集 $\{x_k, y_k\}$ 在 DEM 中对应的高程数据 $\{Z[k]\}$，这样就形成 V 到 P 的 DEM 剖面线。

(2) 因为 V 点和 P 点的高程值是已知的，根据三角学原理，内插出 V、P 连线上各点的高程值，计算公式如下：

$$H[k] = Z[m_0][n_0] + \frac{Z[m_k][n_k] - Z[m_0][n_0]}{N} \times k \quad (k = 1, 2, \cdots, N) \quad (6.23)$$

N 为 V 到 P 的投影直线上离散点的数量。

(3) 比较数组 $H[k]$ 与数组 $Z[k]$ 中对应元素的值，如果 $\exists k$，$k \in [1, N]$，使得 $Z[k] \geq H[k]$，则 V 与 P 不可见；如果 $\exists k$，$k \in [1, N]$，使得 $Z[k] < H[k]$，则 V 与 P 可见。

2. 点对线的可视性

点对线的通视，实际上就是求点对线上的每一点的可视性，可以认为是点对点的可视性的扩展。基于格网 DEM 的点对线的通视性分析的算法如下：

(1) 设 P 点为一沿着 DEM 数据边缘顺时针移动的点，与计算点对点的通视类似，

求出视点到 P 点的投影直线上的点集 $\{x,y\}$，并求出相应的地形剖面 $\{x,y,(x,y)\}$。

（2）根据三角学原理，计算视点与 P 点连线上的高程值。

（3）根据类似于点对点的可视性分析同样的方法判断点 P 是否可视。

（4）移动 P 点，重复以上过程，判断目标线上的所有的点是否可视，算法结束。

3. 点对区域通视

点对区域的通视算法是点对点算法的扩展。与点到线通视问题相同，P 点沿目标区域的数据边缘顺时针移动，逐点检查视点至 P 点的直线上的点是否通视。

一个改进的算法思想是考虑到视点到 P 点的视线遮挡点，最有可能是地形剖面线上高程最大的点。因此，可以将剖面线上的点按高程值进行排序，按降序依次检查排序后每个点是否通视，只要有一个点不满足通视条件，其余点不再检查。

4. 考虑地物高度的可视性计算模型

在可视性分析的实际应用中，有些分析需要考虑地物的高度。这时，可视性的计算就不再是上述所采用的仅关心地形的计算，而应该采用新的计算方法。

如图 6.17 所示（李志林，朱庆，2000），计算图中建筑物 A 的顶层能看到的地面范围。设不可视的部分长度为 S，根据相似三角形的原理得出可视部分长度 S 的计算公式为：

$$S = \frac{V \times [(h+t) - (O+t_w)]}{(H+T) - (h+t)} \tag{6.24}$$

式中，S 为不可视部分的长度；V 为可视部分的长度；H 为建筑物高度；h 为中间障碍物的高度；t 为中间障碍物的地面高度；O 和 t_w 分别为被观察者的身高和所在位置的地面高程。

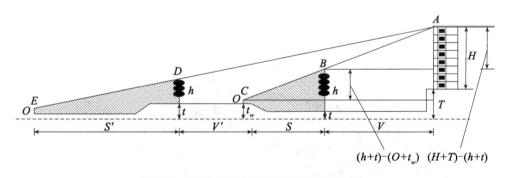

图 6.17 考虑地物高度的可视性计算示意图

可视性分析最基本的用途包括可视查询、可视域计算、水平可视计算等。

可视查询主要是指对于给定的地形环境中的目标对象（或区域），确定从某个观察点观察，该目标对象是全部可视还是部分可视。可视查询中，与某个目标点相关的可视只需要确定该点是否可视即可。对于非点状目标对象，如线状、面状对象，则需要确定某一部分可视或不可视。也可以将可视查询分为点状目标可视查询、线状目标可视查询和面状目标可视查询。

比较典型的观察点问题是在地形环境中选择数量最少的观察点,使得地形环境中的每一个点,至少有一个观察点与之可视,如配置哨位问题、设置炮兵观察哨、配置雷达站等问题。作为这类问题延伸的一种常见问题,就是对于给定的观察点数据(甚至给定观察点高程),确定地形环境中可视的最大范围。实际上可能出现两种情况:

(1) 观察者从某一地点可以看到的范围,如图6.18所示。

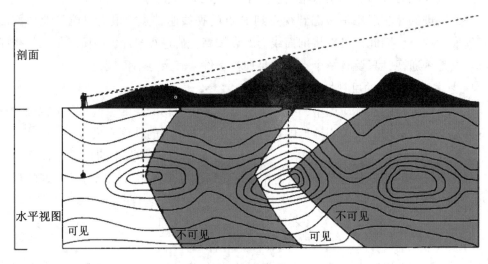

图6.18 可见度分析

(2) 观察者不仅想知道从某点看到的范围,而且也要确定从另一个观察者的视点能看到多少,或者相互能看到多少,如图6.19所示。

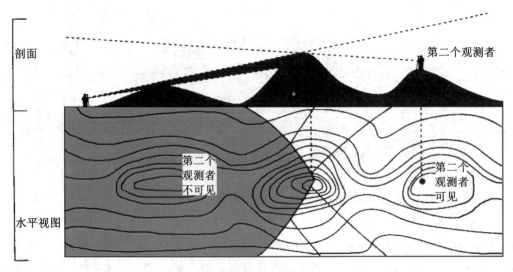

图6.19 相互可见度分析

（3）与单个观察点相关的问题。如确定能够通视整个地形环境的高程值最小的观察点问题，或者给定高程，查找能够通视整个地形环境的观察点。这方面的例子如森林火塔的定位、电视塔的定位、旅游塔的定位等。

地形可视结构计算主要是针对环境自身而言，计算对于给定的观察点，地形环境中通视的区域及不通视的区域。地形环境中基本的可视结构就是可视域，它是构成地形模型中相对于某个观察点的所有通视的点的集合。利用可视域计算，可以将地形表面可视的区域表示出来，从而为可视查询提供丰富的信息。

可视域计算的典型应用例子是视线通信问题。视线通信问题就是对于给定的两个或多个点，找到一个可视网络，使得可视网络中任意两个相邻的点之间可视。例如，对于给定的两个点 A，B，确定在 A，B 之间设计至少多少个点可以保证 A，B 两点之间任意相邻点可视，如通信线路的铺设问题，这种形式一般称之为"通视图"问题。这类问题可以应用到微波站、广播电台、数字数据传输站点等网络系统的设计方面。

水平可视计算是指对于地形环境给定的边界范围，确定围绕观察点所有射线方向上距离观察点最远的可视点。水平可视计算是地形可视结构计算的一种特殊形式，但它在一些特殊领域中有着广泛的应用，而且需要的存储空间很小。

还有一个与可视域和水平可视计算都相关的应用是表面路径问题。其基本任务是解决地形环境中与通视相关的路径设置问题。例如，对于给定的两点和预设的观察点，求出给定两点之间的路径中，从预设观察点观察，没有一个点可通视的最短路径。例如，隐蔽者设计的隐蔽路线。相反的一种情况就是寻找一个每一个点都通视的最短路径。例如，旅游风景点中旅游路线的设置。

6.6 三维缓冲区分析

把二维缓冲区的概念扩展到三维空间，将缓冲区概念用于三维空间中，可以定义三维缓冲区范围。对于三维空间中的点目标而言，其缓冲区就是以该目标为球心，缓冲半径为半径的一个球状区域。对于三维空间中的线目标来说，缓冲区域是一个以该线目标为内核，缓冲半径为外缘的缆索状区域，如图 6.20 所示。三维空间中的面缓冲区的生成分两个步骤。首先利用二维缓冲区方法生成一个面缓冲区多边形，然后以该多边形为横断面，沿着 Z 轴上下延伸缓冲区半径大小范围，得到一个空间体范围。

利用邻近（proximity）的概念，缓冲把地图分为两个区域：一个是所选地图要素的指定距离（缓冲半径）范围之内；另一个是在这个范围之外（Kang-tsung chang，2001）。在指定距离之内的区域称为缓冲区。

三维缓冲区分析比二维缓冲区分析的应用更加广泛。点缓冲区分析的应用如空中爆炸物的影响范围的确定；线缓冲区分析在地下管网和水利管道方面有重要的作用；面缓冲区分析则可以在城市规划中发挥作用。

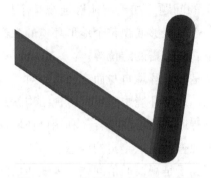

图 6.20 三维线缓冲区分析示意图

6.7 三维叠置分析

空间叠置分析（spatial overlay analysis），是指在统一空间参照系统条件下，每次将同一地区两个地理对象的图层进行叠合，以产生空间区域的多重属性特征，或建立地理对象之间的空间对应关系。前者主要实现多重属性的综合，称为合成叠置分析；后者用于提取某个区域内特定专题的数量特征，称为统计叠置分析。

三维叠置分析可将二维要素图层与三维要素图层进行叠置，也可以是三维要素图层与三维要素图层的叠置。如二维的规划用地类型图层与城市三维模型图层的叠置，可以得到三维图层中某一建筑物所属的规划用地类型。电线与三维DEM数据的三维叠置分析，可以分析电线所穿越的三维目标，为电力选线和日常维护提供基础，如图6.21所示。

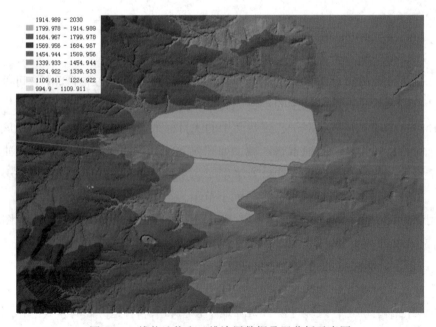

图 6.21 线状地物和三维涂层数据叠置分析示意图

6.8 阴影分析

阴影分析是光源从某个特定角度照射地物表面时产生的阴影效果分析。最常用的阴影分析是日照阴影分析,即以太阳为光源的阴影分析。城市建筑物的有效日照时间是城市规划中的热点问题,利用日照阴影分析功能可以为政府、相关规划部门及公众提供科学的日照效果参考。

日照阴影分析与地物所在的地理位置(主要是地理纬度)、季节、具体时间及周围环境等因素有关。其分析原理是根据日照的基本规律,首先根据地物所在位置的地理纬度、太阳赤纬角以及时角来确定太阳运动轨迹,再计算地物的日照时间、日照间距等指标。

太阳在天球上的视运动轨迹主要由太阳高度角和方位角来定义。

太阳高度角的计算公式如下:

$$\sin h_s = \sin\phi \times \sin\delta + \cos\phi \times \cos\delta \times \cos t \quad (6.25)$$

其中:h_s 为太阳高度角;ϕ 为地理纬度;δ 为赤纬角;t 为时角。

太阳方位角的计算公式如下:

$$\cos A_s = (\sin h_s \times \sin\phi - \sin\delta) \, \cos h_s \times \cos\phi \quad (6.26)$$

日照时间分析的关键是判断空间点是否被障碍物遮挡,传统的方法包括日棒影图(建筑物常用的日照阴影分析方法)和日照圆锥面(如图 6.22 所示)等(李成名等,2008)。其基本思路是:

(1)取地物地面所在的高度上的水平面为阴影承影面。

(2)求地物在阴影承影面上的二维阴影多边形。

(3)通过分析目标点与二维阴影多边形的位置关系分析目标点是否被障碍物遮挡。

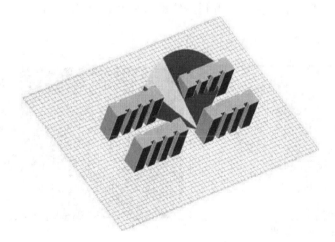

图 6.22 日照圆锥面示意图

使用这种方法的前提条件是待判断点在承影面上,当该条件不能满足时,会出现计算错误。为了克服这一缺点,将原来的二维算法扩展到三维空间,通过点与影域之间的关系来判断点是否被遮阳。改进算法的基本步骤为:

(1) 根据建筑物的不同面求相应的影域,分别对不同的影域进行分析,判断该点是否落在这些影域内。

(2) 对所有面得到的判断结果,只要该点落入建筑物的某个面的影域内,就可以知道该点落在建筑物的影域内,即该点被遮阳,否则不被遮阳。

为了提高计算效率,可以在判断点是否在某个影域内前先判断该面是阳面还是阴面,如果是阴面就可以直接判读该点不在影域范围内,若为阳面则需要进一步计算,这样可以使计算量减少近一半。判断阴阳面的算法如下:

(1) 计算多边形墙面的法向量 N_ω 及太阳光向量 N_s。

(2) 计算 N_ω 和 N_s 的夹角。

(3) 若夹角大于90°(即 $N_\omega \times N_s < 0$),则该面为阳面,否则为阴面。

在日照分析应用中,最常用的是建筑物的日照时间分析。为了使得建筑物每天能得到规定的日照时间,要进行日照间距分析。常用的日照间距分析的基本步骤为:

(1) 根据建筑物要求达到的全天最小日照时间计算所需计算的时刻 T。

$$T = 12 - \min T \tag{6.27}$$

(2) 计算时刻 T 的太阳高度角 H_s 和太阳方位角 A_s。

(3) 计算日照间距系数 Coeficient:

$$\text{Coeficient} = c \tan H_s \times \cos(A_s - \alpha) \tag{6.28}$$

(4) 计算日照间距 L:

$$L = H \times \text{Coeficient} \tag{6.29}$$

如果能根据全年任一天任意时刻具体的太阳方位角和高度角,将某时刻太阳光在对地物的日照情况计算出来,就可以得到最终的日照阴影效果。图 6.23 是日照阴影分析的示意图。

(a) 地形的日照阴影

(b) 建筑物的日照阴影

图 6.23 日照阴影分析效果图

6.9 水淹分析

水淹分析需要考虑多种因素，其中最主要的是洪水特性和受淹区的地形地貌。洪水淹没方式可以分为漫堤式淹没和决堤式淹没两种。前者是堤坝没有溃决，而是由于洪水水位过高导致的洪水从堤坝顶部进入淹没区；后者是由于堤坝溃决，洪水从溃决处进入淹没区。相应地，洪水淹没分析有两种不同的方式来处理上面两种情况。对于漫堤式淹没，通常利用在特定水位条件下，分析洪水会导致多大的淹没范围和多高的水深分布；而对于决堤式淹没，通常是根据某一洪量条件下，分析洪水可能造成多大的淹没范围和水深分布。

目前常用的水淹分析主要还是基于地形数据来实现的。常用的地形数据格式包括两大类，一种是 TIN 数据，另一种是基于格网（Grid）的 DEM 数据。TIN 数据属于变精度数据，在解决存储空间和表达精度方面有很大的优势，但由于其存储和分析的复杂性，不利于水淹分析。因此，在淹没分析中，通常选择基于格网的 DEM 数据作为分析的数据源。下面分别对给定洪水水位和给定洪量的两种洪水淹没分析的原理进行介绍。

6.9.1 给定洪水水位的淹没分析

首先确定洪水水源入口，再根据给定的洪水水位，从水源处开始进行格网连通性分析，所有能够与入口处连通的格网单元就是洪水淹没的范围。

对淹没范围内的格网计算水深 W，得到水深分布情况。计算公式为：

$$W = H - E \tag{6.30}$$

式中：H 为洪水水位；E 为格网单元的高程值。

由于洪水淹没是从洪水水源开始，逐渐向外扩散，也就是说，只有水位高程达到一定程度后，洪水才能从这个地势较高的区域到达另一个洼地。因此，在淹没分析中，要将区域连通性作为重要的影响因子。

接下来讨论淹没区的连通分析原理。连通分析中涉及水流方向、地表径流、洼地连通等方面的计算。

1. 水流方向

根据地理常识可知，地表水流总是由高往低流动，而且沿着坡度最陡的方向流动。因此，要分析某点的水流方向，可以用与该点的 8 个相邻格网的高程来判断。具体算法为：

（1）如图 6.24 所示，图中的黑色区域表示待判定点，首先从水平、垂直四个方向的格网（灰色格网）高程中找出最大高程点 h_{max_1} 和最小高程点 h_{min_1}。

（2）从对角线的四个方向（白色格网）找出最大高程点 h_{max_2} 和最小高程点 h_{min_2}。

（3）将 h_{max_1}、h_{max_2} 代入式（6.31）进行比较：

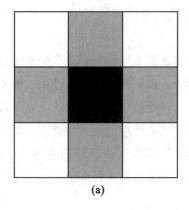 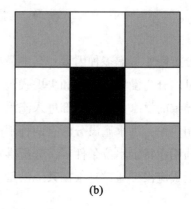

图 6.24 水流方向分析示意图

$$\max\left(\frac{h_{\max_1}-h}{d},\ \frac{h_{\max_2}-h}{\sqrt{2}d}\right) \tag{6.31}$$

其中，d 为 DEM 格网间距；h 为 DEM 中当前点的高程。

根据以上方法选出来的点即为当前点的上游点（入水点）。

(4) 将 $h_{\min_1}$、$h_{\min_2}$ 代入式（6.32）进行比较：

$$\max\left(\frac{h_{\min_1}-h}{d},\ \frac{h_{\min_2}-h}{\sqrt{2}d}\right) \tag{6.32}$$

满足条件的点为当前点的下游点（水流方向点）。

2. 地表径流分析

能够形成地表径流的地貌形态包括河流及洪水形成的山谷沟渠。河流和山谷都属于谷地地貌，可以通过山谷线来判断，山谷线的生成与谷点分布相关。因此，在进行径流分析以前要先找出该区域的谷脊点。通过谷脊分析得到谷点和脊点分布后，就可以根据山谷线的特征获取山谷线，从而得到地表径流路径。具体方法为：

(1) 每一条山谷线均由连续的局部极小值构成。

(2) 对于某一条特定的山谷线，由其最高点（上游）往下游延伸的其他山谷线特征点的高程值应越来越小。

(3) 山谷线终止的条件：连接另一条山谷线，汇入湖泊或海洋，到达 DEM 的边缘。

总体来说，就是从谷点数组中找出高程最大的点作为当前山谷线的起始点，从该点沿水流方向向下游跟踪，直到遇到另一条山谷线或者汇入湖泊海洋或者到达 DEM 的边缘终止。

3. 洼地连通情况分析

洪水淹没的连通分析包括两种情况：第一种是河流沟谷本来就终止于该洼地；第二种是当被淹没的洼地水位到达一定程度时，水从洼地边缘漫出，流向其他较低地区。

对于第一种情况，可以通过山谷线分析方法得到山谷线，再根据水流方向直接往下游追踪，到最后得到与该沟谷（或河流）连接的洼地，得到两者的连通关系。对于第二种情况，首先要通过分析找到洼地边缘和溢口，再判断流水的溢出点及判断流水的流向。

常用的基于 DEM 数据寻找洼地边缘的方法包括射线法和扩散法两种。

射线法的基本思想是从平行线和铅垂线两个方向扫描洼地边缘点。具体做法是从洼地点数据集中取一个点，分别沿平行于 X 轴和 Y 轴的方向扫描，逐点判断所扫描到的点的 $V_{R(i,j)}$ 值。若 $V_{R(i,j)} = 1$ 且为此方向扫描到的第一点，则该点为洼地边缘点。

扩散法也称子蔓延法，其基本思想是将洼地底点中的一个点作为种子点，向周围相邻的 8 个方向扩散。扩散点中如果有 $V_{R(i,j)}$ 值为 1，则停止扩散，将该点作为边缘点，反之作为种子点继续向外扩散。重复这个过程，扫描完所有的种子点。

洼地的溢口点就是该洼地边缘点中高程值最小的点，从该点出发，根据水流方向进行分析，可以得到溢出水流的方向，从而得到洼地间连通性的分析结果。

6.9.2 给定洪量的淹没分析

在洪水灾前预测分析中可能会给定一个洪量，分析对应的淹没情况。给定洪量淹没分析的基本思想是计算给定水位条件下的淹没区域的容积，将容积与洪量相比较；再利用二分法等逼近算法，找出与洪量最接近的容积，容积对应的淹没范围和水深分布就是最后的分析结果。

淹没区域的容积 V 和洪水水位 H 之间的关系可以用式（6.33）来表示：

$$V = \sum_{i=1}^{m} A_i \times (H - E_i) \tag{6.33}$$

式中：A_i 为连通淹没区格网单元的面积；E_i 为连通淹没区格网单元的高程；m 为连通淹没区格网单元的个数，由连通性分析求得。

定义一个淹没区域容积与洪量 Q 的逼近函数 $F(H)$：

$$F(H) = Q - V = Q - i = \sum_{i=1}^{m} A_i \times (H - E_i) \tag{6.34}$$

要使 Q 和 V 最接近，就是要求一个 H，使得 $F(H) \to 0$。$F(H)$ 为单调递减函数，其函数变化趋势如图 6.25 所示。可以利用二分逼近算法加速求解过程，利用变步长方法加速其收敛过程。首先求一个水位 H_1，使得 $F(H_1) < 0$，再利用二分法求 $F(H)$ 在 (H_0, H_1) 范围内趋近 0 的 H_q。H_q 对应的淹没范围和水深就是在给定洪量条件下的淹没范围和水深。

6.9.3 洪水淹没的三维显示

根据洪水分析结果，可以将淹没范围与地形数据叠加，得到水深分布静态效果图，还可以利用动画模拟洪水淹没的动态过程。下面分别介绍实现两种显示效果的基本原理。

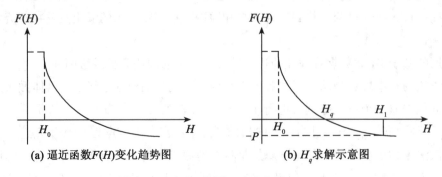

图 6.25　逼近函数图（李成名等，2008）

1. 静态水深分布显示原理

静态的水深分布主要是将淹没范围的数据与地形数据进行叠加，改变淹没区域中的数据格网单元的显示颜色。具体实现的时候，为了表现出逼真的水淹效果，需要将结果数据与原始的地形数据分别显示。具体过程如下：

（1）显示原始地形格网数据：根据地表纹理方案、光照角度及原始地形格网的高程值计算各格网的纹理坐标，绘制原始地形数据的效果图。

（2）设定一个和原始地形数据分辨率和范围相同的结果地形数据。

（3）根据水淹分析的结果及配色方案来设置结果地形数据中的高度值和节点颜色，高度不同，则颜色不同，用来显示水淹的效果。其中，被淹没区高度值为水位高度值，颜色由水深和本色值共同决定；未淹没区高度值为原始地形数据中的高程值，颜色保留原始地形格网数据的显示颜色。

（4）将结果地形数据显示层与原始地形格网显示层进行叠加显示。

2. 动态淹没显示原理

动态淹没显示主要依据洪水淹没过程中一个基本规律，即当某个点的水位 H_2 高于另一个点的水位 H_1 时，水位 H_2 条件下的淹没范围一定包括水位 H_1 条件下的淹没范围。

6.10　ArcGIS 的三维数据空间分析工具

ArcGIS 用于三维显示和分析的模块为 3D Analyst 扩展模块。用户安装了该模块后，可以在 ArcMap、ArcCatalog 或者 ArcScene、ArcGlobe 中添加三维分析工具。

在 ArcMap 中可以利用相关的数据创建三维表面、查询三维表面上特定位置的属性值、分析可视域、计算表面积及挖方、进行坡度坡向分析及最陡路径分析等，主要集成了 ArcScene 中的三维分析功能。

在 ArcCatalog 环境中可以实现三维数据的管理和创建三维图层，主要功能包括三维数据的浏览和导航、三维图层的创建和预览、三维视窗属性的设置、三维数据元数据的创建及三维特征集的建立等。

ArcScene 是三维分析的重要平台，可以实现三维视图的导航和交互编辑功能。主要功能包括数据的可视化、表面的创建及各种表面分析功能，如坡度坡向分析、表面积及体积计算、可视域分析、最陡路径分析等，和 ArcMap 实现的功能基本一致。

ArcGlobe 是 ArcGIS 最新推出的三维分析平台，和其他三个平台最大的区别是能实现全球范围内大容量三维数据的显示和分析。具体的功能包括多种格式数据的集成显示、大容量数据的浏览和管理、二维数据的三维扩展显示和分析、三维飞行动画的创建、三维叠置分析、可视域分析、三维缓冲区分析、不同的图层效果的设置（包括透明度、光源、阴影等）及多个透视图的同时显示等。

6.10.1 表面模型的创建

三维模型通常将 (x, y, z) 坐标中的 Z 坐标作为表面数据。一个连续的表面包含了无数的点，为了实现对其的描述，表面模型通过对表面中不同区域的不同点位置进行采样，并利用这些采样点插值生成表面。ArcGIS 中可以基于规则空间格网数据（DEM 数据）或者不规则三角格网数据（TIN 数据）两种数据方式来创建表面。

1. 规则空间格网数据的建立

基于规则空间格网数据的方式又称为基于栅格数据方式，主要是由一些有限点数据利用数据内插的方法来创建表面模型。所谓内插是使用有限样本值去预测未知位置值的过程（吴秀琴等，2007），即由某个区域内一组已知的样本点数据来计算未知位置的值。内插主要是应用了地学领域的距离相关原理，即任何物体之间都是相关的，距离越近相关性越大。内插的精度取决于样本点数量及其分布的均匀程度。如果采样点多、分布均匀，则插值效果就好。

常用的内插方法包括反距离权重法、样条函数法、克里金法及自然领域法等。ArcGIS 三维分析中提供的插值方法包括：

1）可变半径和固定半径的反距离加权插值

ArcGIS 提供了两种方式实现反距离加权插值。可变半径反距离加权插值是在输出栅格单元最大搜索半径范围内，找出最近的 N 个点作为插值的输入点；固定半径的方法则是使用指定搜索半径范围内的所有点作为插值的输入点。

具体的操作方法为选择 3D Analyst 模块中的"Interpolate to Raster"菜单项的"Inverse Distance Weighted"方式，如图 6.26 所示。

在反距离插值对话框（图 6.27）中，用户需要输入相应的数据源（input points）；选择插值的属性字段（Z value field）；设置幂数（power），即距离指数，幂数越大，点的距离对每个处理单元的影响越小，反之，影响越大，一般的取值范围为 0.5 到 3；设置搜索半径类型（search radius type），如图 6.27 所示的线圈标示："Variable"为可变方式，"Fixed"为固定方式；设置最大搜索半径内用作输入的点数（number of points）；设置最大搜索半径（maximum distance）；设置隔断线（barrier polylines）；指定输出栅格单元大小（output cell size）；指定输出路径及文件名（output raster）等。

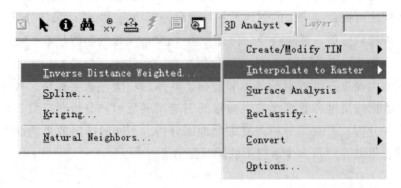

图6.26 选择反距离加权插值工具

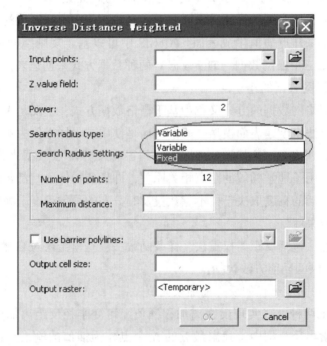

图6.27 反距离加权插值对话框

2) 张力样条和规则样条插值

ArcGIS中提供张力样条和规则样条两种样条插值实现方式。两者主要的区别是权值的意义和设置方式的不同。张力样条中的权值是用来调整表面弹力的值,加权值越大,表面弹性越大,权值为0时为标准薄板样条插值,除此以外,典型的加权值还有1、5、10等;规则样条的权值是用来控制表面的平滑度的,权值越大,表面越平滑,相应的坡度表面也越平滑,权值一般的取值范围为0~0.5。

具体的操作方法为选择3D Analyst模块中"Interpolate to Raster"菜单项的"Spline"(样条)项,打开样条插值对话框并设置插值参数。

插值过程的输入参数包括：选择输入点数据源和用来插值的属性字段；选择样条插值类型，"Tension"为张力样条插值，"Regularized"为规则样条插值；设置加权值；指定输入栅格单元插值使用的最少点数量（number of points）；指定输出栅格单元的大小（output cell size）；指定输出路径及文件名（output raster）。

3) 可变半径和固定半径的克里金插值

克里金插值法又可以分为普通克里金插值（ordinary）和泛克里金插值（universal）两种方式。普通克里金插值是最常用的方法。

在 ArcGIS 中克里金插值的实现方式包括可变搜索半径（varial）和固定搜索半径（fixed）两种方式。利用可变搜索半径方式计算插值单元时，其计算中使用的点数是可变的。也就是说，对于不同插值单元来说，其搜索半径是可变的，搜索半径的大小为搜索达到指定点数输入点时的距离。固定搜索半径方式将搜索半径限制到一个特定值内，如果达到最大搜索半径时，但所搜索到的点数还没达到指定的数目，则停止搜索。这种方式适用于采样点在某些区域比较稀少的情况，可以确保插值精度。

具体的操作方法为选择 3D Analyst 模块中"Interpolate to Raster"菜单项的"Kriging"（克里金）项，打开克里金插值对话框并设置参数。插值过程的参数设置包括：选择输入的点数据源及插值属性字段；选择克里金插值方式：普通克里金还是泛克里金；选择插值所用的模型（semivariogram model）；设置搜索半径类型：固定的或者可变的；指定输出栅格单元大小；指定输出路径及文件名。

4) 自然邻域法插值

自然邻域法插值思想由栅格插值方法和 TIN 的一些方法相结合得到。其基本思路是利用输入点及邻近栅格单元进行插值生成栅格表面，具体的方法为利用输入数据点（样本点）为节点，建立 Delaunay 三角形。每个样本点的邻域为其周边相邻多边形形成的凸集中最小数目的节点，相邻点的权重由 Thiessen/Voronoi 方法计算得到。

具体实现的方法为选择 3D Analyst 模块中"Interpolate to Raster"菜单项的"Natural Neighbors"（自然邻域）项，打开自然邻域插值对话框并设置参数。插值过程的参数设置包括：选择输入点数据源；选择用于插值的高程数据源；指定输出栅格单元大小；指定输出路径和文件名。

2. 不规则三角格网数据（TIN）的建立

建立 TIN 数据主要是利用混合矢量数据源。混合矢量数据包括点数据、线数据和面数据。值得注意的是，不是所有的输入特征都要求有 Z 值，但是至少在一些特征中有 Z 值。

生成 TIN 表面数据的最重要的是点数据，点数据决定了整个 TIN 表面的基本形状，点集的密度由区域的起伏情况决定，起伏较大的区域点集密度大；反之，可以减少点的密度。

生成 TIN 的另一种矢量数据源是隔断线（breakline）。隔断线是 ArcGIS 中用来表示各种线要素的方法，包括硬断线和软断线两种。硬断线表示表面上突变的特征线（坡度不连续），如山脊线、河流边界、道路边界等；软断线是可以添加到 TIN 表面，但不改变表面形状的线（即不参与 TIN 数据的创建），通常用于标注当前的研究区域范围。硬断线干预了插值运算，设置了硬断线后，插值运算只能在线的两侧单独进行，而落在断线上的点则同时参与线两侧的插值运算，因此，断线改变了 TIN 表面的形状。

接下来介绍多边形数据对 TIN 生成的影响。ArcGIS 中参与 TIN 生成的多边形有四种：①裁切多边形：定义插值的边界，多边形之外的输入数据不参与插值运算；②删除多边形：定义插值的边界，多边形之内的数据不参与运算；③替换多边形：将多边形内定义为相同的高度值，常用于模拟湖面或被挖成平面的坡面；④填充多边形：对落入多边形内的所有三角形的属性值取整，多边形外的不受影响。

ArcGIS 中建立 TIN 数据的基本过程为：打开 3D Analyst 模块中的"Creat/Modify TIN"，选择"Create TIN from Feature"，如图 6.28 所示。在该对话框中设置参数，包括：选择建立 TIN 的要素层；选择高程属性字段；选择插值用的要素类型；设置输出 TIN 数据的文件名和路径。

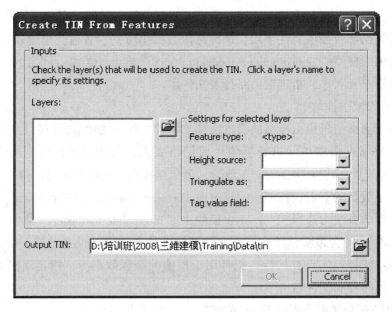

图 6.28 "Create TIN from Feature"对话框

6.10.2 数据转换

ArcGIS 还提供了各种三维数据间的转换功能。这些转换包括二维要素到三维要素的转换、栅格数据或 TIN 数据到矢量数据的转换、栅格数据与 TIN 数据的相互转换等。

1. 二维要素到三维要素的转换

具有三维几何形状的要素比二维要素的三维显示更加有用，尤其是快速显示方面。根据高程获取方式的不同，二维要素数据转换为三维数据的方法有 3 种：①从表面获取现有要素的高程值；②通过要素属性获取要素高程；③以某常量为要素高程属性。

2. 栅格数据或 TIN 数据到矢量数据的转换

首先是栅格数据转换为矢量数据。栅格数据转换为矢量数据的基本思想是：①将栅格数据转换为某种特征要素数据（如高程、坡度或者坡向等）；②根据需要将要素类转换为多边形。最后转换得到的矢量数据主要是进行进一步的叠置分析或编辑，如可以从栅格数据中得到高程值大于 3000m 的矢量多边形用来参与相关的叠置分析。

ArcGIS 中的转换步骤为：①打开"Raster to Features"对话框后；②选择输入的栅格数据；③选择需要拷贝到输出要素的字段；④选择输出要素类型；⑤指定输出文件名及路径。

TIN 数据转换为矢量数据的基本思想是：从 TIN 表面上提取坡度坡向多边形或是提取 TIN 三角节点的高程值直接作为点要素。

ArcGIS 中的转换步骤为：①打开"TIN to Features"对话框；②选择输入的 TIN 数据；③选择转换类型；④指定输出文件名及路径。

3. 栅格数据与 TIN 数据的相互转换

栅格数据到 TIN 数据的转换实现步骤包括：①打开"Convert Raster to TIN"对话框；②选择输入栅格数据；③设置 TIN 的垂直精度（即输入栅格单元中心的高程与 TIN 表面间的最大差值），垂直精度越小，生成的 TIN 越能保留原有栅格表面的详细程度，值越大，表面越粗糙；④设置加入到 TIN 中的点数限制；⑤设置输出 TIN 文件名及路径。

TIN 数据到栅格数据的转换步骤为：①打开数据转换对话框；②选择输入 TIN 数据；③选择要转换到栅格数据中的 TIN 属性字段（包括高程、坡度、坡向等）；④设置高程转换系数，即当高程坐标单位与平面坐标单位不一致时，将高程坐标单位转换到平面坐标单位时的常量；⑤设置输出栅格单元大小；⑥设置输出栅格文件名及路径。

6.10.3 表面分析

表面分析是 ArcGIS 三维分析模块中最主要的功能模块，包括三维查询、阴影分析、坡度坡向计算、表面积和体积的计算、可视性分析、剖面分析等功能。下面介绍部分常用功能的使用方法。

1. 坡度坡向计算

基于栅格数据的坡度是指过该栅格点的切平面与水平地面的夹角。有两种表示方法：①坡度，即水平面与地表面的夹角；②坡度百分比，即高程增量与水平增量的百分比。

具体的实现方式为选择"Spatial Analyst"中的"Surface Analyst"项，打开"Slope"对话框：①选择输入栅格数据；②选择坡度的表示方式；③设置高程变换系数；④设置栅格单元大小；⑤设置输出坡度的文件名及路径。

基于 TIN 表面的坡度和基于栅格的计算方式不同，由于某点必然会落入三角网中的某个三角形，该点的坡度为所落入三角形面与水平面间的夹角。具体实现的方式为：①在"3D Analyst"模块中选择"Surface Analyst"，打开"Slope"对话框；②选择输入TIN数据；③选择坡度的表示方式；④设置高程转换系数；⑤设置输出图的栅格单元大小；⑥设置输出坡度的文件名及路径。

在栅格数据中，坡向指地面上一点的切平面的法线矢量在水平面的投影与过该点的正北方向的夹角。坡向的起始方向定为正北方向，且按顺时针方向计算，取值范围为$0°\sim 360°$。具体实现方法为选择"Spatial Analyst"中的"Surface Analyst"项，打开"Aspect"对话框：①选择输入栅格数据；②设置输出栅格大小；③设置输出文件名及路径。

与坡度相似，基于TIN的坡向是指该点所在三角面的坡向，即该三角面的法线方向在平面上的投影与正北方向的夹角。具体的实现方法为：在"3D Analyst"模块中选择"Surface Analyst"，打开"Aspect"对话框，其他操作和栅格的方法相同。

2. 表面积及体积计算

表面积是沿着表面的斜坡计算的斜面面积，通常比其在二维平面上的投影面积大（平坦时两者相等）。而体积是指表面与某个参考平面之间的体积。

ArcGIS中可以提供两种体积的计算方式，一种是基于参考面之上的，一种是基于参考面之下的。具体的实现方式为选择"3D Analyst"模块中选择"Surface Analyst"，打开"Area and volume"对话框，设置输入文件及参考平面等参数，计算底面积、表面积及体积。

3. 可视性分析

可视性分析包括实现视线瞄准线的建立及可视域分析。

在ArcGIS中的实现方式为选择"Line of sight"，在场景中选择观测点及被观测点位置，则得到视线瞄准线。红色部分为不可视，绿色部分为可视。

可视域是指一个点或多个点所看到的所有范围。在ArcGIS中的实现方式为选择"3D Analyst"模块中选择"Surface Analyst"，打开"Viewshed"对话框：①选择输入的栅格数据或者TIN数据；②设定观察点；③设置高程变换系数；④设置输出文件的单元大小；⑤设置输出文件名及路径。

4. 剖面分析

剖面分析主要是制作剖面图，在公路和铁路的铺设及地下管线的建设中有着重要的作用和意义。剖面图主要表示了地表面上某条线方向上高程变化的情况。

在ArcGIS中可以在某个表面数据层上生成剖面线。实现的方式为选择"3D Analyst"模块中的Interpolate line工具设置剖面线，再利用"Profile Graph"工具生成剖面图，如图6.29所示。

5. 阴影分析

阴影分析中主要的三个参数为太阳方位角、太阳高度角及表面灰度值。其中，太阳方位角为太阳光线在地平面上的投影与当地子午线的夹角，可近似地看作是竖立在地面

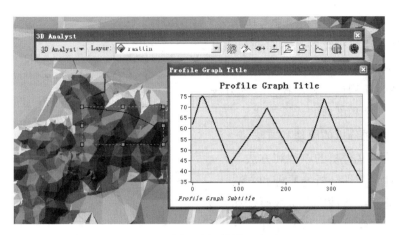

图 6.29 剖面分析结果示意图

上的直线在阳光下的阴影与正南方的夹角。方位角以正南方向为零，由南向东向北为负，由南向西向北为正，如太阳在正东方，方位角为负 90°，在正西方时为 90°，在正北方时为±180°。太阳高度角指某地太阳光线与该地作垂直于地心的地表切线的夹角。在 ArcGIS 中，表面灰度值的范围为：0~255。

在 ArcGIS 中具体的实现方式为选择"3D Analyst"模块中选择"Surface Analyst"，打开"Hillshade"对话框：①选择输入数据；②设置太阳高度角和方位角；③设置输出栅格单元大小；④设置输出文件名及路径。如图 6.30 所示为阴影分析的结果示意图。

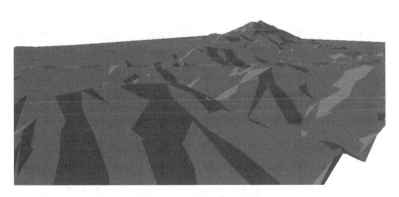

图 6.30 阴影分析示意图

思 考 题

1. 简述三维数据模型的类型及特点。
2. 简述数字地面模型和数字高程模型的概念。

3. 简述 DEM 的表示方法。
4. 简述 DEM 在地图制图学与地学分析中的应用。
5. 简述三维可视化的基本原理和特点。
6. 简述三维空间查询的原理和方法。
7. 简述表面积计算和体积计算的方法。
8. 简述坡度和坡向的计算方法。
9. 简述剖面分析的原理和方法。
10. 简述水文分析的原理和方法。
11. 简述可视性分析的原理和方法。
12. 简述三维缓冲区分析的原理和方法。
13. 简述三维叠置分析的原理和方法。
14. 简述阴影分析的原理和方法。
15. 简述水淹分析的原理和方法。
16. 简述 ArcGIS 的三维数据空间分析工具。

参 考 文 献

常勇，施闯．2007．基于增强现实的空间信息三维可视化及空间分析．系统仿真学报，19(9)：1991-1999．

陈立潮，张永梅，刘玉树，张建华．2004．基于栅格的 GIS 三维空间数据模型．计算机工程，30(8)：4-6．

符海芳，朱建军，崔伟宏．2002．3D GIS 数据模型的研究．地球信息科学，(2)：45-48．

龚健雅．2005．地理信息系统基础．北京：科学出版社．

郭薇，詹平，郭菁．1999．面向地理信息系统的三维空间数据模型．江西科学，17(2)：77-83．

郭仁忠．2001．空间分析（第二版）．北京：高等教育出版社．

彭仪普，刘文熙．2002．数字地球与三维空间数据模型研究．铁路航测，(4)：1-4．

李成名，王继周，马照亭．2008．数字城市三维地理空间框架原理与方法．北京：科学出版社．

李清泉，李德仁．1998．三维空间数据模型集成的概念框架研究．测绘学报，27(4)：325-330．

李清泉．1998．基于混合结构的三维 GIS 数据模型与空间分析研究（博士学位论文）．武汉：武汉测绘科技大学．

李志林，朱庆．2000．数字高程模型．武汉：武汉测绘科技大学出版社．

李明泽，范文义，应天玉．2008．基于 DEM 的三维空间分析．东北林业大学学报，

36(8): 49-53.

刘光伟. 2003. 三维模型的空间分析. 昆明理工大学学报（理工版），28(5): 13-16.

刘湘南，黄方，王平. 2008. GIS空间分析原理与方法（第二版）. 北京：科学出版社.

孙敏，陈军. 2000. 基于几何元素的三维景观实体建模研究. 武汉测绘科技大学学报，25(3): 233-237.

汤国安，杨昕. 2006. ArcGIS地理信息系统空间分析实验教程. 北京：科学出版社.

唐泽胜. 1999. 三维数据场可视化. 北京：清华大学出版社.

吴德华，毛先成，刘雨. 2005. 三维空间数据模型综述. 测绘工程，14(3): 70-78.

吴秀芹等. 2007. ArcGIS9地理信息系统应用与实践（下册）. 北京：清华大学出版社.

万剑华，朱长贵. 2001. 3D GIS中空间对象的几何表示. 矿山测量，1(3): 16-19.

张立强，童小华，杨崇俊，刘冬林. 2003. 三维地形的动态生成及空间分析. 同济大学学报（自然科学版），31(6): 738-742.

张立强，杨崇俊，刘冬林. 2004. 三维地形数据的简化和空间分析的研究. 系统仿真学报，16(3): 608-611.

ESRI：美国环境系统研究所公司. 2001. ArcGIS空间分析使用手册.

Kang-tsung Chang. 2001. Introduction to geographic information systems. Boston: McGraw-Hill Higher Education.

Martien Molennar. 1990. A Formal Data Structure for Three Dimensional Vector Maps. Processing of 4th international symposium on spatial data handling, Zurich.

Paul A. Longley, Michael F. Goodchild, David J Maguire, David W. Rhind. 2004. Geographical Information systems, Volume1, Principles and Technical Issues, Second Edition.

Pilouk Morakot, Klaus Tempfili, Martien Molenaar. 1994. A Tetrahedron-Based 3D Vector Data Model for Geoinformation. Advanced Geographic Data Modeling, Spatial Data Modeling and Query Language for 2D and 3D Applications. Martien Molenaar, ed. Sylvia DeHoop.

第 7 章 空间数据统计分析方法

7.1 GIS 属性数据

属性数据是 GIS 的重要特征。属性数据包含了两方面的含义：一是它是什么，即它有什么样的特性，划分为地物的哪一类；第二类属性是实体的详细描述信息，例如一栋房子的建造年限、房主、住户等（龚健雅，2001）。

7.2 一般统计分析

GIS 属性数据的一般统计分析是指对 GIS 地理空间数据库中的属性数据进行常规统计分析（黎夏，刘凯，2006）。

在进行数据分析时，一般首先要对数据进行描述性统计分析（descriptive analysis），以发现其内在规律，再选择进一步分析的方法。描述性统计分析对调查总体所有变量的有关数据进行统计性描述，主要包括数据的频数分析、数据的集中趋势分析、数据的离散程度分析、数据的分布、以及一些基本的统计图形。对于空间数据来说，描述性分析是空间数据分析的第一步，通过描述性分析，提取有价值的空间信息，便于后续的空间分析和处理。

1. 数据的频数分析

将变量 $x_i(i=1,2,\cdots,n)$ 按大小顺序排列，并按一定的间距分组。变量在各组出现或发生的次数称为频数。各组频数与总频数之比叫做频率（胡鹏等，2001；黎夏，刘凯，2006）。计算出各组的频率后，就可以做出频率分布图。若以纵轴表示频率，横轴表示分组，就可做出频率直方图，用以表示事件发生的概率和分布状况（黎夏，刘凯，2006）。

2. 数据的集中趋势分析

数据的集中趋势分析是用来反映数据的一般水平，常用的指标有平均值、中位数和众数等。

（1）平均值：是衡量数据的中心位置的重要指标，反映了一些数据必然性的特点，包括算术平均值、加权算术平均值、调和平均值和几何平均值。

算术平均值是将所有数据相加，再除以数据的总数目（黎夏，刘凯，2006），计算公式为：

$$\bar{X} = \frac{1}{n}\sum_{i=1}^{n} x_i$$

加权算术平均值是考虑数据对数据总体的影响的权重值的不同，将每个数据乘以其权重值后再相加，所得的和除以数据的总体权重数（黎夏，刘凯，2006），计算公式为：

$$\bar{X}_p = \sum_{i=1}^{n} p_i x_i \bigg/ \sum_{p=1}^{n} p_i, \quad p_i \text{ 为数据 } x_i \text{ 的权值}。$$

调和平均值是各个数据的倒数的算术平均数的倒数，又称为倒数平均值，调和平均值也分为简单调和平均值（$\bar{X}_t$）和加权调和平均值（$\bar{X}_{tp}$），计算公式分别为：

$$\bar{X}_t = \frac{n}{\sum_{i=1}^{n}\frac{1}{x_i}}, \quad \bar{X}_{tp} = \frac{\sum_{i=1}^{n} p_i}{\sum_{i=1}^{n}\frac{p_i}{x_i}}, \quad p_i \text{ 为数据 } x_i \text{ 的权值}。$$

几何平均值（$\bar{X}_g$）是 n 个数据连乘的积开 n 次方根，计算公式为：

$$\bar{X}_g = \sqrt[n]{\prod_{i=1}^{n} x_i}, \quad \prod_{i=1}^{n} x_i \text{ 表示 } i \text{ 个数据连乘}。$$

（2）中位数：是另外一种反映数据的中心位置的指标，其确定方法是将所有数据以由小到大的顺序排列，位于中央的数据值就是中位数。

（3）众数：是指在数据中发生频率最高的数据值。

如果各个数据之间的差异程度较小，用平均值就有较好的代表性；如果数据之间的差异程度较大，特别是有个别极端值的情况，用中位数或众数有较好的代表性。

3. 数据的离散程度分析

数据的离散程度分析主要是用来反映数据之间的差异程度，常用的指标有方差和标准差。方差是标准差的平方，根据不同的数据类型有不同的计算方法。除此之外，还包括极差、离差、平均离差、离差平方和、变差系数等。

1）方差和标准差

方差是均方差的简称，是以离差平方和除以变量个数求得的，即

$$\sigma^2 = \frac{1}{n}\sum_{i=1}^{n}(x_i - \bar{x})^2$$

标准差是方差的平方根，记为：

$$\sigma = \sqrt{\frac{1}{n}\sum_{i=1}^{n}(x_i - \bar{x})^2}$$

2）极差

极差是一组数据中最大值与最小值之差，即

$$R = \max\{x_1, x_2, \cdots, x_n\} - \min\{x_1, x_2, \cdots, x_n\}$$

3）离差、平均离差与离差平方和

一组数据集中的各数据值与其平均数之差称为离差，即 $d = x_i - \bar{x}$；根据离差定义可

知，一个数据集的离差和恒等于0，即 $\sum(x-\bar{x})=0$。若将离差取绝对值，然后求和，再取平均数，就得到平均离差（黎夏，刘凯，2006）：

$$\bar{d} = \sum_{i=1}^{n} |x_i - \bar{x}|/n$$

若对离差求平方和，就得到离差平方和：

$$d^2 = \sum_{i=1}^{n} (x_i - \bar{x})^2$$

平均离差和离差平方和是表示各数值相对于平均数的离散程度的重要统计量。

4. 数据的分布

在统计分析中，通常要假设样本的分布属于正态分布，因此需要用偏度和峰度两个指标来检查样本是否符合正态分布。偏度衡量的是样本分布的偏斜方向和程度；而峰度衡量的是样本分布曲线的尖峰程度。一般情况下，如果样本的偏度接近于0，而峰度接近于3，就可以判断总体的分布接近于正态分布。

5. 统计图表分析

用图形的形式来表达数据，比用文字表达更清晰、更简明。对于属性数据，统计图的主要类型有柱状图、扇形图、直方图、折线图和散点图等，如图7.1所示。

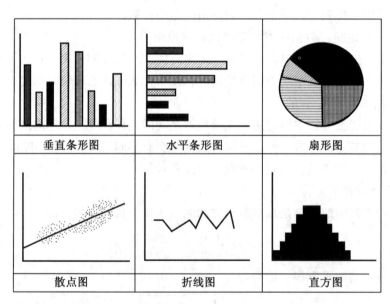

图7.1 统计图示例

柱状图用水平或垂直长方形表示不同种类间某一属性的差异，每个长方形表示一个种类，其长度表示这个种类的属性数值。扇形图将圆划分为若干个扇形，表示各种成分在总体中的比重，各种成分的比重可以用扇形的面积或者弧长来表示，当有很多种成分或成分比重差异悬殊时表示效果不好。散点图以两个属性作为坐标系的轴，将与这两种属性相关的现象标在图上，表示出两种属性间的相互关系，在此基础上可以分析这两种属性是否相关和相关关系的种类。折线图反映某一属性随时间变化的过程，它以时间为图形的一个坐标轴，以属性为另一坐标轴，将各个时间的属性值标到图上，并将这些点按时间顺序连接起来，反映实体发展的动态过程和趋势。直方图表示单一属性在各个种类中的分布情况，可以确定属性在不同区间的分布，如某种现象的分布是否正态分布。

统计表格是详尽表示非空间数据的方法，它不直观，但可提供详细数据，可对数据再处理。统计表格分为表头和表体两部分，除直接数据外有时还有汇总、比重等派生项。

7.3 探索性空间数据分析方法

7.3.1 探索性数据分析概述

统计学是数据分析的主要工具，大量的统计分析方法以数据总体满足正态假设为依据，并在此基础上建立模型和推演。然后实践中大量的数据不能满足正态假设，并且基于均值、方差等的模型在实际数据分析中缺乏稳健性，于是导致很多统计分析方法不能满足海量数据分析的要求。19世纪60年代的Tukey面向数据分析的主题，提出了探索性数据分析（exploratory data analysis，EDA）的新思路。EDA的特点是对数据来源的总体不作假设，并且假设检验也经常被排除在外。这一技术使用统计图表、图形和统计概括方法对数据的特征进行分析和描述。EDA技术的核心是"让数据说话"，在探索的基础上再对数据进行更为复杂的建模分析（王远飞，何洪林，2007）。

7.3.2 探索性数据分析的基本方法

EDA是不对数据总体做任何假设（或很少假设）的条件下识别数据特征和关系的分析技术。主要有两类方法：①计算EDA，包括从简单的统计计算到高级的用于探索分析多变量数据集中模式的多元统计分析方法。②图形EDA技术，即可视化的探索性数据分析。

常用的图形方法有直方图（histogram）、茎叶图（stem leaf）、箱线图（box whisker plot）、散点图矩阵（scatter plot matrix）、平行坐标图（parallel coordinate plot）等。

1. 直方图与茎叶图

直方图和茎叶图用于表述数据的分布信息，可根据数据的分布进一步作出相关的假设。

直方图是一种二维统计图表，它的两个坐标分别是统计样本和该样本对应的某个属性的度量。在图像处理领域的常用概念是灰度直方图，描述的是图像中具有该灰度级的像素的个数：横坐标是灰度级，纵坐标是该灰度出现的频率（像素个数）。

茎叶图又称"枝叶图"，它的思路是将数组中的数按位数进行比较，将数的大小基本不变或变化不大的位作为一个主干（茎），将变化大的位的数作为分枝（叶），列在主干的后面，这样可以清楚地看到每个主干后面的几个数，每个数具体是多少。茎叶图是一个与直方图类似的工具，但又与直方图不同，茎叶图保留了原始资料的信息，直方图则失去了原始数据的信息。

茎叶图的特征为：①用茎叶图表示数据有两个优点，一是从统计图上没有原始数据信息的损失，所有数据信息都可以从茎叶图中得到；二是茎叶图中的数据可以随时记录、随时添加，方便记录与表示。②茎叶图只便于表示两位有效数字的数据，而且茎叶图只方便记录两组数据。

例如，有一堆数据：41 52 6 19 92 10 40 55 60 75 22 15 31 61 9 70 91 65 69 16 94 85 89 79 57 46 1 24 71 5（百度百科，2009）。该组数据的茎叶图如图7.2所示。

茎	叶	频数
0	1569	4
1	0569	4
2	24	2
3	1	1
4	016	3
5	257	3
6	0159	4
7	0159	4
8	59	2
9	124	3

图7.2 茎叶图示例

例如，第五行的"4丨016"表示数据集中的40，41，46这三个数。

2. 箱线图（盒须图）

箱线图（box plot），亦称盒须图，或骨架图（schematic plot）。箱线图能够直观明了地识别数据集中的异常值，利用数据中的5个统计量：最小值、第一四分位数（第25的百分位数Q_1，即下四分位数）、中位数（第50的百分位数Q_2）、第三四分位数（第75的百分位数Q_3，即上四分位数）与最大值来描述数据。箱线图的绘制依靠实际数据，不需要事先假定数据服从特定的分布形式，没有对数据作任何限制性要求，它只是真实直观地表现数据形状的本来面貌；另一方面，箱线图判断异常值的标准以四分位数和四分位距为基础。四分位距（QR，quartile range）表示上四分位数与下四分位数之间的间距，即上四分位数减去下四分位数。箱线图识别异常值的结果比较客观，在识别异常值方面有一定的优越性（黄勇奇，赵追，2006）。箱线图的构造如图7.3所示。

箱线图的制作过程主要包括以下两步：

（1）画一个矩形盒，两端边的位置分别对应数据集的上下四分位数（Q_1和Q_3）。在矩形盒内部的中位数（median）位置画一条线段为中位线。

（2）在Q_3+1.5QR和Q_1−1.5QR处画两条与中位线一样的线段，这两条线段为异

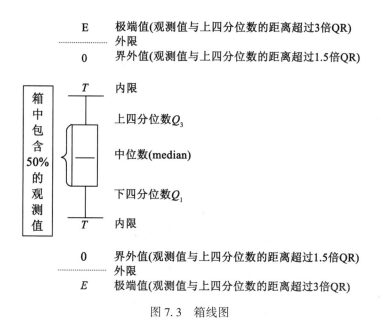

图 7.3 箱线图

常值截断点,称其为内限(图 7.3 中以字母 T 对应的两条线);在 $F+3QR$ 和 $F-3QR$ 处画两条线段,其中的 F 为中位数,称其为外限(图 7.4 中的虚线)。处于内限以外位置的点表示的数据都是异常值,其中在内限与外限之间的异常值为温和异常值(mild outliers),在外限以外的为极端异常值(extreme outliers),在一般的统计软件中表示外限的线并不画出,所以本图中用虚线表示(Hoaglin et al,1998)。

3. 散点图与散点图矩阵

散点图用于初步图示两个数据之间的关系,并经常计算出一条光滑的线来表示两个要素之间可能存在的关系类型及其程度,为建立合理的描述分析模型提供了基础;散点图矩阵则通过建立任意两个变量之间关系的图形表示来初步获得相关信息和异常信息。如图 7.4 显示了某数据集的散点图。

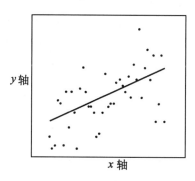

图 7.4 某数据集的散点图

4. 平行坐标图

平行坐标图将高维数据在二维空间上表示，为可视化地探索分析高维数据空间中的关系建立可行的途径。平行坐标图提供的是一种在2维平面上表示高维空间中变量之间关系的技术。在传统的坐标系中，所有的变量轴都是交叉的，而平行坐标系中所有的变量轴都是平行的（王远飞，何洪林，2007）。图7.5表示了6维空间的两个点A（-5，3，4，-2，0，3）、B（4，-1，3，3，0，-1）的平行坐标图（王远飞，何洪林，2007）。

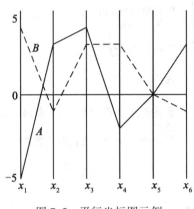

图7.5 平行坐标图示例

7.3.3 探索性空间数据分析

探索性空间数据分析（exploratory spatial data analysis，ESDA）是探索性数据分析（EDA）在空间数据分析领域的推广。ESDA着重于概括空间数据的性质，探索空间数据中的模式，产生和地理数据相关的假设，并在地图上识别异常数据的分布位置，以发现是否存在热点区域（hot spots）等。ESDA将数据的统计分析和地图定位紧密结合在一起。地图能够定位案例及其空间关系，并能在分析、检验和表示模型的结果中发挥重要作用。ESDA通过地理空间（地图表示）和属性空间（数据空间）的关联分析来凸显空间关系，例如回答这样的问题：直方图上的极端数值分布在地图的什么地方？我们所关心的地图上的某一部分的属性值在散点图上的分布状况如何？"落入地图上的一个子区域内并满足属性标准的个例有哪些？"（王远飞，何洪林，2007）。

在GIS环境中的ESDA的主要方法是动态联系窗口（dynamic linking windows）和刷新（brushing）技术，通过地图、统计图表、属性记录等多种方式解释空间模式，更为重要的是能够对任何一种形式的信息表示进行可视化的操作分析（王远飞，何洪林，2007）。这里重点介绍一下动态联系窗口和刷新技术。

动态联系窗口通过刷新技术将地理空间和属性空间的各种视图组合在一起，是一种交互式探索空间数据的选择、聚集、趋势、分类、异常识别的工具。这种动态交互技术的特点是：

（1）在一种信息窗口中点击或选择，其他的信息窗口产生相应的响应，并高亮显示选中的信息，便于对比观察。例如，在地图窗口中选择一些地理实体，则地图上选中的部分和属性表中相应的记录都以高亮的方式显示。一般的GIS软件都提供了这种功能。虽然一般GIS软件也提供了交互的操作方式，但缺乏的是多种探索性数据分析工具，利用现有的GIS软件难以快速地完成趋势分析和异常数据识别等分析工作。

（2）ESDA将多种可视化的数据分析工具和地图分析结合在一起，并提供了丰富的交互工具，不仅可以进行选择的操作，而且能够进行改变数据参数等模式的探索（王远飞，何洪林，2007）。

ESDA和空间数据挖掘是经常出现在地理信息科学领域的术语。从根本上说，ESDA需要熟知空间数据的特殊性及数据分析的探索性方法。ESDA和数据挖掘一样是交互的、迭代的搜索过程，其中数据中的模式和关系被用于精炼并搜索更多的兴趣模式和关系。在非常庞大的数据集中，ESDA等价于空间数据挖掘，其基本思想是极力使用数据来表示其本身，以识别兴趣模式并帮助产生有关假设（王远飞，何洪林，2007）。例如，邸凯昌等将探索性数据分析方法、面向属性的归纳和粗糙集方法结合起来，形成了一种灵活通用的探索性归纳学习方法（exploratory inductive learning，EIL），可以从空间数据库中发现普遍知识、属性依赖、分类知识等多种知识。同时，利用中国分省农业统计数据的空间数据挖掘实验说明了EIL方法的可行性和有效性（邸凯昌等，1999）。

探索性空间数据分析（ESDA）提供了两类统计分析方法：①全局方法（global）：对所有实例的一个或多个属性数据进行处理；②局部方法（local）：对某个时段的数据子集进行统计分析。

探索性空间数据分析（ESDA）对空间数据的处理，包括对非空间属性数据的处理和空间数据的处理两个方面。

ESDA对非空间属性数据的处理方法包括：

（1）中值分析（median）：计算属性值分布的中心；提供ESDA查询，即查询在中值（Median）之上或之下的区域。

（2）四分位（quartile）和四分位间（inter-quartile）的分布分析：对中值（Median）的分布进行分析；提供ESDA查询，即查询高于或低于四分位的数值区域。

（3）箱线图分析：对属性值的分布进行图形化的总结；ESDA查询：查询实例位于箱线图的哪个特定部分？例外实例（outlier cases）位于地图的哪个区域？

ESDA对空间数据的处理方法包括（Haining et al，1997）：

（1）平滑（smoothing）：地图中所包含的许多小的区域，可以利用平滑方法进行处理。具体处理依赖于平滑算子的尺度。利用平滑处理有利于解释总体模式；ESDA的平滑处理：最简单的形式是空间平均（spatial averaging），简单地计算一个区域的属性及其邻域的属性，并取其平均值，然后对每个区域利用类似方法重复该步骤。

（2）识别地图数据的趋势和梯度（identifying trends and gradients on the map）：具体的ESDA处理技术包括核估计方法（kernel estimation）、生成数据的横断面并且绘图、对于特定区域进行空间滞后箱线图分析（Haining，1993）、非规则格网数据的中值分析等。

（3）空间自相关分析（spatial autocorrelation）：ESDA 技术使用散点图进行分析，该散点图将垂直轴对应区域本身的属性值，水平轴对应其邻域的属性值的均值（Haining，1993）。呈现向上倾斜的散点图显示了一种正空间相关（邻域值倾向于相同），而呈现向下倾斜的散点图显示了一种负空间自相关（邻域值倾向于不同）。

（4）检测空间例外：用于检测区域值在邻域范围中具有极端值的情况。相应的 ESDA 方法包括：使用散点图技术对空间自相关进行分析，然后进行最小均方回归分析。例如，那些标准残差值大于 3.0 或小于-3.0 的实例可能属于例外。

探索性空间数据分析（ESDA）得到了国内外相关学者的重视，在 GIS 空间数据分析和空间数据挖掘领域得到了很好的应用，是一个十分重要的研究方向（Haining et al，1997；邸凯昌等，1999；Murray et al，2001；范新生，应龙根，2005；黄勇奇，赵追，2006；张馨之，龙志和，2006；王远飞，何洪林，2007；刘志坚等，2007；张学良，2007；苏方林，2008；牧童等，2009）。

7.4 空间点模式分析方法

7.4.1 空间点模式的概念与空间分析方法

点模式是研究区域 R 内的一系列点的组合，研究区域 R 的形状可以是矩形，也可以是复杂的多边形区域。在研究区域，虽然点在空间上的分布千变万化，但是不会超出从均匀到集中的模式。因此一般将点模式区分为三种基本类型：聚集分布、随机分布、均匀分布（王远飞，何洪林，2007）。

空间模式的研究一般是基于所有观测点事件在地图上的分布，也可以是样本点的模式。空间点模式分析（Point Pattern Analysis，简称 PPA）是指根据实体或事件的空间位置研究其分布模式的方法。由于点模式关心的是空间点分布的聚集性和分散性问题，所以地理学家在研究过程中发展了两类点模式的分析方法：第一类是以聚集性为基础的基于密度的方法；第二类是以分散性为基础的基于距离的技术。其中，第一类分析方法主要有样方计数法和核函数方法两种；第二类方法主要有最近距离法，包括最邻近指数、G 函数、F 函数、K 函数方法等（王远飞，何洪林，2007）。

7.4.2 基于密度的分析方法

1. 样方分析

1）样方分析的思想

样方分析（quadrat analysis，QA）是研究空间点模式最常用的直观方式，其基本思想是通过空间上点分布密度的变化探索空间分布模式，一般使用随机分布模式作为理论上的标准分布,将 QA 计算的点密度和理论分布的点密度做比较,判断点模式属于聚集分布、均匀分布还是随机分布。

QA 的一般过程是:首先,将研究区域划分为规则的正方形网格区域;其次,统计落入每个网格中点的数量。由于点在空间上分布的疏密性,有的网格中点的数量多,有的网格中点的数量少,有的网格中点的数量甚至为零;再次,统计出包含不同数量点的网格数量的频率分布。最后将观测得到的频率分布和已知的频率分布或理论上的随机分布作比较,判断点模式的类型。

2)样方分析方法

QA 中对分布模式的判别产生影响的主要因素有:样方的形状,采样的方式,样方的起点、方向和大小等,这些因素会影响到点的观测频次和分布。从统计意义上看,使用大量的随机样方估计才能获得研究区域点密度的公平估计。当使用样方技术分析空间点模式时,首先需要注意的是样方的尺寸选择对计算结果会产生很大的影响。根据 Greig-Smith 于 1962 年的试验以及 Tylor 和 Griffith、Amrhein 分别于 1977 年和 1991 年的研究,最优的样方尺寸是根据区域的面积和分布于其中的点的数量确定的,计算公式为:

$$Q = \frac{2A}{n}$$

式中:Q 是样方的尺寸(面积);A 为研究区域的面积;n 为研究区域中点的数量。最优样方的边长取 $\sqrt{\frac{2A}{n}}$。

当样方的尺寸确定后,利用这一尺寸建立样方网格覆盖研究区域或者采用随机覆盖的方法,统计落入每个样方中的数量,建立其频率分布。根据得到的频率分布和已知的点模式的频率分布的比较,判断点分布的空间模式。

3)样方分析中点模式的显著性检验

通过实际的城市分布观测频数和均匀分布与聚集分布两种模式的比较,不难看出:实际的分布模式比均匀模式更为聚集,而比聚集模式更为均匀。但是到底属于何种模式还需要定量化地计算频率分布的差异才能得出结论。常用的检测方法包括:根据频率分布比较的 K-S 检验、根据方差均值比的 χ^2 检验。

K-S 检验的基本原理是通过比较观测频率分布和某一"标准"的频率分布,确定观测分布模式的显著性。首先假设两个频率分布十分相似。统计学的思想是:如果两个频率分布的差异非常小,那么这种差异的出现存在偶然性;而如果差异大,发生的可能性就小。检验的基本过程如下:

(1)假设两个频率分布之间不存在显著性的差异。

(2)给定一个显著性水平 a。如 100 次试验中只有 5 次出现的机会,则 $a = 0.05$。

(3)计算两个频率分布的累积频率分布。

(4)计算 K-S 检验的 D 统计量,即

$$D = \max |O_i - E_i|$$

式中：O_i 和 E_i 分别是两个分布的第 i 个等级上的累积频率；max 是各个等级上累积频率的最大差异，其含义是不关心两个频率分布序列在各个级别上累积频率的最大差异，不关心两个频率分布序列在各个级别上累积频率孰大孰小，而只关心它们之间的差异。

4）计算作为比较基础的阈值，即

$$D_{a=0.05} = \frac{1.36}{\sqrt{m}}$$

式中：m 是样方数量（或观测数量）。

对于两个样本模式比较的情况，使用公式：

$$D_{a=0.05} = 1.36\sqrt{\frac{m_1+m_2}{m_1 m_2}}$$

式中：m_1，m_2 分别是两个样本模式的样方数量。

5）如果计算得出的 D 值大于 $D_{a=0.05}$ 这一阈值，可得出两个分布的差异在统计意义上是显著的。

在排除了均匀分布模式的基础上，还需要进一步分析模式是否来自于随机过程产生的点模式。

2. 核密度估计法

核密度估计法（kernel density estimation，KDE）认为地理事件可以发生在空间的任何位置上，但是在不同的位置上，事件发生的概率不一样。点密集的区域事件发生的概率高，点稀疏的区域事件发生的概率低。因此可以使用事件的空间密度分析表示空间点模式。KDE 反映的就是这样一种思想。和样方计数法相比较，KDE 更加适合于可视化方法表示分布模式。

在 KDE 中，区域内任意一个位置都有一个事件密度，这是和概率密度对应的概念。空间模式在点 S 上的密度或强度是可测度的，一般通过测量定义在研究区域中单位面积上的事件数量来估计。虽然存在多种事件密度估计的方法，其中最简单的方法是在研究区域中使用滑动的圆来统计出落在圆域内的事件数量，再除以圆的面积，就得到估计点 S 处的事件密度。设 S 处的事件密度为 $\lambda(s)$，其估计为 $\hat{\lambda}(s)$，则

$$\hat{\lambda}(s) = \frac{\#S \in C(s,r)}{\pi r^2}$$

式中：$C(s,r)$ 是以点 s 为圆心，r 为半径的圆域；#表示事件 S 落在圆域 C 中的数量。

核密度估计是一种统计方法，属于非参数密度估计的一类，其特点是没有一个确定的函数形式及通过函数参数进行密度计算，而是利用已知的数据点进行估计。方法是在每一个数据点处设置一个核函数，利用该核函数（概率密度函数）来表示数据在该点邻域内的分布。对于整个区域内的所有需要计算密度的点，其数值可以看作是其邻域内的已知点处的核函数对该点的贡献之和。因此，对于任意一点 x，邻域内的已知点 x_i 对

它的贡献率取决于 x 到 x_i 的距离，也取决于核函数的形状以及核函数取值的范围（称为带宽）。设核函数为 K，其带宽为 h，则 x 点处的密度估计为：

$$f(x) = \frac{1}{n}\sum_{i=1}^{n} K\left(\frac{x-x_i}{h}\right)$$

式中：$K(\ )$ 为核函数；$h>0$ 为带宽；$(x-x_i)$ 表示估值点到事件 x_i 处的距离。

对核函数 K 的选择通常是一个对称的单峰值在 0 处的光滑函数。其中，高斯函数使用最为普遍，同时也可以使用如表 7.1 所示的各种函数作为核函数。

表 7.1　　　　　　　　　　　核函数的类型

核函数名称	函数	条件
高斯（正态）函数	$\frac{1}{\sqrt{2\pi}}\exp\left(-\frac{1}{2}u^2\right)$	$-\infty<u<\infty$
三角函数	$1-\|u\|$	$\|u\|\leq 1$
二次函数	$(3/4)(1-u^2)$	$\|u\|\leq 1$
四次函数	$(15/16)(1-u^2)^2$	$\|u\|\leq 1$

表 7.1 中的核密度函数中，带宽的选择是关键，它决定了生成的密度图形的光滑性。带宽选择得小，则生成的图形比较尖锐；带宽选择得大，生成的图形则比较平缓，会掩盖密度的结构。所以，带宽的选择需要经过多次试验研究才能最终确定。

核函数的数学形式确定后，如何确定带宽对于点模式的估计非常重要。KDE 估计中，带宽 h 的确定或选择对于计算结果影响很大。一般而言，随着 h 的增加，空间上点密度的变化更为光滑；当 h 减小时，估计点密度变化窄兀不平。那么如何选择 h 呢？在具体的应用实践中，h 的取值是有弹性的，需要根据不同的 h 值进行试验，探索估计的点密度曲面的光滑程度，以检验 h 的尺度变化对于 $\lambda(s)$ 的影响。需要进一步指出的是，前面所考虑的带宽 h 在研究区域 R 中是不变的。为了改善估计的效果，还可以根据 R 中点的位置调整带宽 h 的值，这种 h 值的局部调节是自适应的方法。在自适应光滑过程中，根据点的密集程度自动调节 h 值的大小，在事件密集的子区域，具有更加详细的密度变化信息，因此 h 取值小一点；而在事件稀疏的子区域，h 的取值大一些。

7.4.3　基于距离的方法

1. 最邻近距离法

最邻近距离法（也称为最邻近指数法）使用最邻近的点对之间的距离描述分布模式，形式上相当于密度的倒数（每个点代表的面积），表示点间距，可以看做是与点密度相反的概念。最邻近距离法首先计算最邻近的点对之间的平均距离，然后比较观测模式和已知模式之间的相似性。一般将随机模式作为比较的标准，如果观测模式的最邻近距离大于随机分布的最邻近距离，则观测模式趋向于均匀，如果观测模式的最邻近距离小于随机分布模式的最邻近距离，则趋向于聚集分布。

1) 最邻近距离

是指任意一个点到其最邻近的点之间的距离。利用欧氏距离公式，可容易地得到研究区域中每个事件的最邻近点及其距离。

2) 最邻近指数测度方法

为了使用最邻近距离测度空间点模式，1954年Clark和Evans提出了最邻近指数法（nearest neighbor index，NNI）。NNI的思想相当简单，首先对研究区内的任意一点都计算最邻近距离，然后取这些最邻近距离的均值作为评价模式分布的指标。对于同一组数据，在不同的分布模式下得到的NNI是不同的，根据观测模式的NNI计算结果与CSR（complete spatial randomness）模式NNI比较，就可判断分布模式的类型。这里的CSR模式指的是纯随机模式，地理研究中常见的点模式有：纯随机空间模式（CSR）、聚类模式（cluster pattern，CP）和规则模式（rule pattern，RP）。CSR模式满足如下条件：研究区域的任何地方具有同等几率接受点，也即区域是均质的；一个点区位的选择不会影响另一个点区位的选择，即点是相互独立的。一般而言，在聚集模式中，由于点在空间上多聚集于某些区域，因此点之间的距离小，计算得到的NNI应当小于CSR的NNI；而均匀分布模式下，点之间的距离比较平均，因此平均的最邻近距离大，且大于CSR下的NNI。因此，通过最邻近距离的计算和比较就可以评价和判断分布模式。NNI的一般计算过程如下：

(1) 计算任意一点到其最邻近点的距离（$d_{\min}$）。

(2) 对所有的$d_{\min}$，按照模式中点的数量n，求平均距离，即

$$\overline{d_{\min}} = \frac{1}{n}\sum_{i=1}^{n} d_{\min}(s_i)$$

式中：$d_{\min}$表示每个事件到其最邻近点的距离；s_i为研究区域中的事件；n是事件的数量。

(3) 在CSR模式中同样可以得到平均的最邻近距离，其期望为$E(d_{\min})$，于是定义最邻近指数R为：

$$R = \frac{\overline{d_{\min}}}{E(d_{\min})} \text{ 或 } R = 2\overline{d_{\min}}\sqrt{\frac{n}{A}}$$

根据理论研究，在CSR模式中平均最邻近距离与研究区域的面积A和事件数量n有关，即

$$E(\overline{d_{\min}}) = \frac{1}{2\sqrt{\frac{n}{A}}} = \frac{1}{2\sqrt{\lambda}}$$

考虑研究区域的边界修正时，上式可改写为

$$E(d_{\min}) = \frac{1}{2}\sqrt{\frac{A}{n}} + \left(0.0541 + \frac{0.041}{\sqrt{n}}\right)\frac{p}{n}$$

式中：p 为边界周长。

根据观测模式和 CSR 模式的最邻近距离或最邻近指数，我们可以对观测模式进行推断，依据如下：

（1）如果 $r_{obs}=r_{exp}$，或者 $R=1$，说明观测事件过程来自于完全空间随机模式 CSR，属于空间随机分布。

（2）如果 $r_{obs}<r_{exp}$，或者 $R<1$，说明观测事件不是来自于完全空间随机模式 CSR，这种情况表明大量事件在空间上相互接近，属于空间聚集模式。

（3）如果 $r_{obs}>r_{exp}$，或者 $R>1$，同样说明事件的过程是来自于 CSR，由于点之间的最邻近距离大于 CSR 过程的最邻近距离，事件模式中的空间点相互排斥地趋向于均匀分布。

在现实世界中，观测模式的分布呈现出各种各样的状态，除了完全随机模式，在理论上还存在极端聚集和极端均匀的情况。极端聚集的状态时，所有的事件发生在研究区域中的同一位置，在这种情况下，$R=0$。

3）显著性检验

检验最邻近指数显著性的一种方法是首先计算观测的平均最邻近距离和 CSR 的期望平均距离的差异 $[\overline{d_{min}}-E(d_{min})]$，并用这一差异和其标准差 SE_r 作比较，SE_r 的计算公式为：

$$SE_r = \sqrt{\text{var}(\overline{d_{min}}-E(d_{min}))}$$

这一标准差描述了差异完全是偶然发生的可能性，也就是说，点模式属于 CSR；如果计算的差异与其标准差比较相对较小，那么这种差异在统计上不显著，也就是说，点模式属于 CSR；如果计算的差异与其标准差比较相对较大，那么差异在统计上是显著的，即点模式不属于 CSR。理论上得到的标准差 SE_r 为：

$$SE_r = \frac{0.26136}{\sqrt{\frac{n^2}{A}}}$$

式中：n 和 A 的定义同前。

根据这一标准可构造一个服从正态分布 $N(0, 1)$ 的统计量：

$$Z = \frac{\overline{d_{min}}-E(d_{min})}{SE_r}$$

当显著水平为 a 时，Z 的置信区间为 $-Z_a \leq Z \leq Z_a$。如果根据上述计算推断出观测模式与 CSR 之间差异显著，还可进一步根据 Z 的符号对模式进行推断。若 Z 的符号为负时，模式趋于聚集；若 Z 的符号为正时，模式趋向于均匀。是否显著聚集或均匀，需要通过单侧检验来分析。

2. G 函数与 F 函数

最邻近指数法（NNI）中通过简单的距离概念揭示了分布模式的特征，但是只用一个距离的平均值概括所有邻近距离是有问题的。在点的空间分布中，简单的平均最邻近距离概念忽略了最邻近距离的分布信息在揭示模式特征中的作用。G函数和F函数就是用最邻近距离的分布特征揭示空间点模式的方法。用最邻近距离分布信息揭示空间点模式的G函数和F函数是一阶邻近分析方法，这两个函数是关于最邻近距离分布的函数。

G函数记为$G(d)$。不同于NNI将所有的最邻近的信息包含于一个平均最邻近距离的处理方法，$G(d)$使用所有的最邻近事件的距离构造出一个最邻近距离的累积频率函数：

$$G(d) = \frac{\#(d_{\min}(s_i) \leq d)}{n}$$

式中：s_i是研究区域中的一个事件；n是事件的数量；d是距离；$\#(d_{\min}(s_i) \leq d)$表示距离小于d的最邻近点的计数。

随着距离的增大，$G(d)$也相应增大，因此$G(d)$为累积分布。随着距离的增大，$G(d)$也相应增大，最邻近距离点累积个数也会增加，$G(d)$也随之增加，直到d等于最大的最邻近距离，这时最邻近距离点个数最多，$G(d)$的值为1。$G(d)$是取值介于0和1之间的函数。

计算$G(d)$的一般过程如下：

（1）计算任意一点到其最邻近点的距离$d_{\min}$。
（2）将所有的最邻近距离列表，并按照大小排序。
（3）计算最邻近距离的变程R和组距D，其中$R = \max(d_{\max}) - \max(d_{\min})$。
（4）根据组距上限值，累积计数点的数量，并计算累积频数$G(d)$。
（5）画出关于d的曲线图。

F函数与G函数类似，也是一种使用最邻近距离的累积频率分布描述空间点模式类型的一阶邻近测度方法，F函数记作$F(d)$。

F函数和G函数的思想是一致的，但F函数首先在被研究的区域中产生一个新的随机点集$P(p_1, p_2, \cdots, p_n)$，其中p_i是第i个随机点的位置。然后计算随机点到事件点S之间的最邻近距离，再沿用G函数的思想，计算不同最邻近距离上的累积点数和累积频率。其计算公式为：

$$F(d) = \frac{\#(d_{\min}(p_i, S) \leq d)}{m}$$

式中：$d_{\min}(p_i, S)$表示从随机选择的p_i点到事件点S的最邻近距离，计算任意一个随机点到其最邻近的事件点的距离。

F函数和G函数的计算过程是类似的。

虽然F函数和G函数都采用了最邻近距离的思想描述空间点模式，但是二者却存在本质的差别：G函数主要是通过事件之间的邻近性描述分布模式，而F函数则主要通过选择的随机点和事件之间的分散程度来描述分布模式，因此F函数曲线和G函数曲线呈相反的关系。在F函数中，若F函数曲线缓慢增加到最大，则表明是聚集模式，若F函数快速增加到最大，则表明是均匀分布模式。

3. K 函数与 L 函数

一阶测度的最邻近方法仅使用了最邻近距离测度点模式,只考虑了空间点在最短尺度上的关系。实际的地理事件可能存在多种不同尺度的作用。为了在更加宽泛的尺度上研究地理事件空间依赖性与尺度的关系,Ripley 提出了基于二阶性质的 K 函数方法。随后,Besage 又将 K 函数变换为 L 函数。K 函数和 L 函数是描述在各向同性或均质条件下点过程空间结构的良好指标。

1) K 函数的定义

点 S_i 的近邻是距离小于等于给定距离 d 的所有点,即表示以点 S_i 为中心,d 为半径的圆域内点的数量。近邻点的数量的数学期望记为 $E(\#S \in C(s_i, d))$,有

$$\frac{E(\#S \in C(s_i, d))}{\lambda} = \int_0^d g(\rho) 2\pi d\rho$$

$E(\#S \in C(s_i, d))$ 表示以 S_i 为中心,距离为 d 的范围内事件数量的期望。

K 函数定义为:

$$K(d) = \int_0^d g(\rho) 2\pi d\rho$$

或者

$$\lambda K(d) = E(\#S \in C(s_i, d))$$

显然,$\lambda K(d)$ 就是以任意点为中心,半径为 d 的圆域内点的数量。于是 $K(d)$ 定义为以任意点为中心,半径为 d 范围内点的数量的期望除以点密度。

2) K 函数的估计

$K(d)$ 的估计记为 $\hat{K}(d)$,计算公式为:

$$\hat{K}(d) = \frac{\sum_{i=1}^n \#(S \in C(s_i, d))}{n\lambda}$$

如用 $\hat{\lambda} = n/a$ 代替 λ(a 是研究区域的面积,n 是研究区域内点的数量),则有

$$\hat{K}(d) = \frac{E(\#S \in C(s_i, d))}{\hat{\lambda}}$$

或者

$$\hat{K}(d) = \frac{a}{n^2} \sum_{i=1}^n \#(S \in C(s_i, d))$$

3) $\hat{K}(d)$ 的计算过程

$\hat{K}(d)$ 的计算过程如下:

(1) 对于每一个事件都计算 $\hat{K}(d)$:对于每一个事件设置一个半径为 d 的圆;计数 d 距离内点的数量;将所有事件 d 距离内的点的数量求和,然后用 n 乘以密度除以面积。

（2）对任意的距离 d，重复执行上述过程。为了便于算法设计，$\hat{K}(d)$ 的估计还可以写成下述形式：

$$\hat{K}(d) = \frac{1}{\hat{\lambda}} \sum_{i=1}^{n} \sum_{j=1, i \neq j}^{n} I_d(d_{ij}) = \frac{a}{n^2} \sum_{i=1}^{n} \sum_{j=1, i \neq j}^{n} I_d(d_{ij})$$

式中，若 $d_{ij} \leq d$，$I_d(d_{ij}) = 1$；若 $d_{ij} > d$，$I_d(d_{ij}) = 0$

4）K 函数的边缘效应与校正

在 K 函数的计算过程中同样存在边缘效应问题。当 d_{ij} 超出研究区域的范围时，需要对上述公式进行校正以消除边缘效应，常采用下列形式：

$$\hat{K}(d) = \frac{1}{\hat{\lambda}} \sum_{i=1}^{n} \sum_{j=1, i \neq j}^{n} \frac{I_d(d_{ij})}{w_{ij}} = \frac{a}{n^2} \sum_{i=1}^{n} \sum_{j=1, i \neq j}^{n} \frac{I_d(d_{ij})}{w_{ij}}$$

式中：w_{ij} 是校正因子。

Ripley 和 Besag 提出的周长比例校正法和面积比例校正法最为常用。

实践中，对于任意形状的区域，权重、$\hat{K}(d)$ 的计算是不容易的，仅对于矩形或圆形这样的简单几何形状能够写出 w_{ij} 的明确的表达式。在其他情况下，导出 w_{ij} 需要密集的计算。

5）K 函数的点模式判别准则

在均质条件下，如果点过程是相互独立的 CSR，则对于所有的 ρ，有 $g(\rho) = 1$，且

$$K(d) = \pi d^2$$

或者

$$E(\hat{K}(d)) = K(d) = \pi d^2$$

于是比较 $\hat{K}(d)$ 和 $K(d)$ 就能建立判别空间点模式的准则。需要注意的是 K 函数比一阶方法能够给出更多的信息，特别是能够告诉我们空间模式和尺度的关系。

（1）$\hat{K}(d) = \pi d^2$，表示在 d 距离上 $\hat{K}(d)$ 和来自于 CSR 过程的事件的期望值相同。

（2）$\hat{K}(d) > \pi d^2$，表示在 d 距离上点的数量比期望的数量更多，于是 d 距离的点是聚集的。

（3）$\hat{K}(d) < \pi d^2$，表示在 d 距离上点的数量比期望的数量更少，于是 d 距离上的点是均匀的。

6）L 函数

K 函数在使用上不是非常方便。对于估计值和理论值的比较隐含着更多的计算量，而且 K 函数曲线图的表示能力有限。于是 Besag 提出了以零为比较标准的规格化函数（即 L 函数），其形式为

$$L(d) = \sqrt{\frac{K(d)}{\pi}} - d$$

于是，$L(d)$ 的估计 $\hat{L}(d)$ 可写成

$$\hat{L}(d) = \sqrt{\frac{\hat{K}(d)}{\pi}} - d$$

从 K 函数到 L 函数的变换，相对于 $\hat{K}(d)$ 减去其期望值的结果，在 CSR 模式中，$L(d) = 0$。L 函数不仅简化了计算，而且更容易比较观测值和 CSR 模式的理论值之间的差异。在 L 函数图中，正的峰值表示点在这一尺度上的聚集或吸引，负的峰值表示点的均匀分布或空间上的排斥。

7）显著性检验：蒙特卡罗方法

观测值和理论值的比较给出了点模式的判别准则，但是却无法给出显著性检验。对于 K 函数或 L 函数，可以采用和 G 函数相同的蒙特卡罗模拟检验模式的显著性。

对 L 函数显著性检验的思路为：在研究地区按照 CSR 过程生成 m 次的分布数据，计算每一次 CSR 过程的 $\hat{L}(d)$，如果 $\hat{L}(d)$ 的观测值小于给定 d 尺度上对应的 CSR 过程中 $\hat{L}(d)$ 的最小值或大于最大值，即可判断点模式在这一尺度上显著地异于 CSR。具体过程如下：

（1）按照 CSR 过程，在研究区域创建与观测事件模式数量相同的点。

（2）计算 $\hat{L}(d)$。

（3）重复步骤（1）和（2）N 次。

（4）对于每一个 d，确定最小和最大的模拟 $\hat{L}(d)$ 值。

（5）根据最大和最小的 $\hat{L}(d)$，画出 $\hat{L}(d)$ 的包络线。比较观测模式的 $\hat{L}(d)$ 和 CSR 模式的 $\hat{L}(d)$，判断点模式的类型。

7.5 格网或面状数据空间统计分析方法

7.5.1 空间接近性与空间权重矩阵

空间邻接性就是面积单元之间的"距离关系"，基于"距离"的空间邻接性测度就是使用面积单元之间的距离定义邻接性。如何测度任意两个面积单元之间的距离呢？有两种方法：其一是按照面积单元是否有邻接关系的邻接法，其二是基于面积单元中心之间距离的重心距离法。

（1）边界邻接法：面积单元之间具有共享的边界，被称为是空间邻接的，用边界邻接首先可以定义一个面积单元的直接邻接，然后根据邻接的传递关系还可以定义间接邻接，或者多重邻接。

（2）重心距离法：面积单元的重心或中心之间的距离小于某个指定的距离，则面

积单元在空间上是邻接的。显然这个指定距离的大小对于一个单元的邻接数量有影响。

空间权重矩阵是空间邻接性的定量化测度。假设研究区域中有 n 个多边形,任何两个多边形都存在一个空间关系,这样就有 $n \times n$ 对关系。于是需要 $n \times n$ 的矩阵存储这 n 个面积单元之间的空间关系。根据不同准则可以定义不同的空间关系矩阵。

主要的空间权重矩阵包括以下几种类型:

(1) 左右相邻权重:空间对象间的相邻关系从空间方位上考虑,有左右相邻的关系。例如,道路、河流等有水平方向的分布。左右相邻权重的定义如下:

$$w_{ij} = \begin{cases} 1, & \text{区域 } i \text{ 和 } j \text{ 的邻接为左右邻接} \\ 0, & \text{其他} \end{cases}$$

(2) 上下相邻权重:空间对象间的相邻关系从空间方位上考虑,也有上下相邻的关系。例如,道路、河流等有垂直方向的分布。上下相邻权重的定义如下:

$$w_{ij} = \begin{cases} 1, & \text{区域 } i \text{ 和 } j \text{ 的邻接为上下邻接} \\ 0, & \text{其他} \end{cases}$$

(3) Queen 权重的定义如下:

$$w_{ij} = \begin{cases} 1, & \text{区域 } i \text{ 和 } j \text{ 有公共边或公共点} \\ 0, & \text{其他} \end{cases}$$

(4) 二进制权重的定义如下:

$$w_{ij} = \begin{cases} 1, & \text{区域 } i \text{ 和 } j \text{ 有公共边} \\ 0, & \text{其他} \end{cases}$$

(5) K 最近点权重的定义如下:

$$w_{ij} = \frac{1}{d_{ij}^m}$$

式中:m 为幂,d_{ij} 为区域 i 和区域 j 之间的距离。

(6) 基于距离的权重定义如下:

$$w_{ij} = \begin{cases} 1, & \text{区域 } i \text{ 和 } j \text{ 的距离小于 } d \\ 0, & \text{其他} \end{cases}$$

(7) Dacey 权重的定义如下:

$$w_{ij} = d_{ij} \times \alpha_i \times \beta_{ij}$$

式中:d_{ij} 对应二进制连接矩阵元素,即取值为 1 或 0;α_i 是单元 i 的面积占整个空间系统的所有单元的总面积的比例;β_{ij} 为 i 单元与单元 j 共享的边界长度占 i 单元总边界长度的比例。

(8) 阈值权重的定义如下:

$$w_{ij} = \begin{cases} 0, & i = j \\ a_1, & d_{ij} < d \\ a_2, & d_{ij} \geq d \end{cases}$$

(9) Cliff-Ord 权重的定义如下:

$$w_{ij} = [d_{ij}]^{-a}[\beta_{ij}]^{b}$$

式中：d_{ij} 代表空间单元 i 和 j 之间的距离；β_{ij} 为 i 单元被 j 单元共享的边界长度占 i 单元总边界长度的比例。

7.5.2 面状数据的趋势分析

空间数据的一阶效应反映了研究区域上变量的空间趋势，通常用变量的均值描述这种空间变化。研究一阶效应使用的方法主要是利用空间权重矩阵进行空间滑动平均估计。如果面积单元数据是基于规则格网的，一般使用中位数光滑的方法，此外核密度估计方法也是研究面状数据一阶效应的常用方法。这些方法不仅用于探索面状数据均值的空间变化，而且从一种面积单元到另一种面积单元变换时的空间插值也经常使用这一技术（王远飞，何洪林，2007）。

空间滑动平均是利用邻近面积单元的值计算均值的一种方法，称为空间滑动平均。设区域 R 中有 m 个面积单元，对应于第 j 个面积单元的变量 Y 的值为 y_i，面积单元 i 邻近的面积单元的数量为 n 个，则均值平滑的公式为：

$$\mu_i = \sum_{j=1}^{n} w_{ij} y_i \bigg/ \sum_{j=1}^{n} w_{ij}$$

最简单的情况是假设近邻面积单元对 i 的贡献是相同的，即 $w_{ij} = \frac{1}{n}$，则有

$$\mu_i = \frac{1}{n} \sum_{j=1}^{n} y_i$$

7.5.3 空间自相关分析

空间自相关是空间地理数据的重要性质，空间上邻近的面积单元中地理变量的相似性特征将导致二阶效应。在面状数据的背景上，二阶效应又称为空间自相关。空间自相关的概念来自于时间序列的自相关，所描述的是在空间域中位置上的变量与其邻近位置上同一变量的相关性。对于任何空间变量（属性）Z，空间自相关测度的是 Z 的近邻值对于 Z 相似或不相似的程度。如果邻接位置上相互间数值接近，空间模式表现出正空间自相关；如果相互间的数值不接近，空间模式表现出负空间自相关。

空间自相关是指一个区域分布的地理事物的某一属性和其他所有事物的同种属性之间的关系，它研究的是不同观察对象的同一属性在空间上的相互关系。

空间自相关性使用全局和局部两种指标来度量，全局指标用于探测整个研究区域的空间模式，使用单一的值来反映该区域的自相关程度；局部指标计算每一个空间单元与邻近单元就某一属性的相关程度。

1. 全局空间关联指标

计算全局空间自相关时，可以使用全局 Moran's I 统计量、全局 Geary's C 统计量和全局 Getis-Ord G 统计量等方法，它们都是通过比较邻近空间位置观察值的相似程度来测量全局空间自相关的。

1) Moran's I 统计量

Moran 首次提出用空间自相关指数（Moran's I）研究空间分布现象。Moran's I 系数是用来衡量相邻的空间分布对象及其属性取值之间的关系。其计算公式如下：

$$I = \frac{n \cdot \sum_{i=1}^{n} w_{ij} \cdot (y_i - \bar{y})(y_j - \bar{y})}{\left(\sum_{i=1}^{n}\sum_{j=1}^{n} w_{ij}\right) \cdot \sum_{i=1}^{n}(y_i - \bar{y})^2}$$

式中：n 为样本个数；y_i 或 y_j 为 i 或 j 点或者区域的属性值；$\bar{y}$ 为所有点的均值；w_{ij} 为衡量空间事物之间关系的权重矩阵，一般为对称矩阵，其中 $w_{ii}=0$。

空间自相关研究是同一属性不同地理位置的相关性，故而同一地点的属性相关性没有意义，故而取 w_{ii} 为 0。

Moran's I 是最常用的全局自相关指数。其取值范围在 -1 到 1 之间，正值表示具有该空间事物的属性取值分布具有正相关性，负值表示该空间事物的属性取值分布具有负相关性，零值表示空间事物的属性取值不存在空间相关，即空间随机分布。

在零假设条件下，分析对象之间没有任何空间相关性，Moran's I 的期望值为：

$$E(I) = \frac{-1}{N-1}, N 为研究区域数据的总数$$

当假设空间对象属性取值是正态分布时，Moran's I 方差为：

$$\text{var}_N(I) = \frac{1}{(N-1)(N+1)S_0^2}(N^2 S_1 - N S_2 + 3 S_0^2) - E(I)^2$$

式中：$S_0 = \sum_{i=1}^{N}\sum_{j=1}^{N}(w_{ij})$；$S_1 = \frac{1}{2}\sum_{i=1}^{N}\sum_{j=1,j\neq i}^{N}(w_{ij}+w_{ji})^2$；$S_2 = \sum_{i=1}^{N}(w_{i\cdot}+w_{\cdot i})^2$；$w_{i\cdot} = \sum_{j=1}^{N} w_{ij}$。

在这种假设下，计算出 Moran's I 指数，可以用标准化统计量 Z_N 来检验 n 个区域是否存在空间自相关关系。Z_N 的计算公式为：

$$Z_N = \frac{I - E(I)}{\sqrt{\text{var}_N(I)}}$$

当假设空间对象的分布是随机分布时，也有相应的公式计算方差和标准统计量：

$$\text{var}_R(I) = \frac{N[(N^2-3N+3)S_1 - N S_2 + 3 S_0^2] - b_2[(N^2-N)S_1 - 2N S_2 + 6 S_0^2]}{(N-1)^{(3)} S_0^2} - E(I)^2$$

式中：$(N-1)^{(3)} = (N-1)(N-2)(N-3)$；$b_2 = m_4/m_2^2$；$m_4 = 1/N\sum_{i=1}^{N} Z_i^4$；$m_2 = 1/N\sum_{i=1}^{N} Z_i^2$；$Z_R = \frac{I-E(I)}{\sqrt{\text{var}_R(I)}}$。

2) Geary's C 统计量

全局 Geary's C 统计量测量空间自相关的方法与全局 Moran's I 相似，其分子的交叉乘积项不同，即测量邻近空间位置观察值近似程度的方法不同。二者的区别在于：全局 Moran's I 的交叉乘积项比较的是邻近空间位置的观察值与均值偏差的乘积，而全局

Geary's C 比较的是邻近空间位置的观察值之差。Geary's C 的计算公式如下：

$$C = \frac{\sum_{i=1}^{N}\sum_{j=1}^{N}w_{ij}(y_i - y_j)^2}{2\sum_{i=1}^{N}\sum_{j=1}^{N}w_{ij}\sigma^2}$$

式中：$\sigma^2 = \sum_{i=1}^{N}(y_i - \bar{y})^2 / (N-1)$，即空间分析对象的方差；其余参数与 Moran's I 中的定义相同。

该系数的取值范围在 0~2 之间。当 $0<C<1$ 时，表示具有该属性取值的空间事物分布具有正相关性；当 $1<C<2$ 时，表示该属性取值的空间事物分布具有负相关性；当 $C\approx1$ 时，表示不存在空间相关。

与 Moran's I 统计量一样，Geary's C 的期望和方差也有两种假设，即空间正态分布和随机分布，以正态分布为例，在此列出其期望和方差：

$$E_N(C) = 1$$

$$\text{var}_N(C) = \frac{[(2S_1 + S_2)(n-1) - 4W^2]}{2(n+1)W^2}$$

式中：$W = \sum_{i=1}^{N}\sum_{j=1}^{N}w_{ij}$；$S_1 = \frac{1}{2}\sum_{i=1}^{N}\sum_{j=1}^{N}(w_{ij} + w_{ji})^2$；$S_2 = \sum_{i=1}^{N}(w_{i\cdot} + w_{\cdot i})^2$。

相应的 Geary's C 的统计空间自相关性是通过得分检验来进行的，检验公式为

$$Z(C) = \frac{C - E(C)}{\text{var}(C)}$$

3) Getis-Ord G 统计量

Getis-Ord G 统计量首先设定一个距离阈值，在给定阈值的情况下，决定各数据的空间关系，然后分析其属性乘积来衡量这些空间对象取值的空间关系。计算公式为：

$$G(d) = \frac{\sum_{i=1}^{N}\sum_{j=1, j\neq i}^{N}w_{ij}(d)y_i y_j}{\sum_{i=1}^{N}\sum_{j=1, j\neq i}^{N}y_i y_j}$$

式中：y_i 为各数据的属性值；$w_{ij}(d)$ 为给定距离阈值下 i，j 两者空间关系的权重矩阵。

Getis-Ord G 统计量直接采用邻近空间位置的观察值之积来测量其近似程度，Getis's G 的统计空间自相关性是通过得分检验来进行的：

$$Z(G) = (G(d) - E(G(d))) / \sqrt{\text{var}(G)}$$

当 Z 为正值时，表示属性取值较高的空间对象存在空间聚集关系，当 Z 值为负值时，表示属性取值较低的空间对象存在着空间聚集关系。

对于全局 Moran's I 和全局 Geary's C 两个统计量，如果邻近空间位置的观察值非常接近，并且有统计学意义，提示存在正空间自相关。如果邻近空间位置的观察值差异较大，提示存在负空间自相关。但是，当观察值大的空间位置相互邻近时，全局 Moran's I

和全局 Geary's C 将得到存在正空间自相关的结论，这种正空间自相关通常称为"热点区（hot spots）"；然而它同样可以由观察值低的空间位置相互邻近而得到，这种正空间自相关通常称为"冷点区（cold spots）"。而全局 Getis-Ord G 的优势则在于可以非常好地区分这两种不同的正空间自相关。因此，3 个统计量的结合使用可以较全面地反映空间的全局自相关。

2. 局部空间关联指标

全局空间关联指数仅使用一个单一值来反映整体上的分布模式，难以探测不同位置局部区域的空间关联模式，而局部空间关联指数能揭示空间单元与其相邻近的空间单元属性特征值之间的相似性或相关性，可用于识别"热点区域"以及数据的异质性。

局部空间自相关统计量（local indicators of spatial association，LISA）的构建需要满足两个条件：①局部空间自相关统计量之和等于相应的全局空间自相关统计量；②能够指示每个空间位置的观察值是否与其邻近位置的观察值具有相关性。

局部空间自相关分析能够有效检测由于空间相关性引起的空间差异，判断空间对象属性取值的空间热点区域或高发区域等，从而弥补全局空间自相关分析的不足。

对应于全局空间自相关的度量，局部空间自相关的度量也有 3 种方式：

1）局部 Moran's I 统计量

空间位置为 i 的局部 Moran's I 的计算公式为：

$$I_i = \frac{y_i - \bar{y}}{S^2} \sum_{j=1}^{N} w_{ij}(y_j - \bar{y}), \quad U(I_i) = \frac{I_i - E(I_i)}{\sqrt{\mathrm{var}(I_i)}}$$

式中：$S^2 = \sum_{j=1, j \neq i}^{N} y_j^2 / (N-1) - \bar{y}^2$；$I_i$ 为第 i 个分布对象全局相关性系数；$E(I_i)$ 表示空间位置 i 的观测值的数学期望；$\mathrm{var}(I_i)$ 表示空间位置 i 的观测值的方差。

局部 Moran's I 的值大于数学期望，并且有统计学意义时，提示存在局部的正空间自相关；小于数学期望，提示存在局部的负空间自相关。

2）局部 Geary's C

局部 Geary's C 的计算公式为：

$$C_i = \sum_j w_{ij} \left(\frac{x_i - \bar{x}}{\sigma} - \frac{x_j - \bar{x}}{\sigma} \right)^2, \quad U(C_i) = \frac{C_i - E(C_i)}{\sqrt{\mathrm{var}(C_i)}}$$

式中：C_i 为第 i 个分布对象全局相关性系数；$E(C_i)$ 表示空间位置 i 的观测值的数学期望，$\mathrm{var}(C_i)$ 表示空间位置 i 的观测值的方差。

局部 Geary's C 的值小于数学期望，并且有统计学意义时，提示存在局部的正空间自相关；大于数学期望，提示存在局部的负空间自相关。

3）局部 Getis-Ord G

局部 Getis-Ord G 同全局 Getis-Ord G 一样，只能采用距离定义的空间邻近方法生成权重矩阵，其公式为：

$$G_i(d) = \frac{\sum_j w_{ij}(d) x_j}{\sum_j x_j}, \quad U(G_i) = \frac{G_i - E(G_i)}{\sqrt{\mathrm{var}(G_i)}}$$

当局部 Getis-Ord G 的值大于数学期望，并且有统计学意义时，提示存在"热点区"；当局部 Getis-Ord G 的值小于数学期望，提示存在"冷点区"。局部 Moran's I 和局部 Geary's C 的缺点是不能区分"热点区"和"冷点区"两种不同的正空间自相关。而局部 Getis-Ord G 的缺点是识别负空间自相关时效果较差。

7.6 空间变异函数

7.6.1 区域化变量的定义和平稳性假设

当空间被赋予地学含义时，地学工作者习惯称其为区域。发现地表空间的区域差异正是地理学研究的基本任务。当一个专题变量分布于空间，呈现一定的结构性和随机性时，在地统计学上称为"区域化"，区域化变量（regionalized variable）描述的现象为区域化现象。

定义：设 $Z(x)$ 为一随机变量，表示在空间位置 x 处专题变量取值是随机的。区域化变量是区域化随机变量的简称。$Z(X) = \{Z(x) \mid x \in X\}$ 表示区域 X 中所有空间位置 x 处随机变量 $Z(x)$ 的集合(簇)，又称为随机场。随机场也可看作若干空间样本(空间函数)的集合。

区域化变量即空间位置相关的随机变量，区域化变量为具有内在空间结构的随机变量，它是随机场的简化。随着抽象层次的提升或观察尺度的加大，一个复杂结构的空间单元逐步简化为一个简单的空间位置点。区域化变量理论重点研究区域化随机变量的各种空间结构和统计性质，变异函数是描述区域化随机变量空间结构的有效数学工具，克里金估计利用区域化变量结构性质进行估值应用。估计是数据处理的一种泛称。在时间域，服务于不同目的估计分别称为滤波（除去噪音）、平滑（找出趋势）和预测（计算未来值）。在空间域，估计可以分为内插（计算研究区域内的未知值）和外推（计算研究区域外的未知值，又称为预测）。克里金插值和克里金预测统称为克里金估计。揭示区域化变量空间结构和统计性质的理论，简称为区域化变量理论，构成了地统计学的基础。

地统计中的数据多为区域中每个空间位置的一次采样数据。通常，为了满足总体规律推断中多个样本（大样本）的数据要求，地统计中使用平稳（second-order stationary）或内蕴（intrinsic stationary）假设下多个空间位置采样数据（每个位置依然是一次采样数据）来替代单个位置上的多次采样数据（传统统计的采样数据）。机理上，相近相似规律的普适性、空间结构的稳定性、地学现象空间结构形成的驱动（动力）因素的不变性等表明了平稳性假设的现实合理性。

存在 n 个随机变量的联合分布 $F(Z(x_1), Z(x_2), \cdots, Z(x_n))$，严格的平稳性指随机

变量联合分布的空间位移不变性，即

$$F(Z(x_1), Z(x_2), \cdots, Z(x_n)) = F(Z(x_1+h), Z(x_2+h), \cdots, Z(x_n+h))$$

实际应用中，满足这种位移不变的联合概率分布的区域化随机变量较少见，而且严格平稳性的验证非常困难。相比较，容易满足和验证的是分布参数（矩）的平稳性，即弱平稳性假设。常用的弱平稳性假设包括二阶平稳性和内蕴性假设。二阶平稳性是比内蕴性更严格的弱平稳性假设。

定义：如果区域化变量 $Z(x)$ 满足下列两个条件，则称其满足二阶平稳性假设。

（1）在研究范围内，区域化变量 $Z(x)$ 的期望存在且为常数，即

$$E[Z(x)] = m$$

（2）在研究范围内，区域化变量 $Z(x)$ 的协方差函数存在且为空间滞后 h 的函数，与空间位置 x 无关，即

$$\text{cov}[Z(x), Z(x+h)] = E\{[Z(x+h)-m][Z(x)-m]\}$$
$$= E[Z(x+h)Z(x)] - m^2 = C(h)$$

当 $h=0$ 时，条件（2）说明了方差函数存在且为常数，即

$$\text{var}[Z(x)] = \text{cov}[Z(x), Z(x)] = E[Z(x)-m]^2 = C(0)$$

二阶平稳性假设中要求区域化变量的期望、协方差和方差都存在，实际中区域化变量的先验期望可能不存在，但是变异函数存在。定义在区域化变量相对增量上的变异函数具有比定义在区域化变量绝对值上的协方差函数的条件更加宽松，变异函数的计算比协方差函数的计算更加容易。协方差函数和变异函数为空间结构的对偶描述方式。对于区域化变量，协方差函数从相似角度来描述空间结构，变异函数则从差异角度描述空间结构。于是，提出下面区域化变量的内蕴性假设和变异函数定义。

定义：如果区域化变量 $Z(x)$ 满足下列两个条件，则称其满足内蕴性假设：

（1）在研究范围内，区域化变量 $Z(x)$ 增量的期望为零，即

$$E[Z(x+h) - Z(x)] = 0$$

（2）在研究范围内，区域化变量 $Z(x)$ 增量的方差存在且为空间滞后 h 的函数，与空间位置 x 无关，即

$$\text{var}[Z(x+h) - Z(x)] = E\{[Z(x+h) - Z(x)] - E[Z(x+h) - Z(x)]\}^2$$
$$= E[Z(x+h) - Z(x)]^2 = 2\gamma(h)$$

这里，$\gamma(h)$ 表示区域化变量的变异函数或半方差函数。有些文献也将 $\gamma(h)$ 称为半变异函数或半变差函数。可以看出，区域化变量增量的计算避免了期望的直接计算。换句话讲，变异函数对区域化变量的期望的存在没有直接要求。

7.6.2 变异函数的定义和非负定性条件

定义：变异函数是区域化变量空间结构的一种形式化表达，数学表示为两个随机变量 $Z(x)$ 和 $Z(x+h)$ 之间增量的方差的一半，即

$$\gamma_x(h) = \frac{1}{2}\text{var}[Z(x+h) - Z(x)]$$
$$= E\{\{[Z(x+h) - Z(x)] - E[Z(x+h) - Z(x)]\}^2\}$$

原始地，变异函数是从增量的方差角度来定义的，它是空间位置 x 和空间滞后 h 的函数。然而，在二阶平稳性或内蕴平稳性假设（期望不变，协方差或变异函数仅空间滞后相关）下，原始变异函数 $\gamma_x(h)$ 归约为单纯的空间滞后 h 的函数 $\gamma(h)$，与空间位置 x 无关，即

$$\gamma(h) = \frac{1}{2}\text{var}[Z(x+h) - Z(x)] = \frac{1}{2}E\{[Z(x+h) - Z(x)] - E[Z(x+h) - Z(x)]\}^2$$
$$= \frac{1}{2}E[Z(x+h) - Z(x)]^2$$

进一步表达式变换，获得

$$\gamma(h) = \frac{1}{2}E[Z(x+h) - Z(x)]^2 = \frac{1}{2}E\{[Z(x+h) - m] - [Z(x) - m]\}^2$$
$$= \frac{1}{2}E\{[Z(x+h) - m]^2 + [Z(x) - m]^2 - 2[Z(x+h) - m][Z(x) - m]\}$$
$$= \frac{1}{2}E[Z(x+h) - m]^2 + \frac{1}{2}E[Z(x) - m]^2 - E\{[Z(x+h) - m][Z(x) - m]\}$$
$$= \frac{1}{2}\{\text{var}[Z(x+h)] + \text{var}[Z(x)]\} - \text{cov}[Z(x+h), Z(x)]$$
$$= \text{var}[Z(x)] - \text{cov}[Z(x+h), Z(x)]$$
$$= C(0) - C(h)$$

式中的方差不加区分地使用符号 $\text{var}[Z(x)]$ 或 σ^2 表示，$\text{cov}[Z(x+h), Z(x)]$ 表示协方差函数，$C(h)$ 为空间滞后 h 的函数。

以上协方差函数和变异函数关系式更加清晰地表明，协方差函数和变异函数为空间结构的对偶描述方式。对于区域化变量，协方差函数从相似角度来描述空间结构，变异函数则从差异角度描述空间结构。二阶平稳性假设下，协方差函数和变异函数存在相互转换关系。

在协方差函数和变异函数中，如果空间滞后 h 以极坐标参考系中的矢量表示，则该滞后矢量有模和方向两个特征量。当协方差函数和变异函数仅为模值 $|h|$ 的函数时，称其为各向同性协方差函数和变异函数。否则，当协方差函数和变异函数同时为模值 $|h|$ 和方向的函数时，称其为各向异性协方差函数和变异函数。各向同性为各向异性的特例。进一步，协方差函数和变异函数的各向异性可以分解为几何各向异性和带状各向异性。基台相同、变程随方向不同的各向异性称为几何各向异性。不能通过伸缩比例变换为各向同性的各向异性称为带状各向异性。

通常，把360°方向离散划分为几个大的方向组，在某一角度区间范围（角度容许范围）内不同方向的样本点（对）都用来计算该区间中心方向的变异函数值。类似地，

可以进行空间滞后距离分组，在某一距离区间范围（距离容许范围）内，不同距离的样本点（对）都用来计算该区间中心距离的变异函数值。

具有如下公式所反映的非负定性的函数（协方差函数）称为有效协方差函数：

$$\sum_i \sum_j \lambda_i \lambda_j \text{cov}[Z(x_i), Z(x_j)] \geq 0, \lambda_i \text{ 为任意实数}$$

具有下面条件非负定性的函数（变异函数）称为有效变异函数：

$$\begin{cases} -\sum_i \sum_j \lambda_i \lambda_j \gamma_{x_i}(h_{ij}) \geq 0, h_{ij} = x_j - x_i \\ \sum_i \lambda_i = 0, \lambda_i \text{ 为任意实数} \end{cases}$$

地统计学中，有效协方差函数（或有效变异函数）具有特别的含义。在二阶平稳性（或内蕴性）假设下，运用该协方差函数（或变异函数）推导出克里金估计模型中权重系数唯一存在（克里金方程组解存在且唯一），克里金估计误差方差 σ_K^2 取非负值。等价地，由 $C(x_i - x_j)$（或满足条件 $\sum_i \lambda_i = 0$ 的 $\gamma(x_i - x_j)$）构成的协方差函数（或变异函数）矩阵 Σ（克里金矩阵）为非负定，矩阵 Σ 对应的行列式大于等于零（$|\Sigma| \geq 0$）。

7.6.3 变异函数模型拟合及其评价

理想上，变异函数值随着空间滞后 h 的增大而单调增加。图 7.6 是一种典型变异函数曲线（variography）。

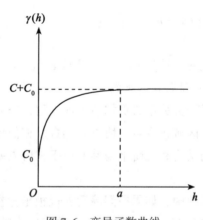

图 7.6 变异函数曲线

图 7.6 中的变异函数 $\gamma(h)$ 具有三个参数 $\{a, C_0, C+C_0\}$。a 称为变程，是变异函数达到基台值时的空间滞后 h，反映了数据空间自相关的最大距离。C_0 称为块金值，是空间滞后为 0 时的变异函数值，为测量误差和低于采样间距的随机变异的综合反映。当空间滞后 h 超过变程 a 时，变异函数 $\gamma(h)$ 在一个极限值 $\gamma(\infty)$ 附近摆动，这个极限值称为基台值 $C+C_0$。

通常，一个区域化变量的取值 z 由大尺度趋势 μ、微尺度空间相关变异 r 和纯随机

变异 ε 三部分构成，即 $z=\mu+r+\varepsilon$。期望（或平均值）m 即是一种趋势表示。微尺度空间相关变异 r 为去除趋势后具有内在空间（自）相关性的残余值，纯随机变异 ε 为不存在空间（白）相关性的独立噪声（如测量误差）。测量误差和采样间距（采样尺度）以下的微尺度空间相关残余值一起构成金块值 C_0。采样间距（采样尺度）以上的微尺度空间相关残余值的变异函数值为 C。按照二阶平稳性或内蕴平稳性假设下的变异函数表达式 $\gamma(h)$，计算 $h=0$ 时的变异函数值应该为 0，表示同一位置点的样本值没有差异，然而，这种 $\gamma(0)=0$ 的情形是在没有测量误差和采样间距（采样尺度）以下空间（自）相关变异的理想结果。实际应用中，测量误差总是无法避免的，采样间距总是掩盖了一些更小尺度的空间变异。尽管带有块金值的变异函数模型失去了理想变异函数模型在原点处的连续性，但是该模型合理地模拟了实际变异（测量误差和小于采样间距尺度下的空间变异），所以能更好地提高后续克里金估计的精度。

理论变异函数模型的构建是一项基础性研究，原则上满足条件非负定性（或非负定性）的函数都可以作为候选的有效变异函数（有效协方差函数）。多年的研究和实践中，人们发展了一些标准的理论变异函数模型。通过计算样本数据中个同空间滞后 h 上的变异函数值，对若干空间滞后 h 及其相应的变异函数值（经验变异函数模型）进行选定理论变异函数模型的拟合，确定理论模型中的参数值，最终获取确定的变异函数模型。

在经验变异函数值到理论变异函数模型的拟合中，首先将理论变异函数模型通过变量代换建立对应的多项式回归方程，使用最小二乘法等方法进行最优参数估计，把解出的多项式回归方程系数通过逆代换获得变异函数拟合模型的参数值。

例如，观察经验变异函数图形，选定高斯变异函数理论模型：

$$\gamma(h) = \begin{cases} 0 & , h = 0 \\ C_0 + C_1 [1 - e^{-(\frac{h}{a})^2}] & , h > 0 \end{cases}$$

建立变量代换：

$$Y = \gamma(h), \quad x_1 = e^{-(\frac{h}{a})^2}, \quad b_0 = C_0 + C_1, \quad b_1 = -C_1$$

于是，高斯理论变异函数模型变换为下面的多项式回归方程：

$$y = b_0 + b_1 x_1 + \varepsilon$$

ε 为随机误差项。根据最小二乘法，参数 b_0 和 b_1 的最优估计为：

$$\begin{cases} b_0 = \bar{y} - b_1 \bar{x} \\ b_1 = \dfrac{\sum\limits_{i=1}^{n}(x_i - \bar{x})(y_i - \bar{y})}{\sum\limits_{i=1}^{n}(x_i - \bar{x})^2} \end{cases}$$

式中：$\bar{x} = \dfrac{1}{n}\sum\limits_{i=1}^{n}x_i$；$\bar{y} = \dfrac{1}{n}\sum\limits_{i=1}^{n}y_i$。

计算逆变量代换，获得变异函数拟合模型的参数值，即

$$\begin{cases} C_0 + C_1 = b_0 = \bar{y} - b_1\bar{x}, \text{基台值} \\ C_0 = b_0 + b_1 = \bar{y} - b_1\bar{x} + \dfrac{\sum\limits_{i=1}^{n}(x_i - \bar{x})(y_i - \bar{y})}{\sum\limits_{i=1}^{n}(x_i - \bar{x})^2}, \text{块金值} \end{cases}$$

理论变异函数模型对样本数据的拟合中，样本数据容量有限性和关系复杂性与理论模型高度简化性等要求我们对求得的回归模型的显著性进行检验，对不同理论模型拟合质量进行评价。简单地说，最小二乘法原理求解回归方程系数时要求数据点和回归曲线之间的残差平方和最小。

回归分析中，观测值 y_i 与期望（或平均值）$\bar{y}$ 的差称为离差，其离差平方和可以分解为两部分：

$$\sum_{i=1}^{n}(y_i - \bar{y})^2 = \sum_{i=1}^{n}(y_i^* - \bar{y})^2 + \sum_{i=1}^{n}(y_i - y_i^*)^2$$

记 $\text{SST} = \sum\limits_{i=1}^{n}(y_i - \bar{y})^2$，$\text{SSR} = \sum\limits_{i=1}^{n}(y_i^* - \bar{y})^2$，$\text{SSE} = \sum\limits_{i=1}^{n}(y_i - y_i^*)^2$，则有 SST = SSR + SSE。

式中：y_i 为观测值；$\bar{y}$ 为期望（或平均值）；y_i^* 为回归值（回归方程计算的值）。

总离差平方和（因变量 y 的变异）可以分解为回归平方和（自变量变化引起的变异）和残差平方和（自变量回归未能解释的剩余变异）。把回归平方和占总离差平方和的比例定义为判定系数 R^2，表达式为：

$$R^2 = \text{SSR}/\text{SST} = \sum_{i=1}^{n}(y_i^* - \bar{y})^2 \Big/ \sum_{i=1}^{n}(y_i - \bar{y})^2$$

总离差平方和一定时，回归平方和越大，残差平方和就越小，判定系数就越大。判定系数的取值范围为 $0 \leq R^2 < 1$。当全部观测值都位于回归曲线上时，SSE = 0，则 $R^2 = 1$，说明总离差完全可以由所估计的样本曲线来解释。如果回归曲线不能解释任何离差，模型中自变量与因变量线性无关，y 的总离差全部归于残差，即 SSE = SST，则 $R^2 = 0$。

判定系数实际上是相关系数的平方，即

$$R^2 = \frac{[\text{cov}(x, y)]^2}{S_x^2 S_y^2}$$

式中：S_x^2 和 S_y^2 分别为变量 x 和变量 y 的样本方差。

R^2 越大，回归模型拟合的质量就越高。那么 R^2 多大时，回归模型才有价值呢？模型拟合优度的 F 检验统计量为：

$$F = \frac{\text{SSR}}{\text{SSE}} \times \frac{n - k}{k - 1}$$

式中：k 为回归模型中自变量的个数。

临界值 F_{af} 是显著水平 a（如 0.05 或 0.01）与自由度 f 的函数，若计算的 F 值大于临界值 F_{af}，判定系数 R^2 是有意义的，表明该回归模型（理论曲线）拟合度较高，可以采用该回归模型作为理论曲线模型对数据进行有效拟合。反之,该回归模型没有实际价值。

7.6.4 理论变异函数模型

一般的理论变异函数模型可以划分为三类:①有基台值模型,包括球状模型、指数模型、高斯模型、有基台线性模型和纯块金效应模型等;②无基台值模型,包括幂函数模型、无基台线性模型和对数模型等;③孔穴效应模型。

每个理论变异函数模型都有其数学表达式,可以推导出对应的参数(变程、块金值、基台值)。下面列出球状、指数、高斯、有基台线性、纯块金效应、幂函数、无基台线性、对数和孔穴效应变异函数模型的数学表达式。

(1) 球状变异函数模型又称为马特隆模型,其数学表达式为:

$$\gamma(h) = \begin{cases} 0, & h = 0 \\ C_0 + C_1[1.5(h/a) - 0.5(h/a)^3], & 0 \leq h \leq a \\ C_0 + C_1, & h > a \end{cases}$$

(2) 指数变异函数模型的数学表达式为:

$$\gamma(h) = \begin{cases} 0, & h = 0 \\ C_0 + C_1(1 - e^{-\frac{h}{a}}), & h < 0 \end{cases}$$

(3) 高斯变异函数模型的数学表达式为:

$$\gamma(h) = \begin{cases} 0, & h = 0 \\ C_0 + C_1[1 - e^{-\left(\frac{h}{a}\right)^2}], & h > 0 \end{cases}$$

(4) 有基台线性变异函数模型的数学表达式为:

$$\gamma(h) = \begin{cases} C_0, & h = 0 \\ Ah, & 0 < h \leq a \\ C_0 + C_1, & h > a \end{cases}$$

(5) 纯块金效应变异函数模型的数学表达式为:

$$\gamma(h) = \begin{cases} 0, & h = 0 \\ C_0, & h > 0 \end{cases}$$

(6) 幂函数变异函数模型的数学表达式为:

$$\gamma(h) = C_0 + C_1 h^\lambda, \quad 0 < \lambda < 2$$

(7) 无基台线性变异函数模型的数学表达式为:

$$\gamma(h) = \begin{cases} C_0, & h = 0 \\ Ah, & h > 0 \end{cases}$$

(8) 对数变异函数模型的数学表达式为:

$$\gamma(h) = \log h$$

(9) 孔穴效应变异函数模型的数学表达式为:

$$\gamma(h) = C_0 + C\left[1 - e^{-\frac{h}{a}}\cos\left(2\pi\frac{h}{b}\right)\right]$$

根据二阶平稳性或内蕴性假设下理想变异函数定义，在原点处的变异函数值为零，没有突然的变异（块金值），区域化变量的空间连续性（光滑性）较好。变异函数作为区域化变量增量的方差的一半（增量的半方差），可以视为均方意义下空间连续性的表达模型。原点附近的变异函数值对应很小的空间滞后 h，小空间滞后的样本点对待估点值的影响更大。

7.7 地统计分析

7.7.1 地统计分析概述

20 世纪 50 年代，南非采矿工程师 Daniel Krige 总结多年金矿勘探经验，提出根据样品点的空间位置和样品点之间空间相关程度的不同，对每个样品观测值赋予一定的权重，进行移动加权平均，估计被样品点包围的未知点矿产储量，形成了克里金估计方法（kriging）的雏形。20 世纪 60 年代初期，法国地质数学家 Georges Matheron 提出数学形式的区域化变量，严格地给出了基本变异函数（variogram）的定义和一般克里金估计方法。50 多年来，通过对变异函数、克里金估计以及随机模拟方法的深入扩展，地统计学（Geostatistics）已经成为空间统计学的核心内容，其理论体系的深度和方法扩展宽度是其他空间统计方法无法比拟的。国内的地统计工作主要集中于地质勘探建模和地理（环境）空间数据分析应用方面。国际上，地统计不仅是地质领域数学地质的主要分支，同时也逐渐成为数学领域应用统计的一个新分支。

地统计学也称为地质统计学，是一门以区域化变量理论为基础，以变异函数为主要工具，研究那些分布于空间上既有随机性又有结构性的自然或社会现象的科学。它主要包括区域化变量的变异函数模型、克里金估计和随机模拟三个主要内容。相对于物理机制建模，地统计是一种分析空间位置（空间结构）相关地学信息的经验性方法（赵鹏大，2004）。

地理信息是地理空间位置相关的信息。地理信息科学是一门研究地理信息获取、处理和利用中的基本规律的科学，与地统计学存在本质联系。地统计学和地理信息科学存在重叠的研究对象，即地理空间相关信息。特别地，地统计学遵从相近相似规律（空间位置相近的地学现象具有相似属性值），这与地理信息分析中的地理学第一定律（空间相近的地理现象比空间远离的地理现象具有更强的相关性）完全一致。地统计学和地理学第一定律同在 20 世纪 60 年代被独立提出。尽管地理信息系统中还存在空间自回归模型（空间滞后模型和空间误差模型）、地理加权回归和各种空间结构（空间分布）探索等空间统计分析方法，但是地统计一直是理论基础最为完善且应用扩展最为广泛的主流空间统计方法，地统计学已经成为地理信息科学中地理信息处理和分析的重要理论，地统计分析功能被直接嵌入或平行连接到地理空间信息系统或遥感影像信息系统中。

地统计具有不同于传统统计的两个显著特点：①样本点的空间相关性。传统统计中不同样本点仅具有随机性，样本点之间保持空间独立性。然而，地统计中样本点不仅具有随机性，同时样本点之间具有空间相关性。②一次性样本采集。传统统计分析同一空间位置处可以多次采样数据。实际地统计分析中，样本区域中每一个空间位置多为一次采样数据。根据传统统计学，一次采样数据中无法推断出总体规律。因此，两个地统计特点导致了地统计中描述空间相关性（空间结构）的变异函数和克服一次采样局限的平稳性假设的提出。

有时候，区域化变量的空间相关（不同空间位置变量的相关）也称为空间自相关，区域化变量的协方差（不同空间位置变量的相关）也称为空间自协方差。

7.7.2 克里金估计方法

按照估值单元的大小划分，存在点估值和块段估值。通常，块段的值可以通过赋予块段平均值给块段中心点来转化为点估值。或者，把块段离散为若干点的集合，从而转化为点估值。这里仅介绍点克里金估计方法。从不同角度利用区域化变量的结构性质，发展了不同类型的克里金估计方法，包括区域化变量满足二阶平稳性（或内蕴性）假设的普通克里金估计（ordinary kriging）和简单克里金估计（simple kriging），区域化变量非平稳（存在漂移）的泛克里金估计（universal kriging），多个变量的协同克里金估计（co-kriging），变量服从对数正态分布的对数克里金估计，适用于非连续取值（包括名义数据）的指示克里金估计（indicator kriging）、析取克里金估计（disjunctive kriging）和概率克里金估计（probability kriging）等。此外，可以综合多个角度，全面利用区域化变量的结构性质，对单个特性建模的克里金估计进行组合，形成普通协同克里金估计、协同泛克里金估计和协同指示克里金估计等方法。

1. 普通克里金估计

普通克里金估计是一种内蕴假设（或二阶平稳假设）下期望未知的区域化变量估值方法。这里，区域化变量值 $Z(x)$ 由期望 m 和残余 $Y(x)$ 两部分构成：

$$Z(x) = m + Y(x)$$

式中：期望 m 为未知；残余 $Y(x)$ 的期望为零，即 $E[Y(x)] = 0$。

区域化变量 $Z(x)$ 或残余 $Y(x)$ 的内蕴假设为

$$E[Z(x+h) - Z(x)] = E[Y(x+h) - Y(x)] = 0$$

$$\text{var}[Z(x+h) - Z(x)] = \text{var}[Y(x+h) - Y(x)] = 2\gamma(h)$$

普通克里金估计方法的估计公式为：

$$Z^*(x_0) = \sum_{i=1}^{n} \lambda_i Z(x_i)$$

式中：$Z^*(x_0)$ 是在待估位置 x_0 的估值；$Z(x_i)$ 是已知位置 x_i 的观测值；λ_i 是分配给

$Z(x_i)$ 的权重；n 是估计使用的观测值个数。

普通克里金估计方法的无偏估计条件为

$$E[Z^*(x_0) - Z(x_0)] = 0$$

将估计公式代入上式，相继有

$$E[Z^*(x_0) - Z(x_0)] = 0$$

$$E\left[\sum_{i=1}^{n} \lambda_i Z(x_i) - Z(x_0)\right] = 0$$

$$\left(\sum_{i=1}^{n} \lambda_i - 1\right) E[Z(x_0)] = \left(\sum_{i=1}^{n} \lambda_i - 1\right) m = 0$$

上式对于任意 m 都成立，于是等价的无偏估计条件化简为：

$$\sum_{i=1}^{n} \lambda_i = 1$$

普通克里金估计方法的最优估计条件为估计误差方差最小。根据估计公式并结合无偏估计条件，化简估计误差的方差表达式，获得

$$\sigma_{OK}^2 = \mathrm{var}[Z^*(x_0) - Z(x_0)] = E\{[Z^*(x_0) - Z(x_0)] - E[Z^*(x_0) - Z(x_0)]\}^2$$

$$= E[Z^*(x_0) - Z(x_0)]^2$$

$$= E\{[Z^*(x_0)]^2 - 2Z^*(x_0)Z(x_0) + [Z(x_0)]^2\}$$

$$= E\left\{\left[\sum_{i=1}^{n} \lambda_i Z(x_i)\right]\left[\sum_{j=1}^{n} \lambda_j Z(x_j)\right]\right\} - 2E\left[\sum_{i=1}^{n} \lambda_i Z(x_i)Z(x_0)\right] + E\{[Z(x_0)]^2\}$$

$$= \sum_{i=1}^{n} \lambda_i \sum_{j=1}^{n} \lambda_j E[Z(x_i)Z(x_j)] - 2\sum_{i=1}^{n} \lambda_i E[Z(x_i)Z(x_0)] + E\{[Z(x_0)]^2\}$$

$$= \sum_{i=1}^{n}\sum_{j=1}^{n} \lambda_i \lambda_j E[Z(x_i)Z(x_j)] - 2\sum_{i=1}^{n} \lambda_i E[Z(x_i)Z(x_0)] + E\{[Z(x_0)]^2\}$$

$$= \sum_{i=1}^{n}\sum_{j=1}^{n} \lambda_i \lambda_j \{\mathrm{cov}[Z(x_i), Z(x_j)] + m^2\} - 2\sum_{i=1}^{n} \lambda_i \{\mathrm{cov}[Z(x_i), Z(x_0)] + m^2\}$$

$$+ \{\mathrm{cov}[Z(x_0), Z(x_0)] + m^2\}$$

$$= \sum_{i=1}^{n}\sum_{j=1}^{n} \lambda_i \lambda_j C(x_i - x_j) - 2\sum_{i=1}^{n} \lambda_i C(x_i - x_0) + C(0)$$

引入拉格朗日乘数 2μ，将条件（无偏估计条件）极值（估计方差最小，$\sigma_{OK}^2 = \min$）问题化为下列无条件表达式的极值问题求解：

$$F = \sum_{i=1}^{n}\sum_{j=1}^{n} \lambda_i \lambda_j \mathrm{cov}[Z(x_i), Z(x_j)] - 2\sum_{i=1}^{n} \lambda_i \mathrm{cov}[Z(x_i), Z(x_0)]$$

$$+ \mathrm{cov}[Z(x_0), Z(x_0)] - 2\mu\left(\sum_{i=1}^{n} \lambda_i - 1\right)$$

$$\begin{cases} \dfrac{\partial F}{\partial \lambda_i} = 0 & i = 1, 2, \cdots, n \\ \dfrac{\partial F}{\partial \mu} = 0 \end{cases}$$

最后,获得普通克里金方程组:

$$\begin{cases} \sum_{j=1}^{n} \lambda_j \mathrm{cov}[Z(x_i), Z(x_j)] - \mu = \mathrm{cov}[Z(x_i), Z(x_0)], i = 1, 2, \cdots, n \\ \sum_{i=1}^{n} \lambda_i = 1 \end{cases}$$

相应地,使用变异函数表示为:

$$\begin{cases} \sum_{j=1}^{n} \lambda_j \gamma(x_i - x_j) + \mu = \gamma(x_i - x_0), i = 1, 2, \cdots, n \\ \sum_{i=1}^{n} \lambda_i = 1 \end{cases}$$

上述方程组求解出的权重系数可以代入普通克里金估计方法估计公式进行待估点的估值。

利用上面的普通克里金方程组,简化估计方差表达式,获得

$$\begin{aligned} \sigma_K^2 &= \sum_{i=1}^{n}\sum_{j=1}^{n} \lambda_i \lambda_j \mathrm{cov}[Z(x_i), Z(x_j)] - 2\sum_{i=1}^{n} \lambda_i \mathrm{cov}[Z(x_i), Z(x_0)] + \mathrm{cov}[Z(x_0), Z(x_0)] \\ &= \sum_{i=1}^{n}\sum_{j=1}^{n} \lambda_i \lambda_j \mathrm{cov}[Z(x_i), Z(x_j)] - 2\sum_{i=1}^{n} \lambda_i \left[\sum_{j=1}^{n} \lambda_j \mathrm{cov}[Z(x_i), Z(x_j)] - \mu \right] \\ &\quad + \mathrm{cov}[Z(x_0), Z(x_0)] \\ &= \sum_{i=1}^{n}\sum_{j=1}^{n} \lambda_i \lambda_j \mathrm{cov}[Z(x_i), Z(x_j)] - 2\sum_{i=1}^{n} \lambda_i \sum_{j=1}^{n} \lambda_j \mathrm{cov}[Z(x_i), Z(x_j)] \\ &\quad + 2\sum_{i=1}^{n} \lambda_i \mu + \mathrm{cov}[Z(x_0), Z(x_0)] \\ &= -\sum_{i=1}^{n}\sum_{j=1}^{n} \lambda_i \lambda_j \mathrm{cov}[Z(x_i), Z(x_j)] + 2\sum_{i=1}^{n} \lambda_i \mu + \mathrm{cov}[Z(x_0), Z(x_0)] \\ &= -\sum_{i=1}^{n}\sum_{j=1}^{n} \lambda_i \lambda_j \mathrm{cov}[Z(x_i), Z(x_j)] + 2\mu + \mathrm{cov}[Z(x_0), Z(x_0)] \\ &= -\sum_{i=1}^{n} \lambda_i \sum_{j=1}^{n} \lambda_j \mathrm{cov}[Z(x_i), Z(x_j)] + 2\mu + \mathrm{cov}[Z(x_0), Z(x_0)] \\ &= -\sum_{i=1}^{n} \lambda_i \{ \mathrm{cov}[Z(x_i), Z(x_0)] + \mu \} + 2\mu + \mathrm{cov}[Z(x_0), Z(x_0)] \\ &= -\sum_{i=1}^{n} \lambda_i \mathrm{cov}[Z(x_i), Z(x_0)] + \mu + \mathrm{cov}[Z(x_0), Z(x_0)] \end{aligned}$$

$$= \mu - \sum_{i=1}^{n} \lambda_i \text{cov}[Z(x_i), Z(x_0)] + \text{cov}[Z(x_0), Z(x_0)]$$

相应地，使用变异函数表示为：

$$\sigma_{OK}^2 = \mu + \sum_{i=1}^{n} \lambda_i \gamma(x_i - x_0) - \gamma(0)$$

2. 泛克里金估计

泛克里金估计中，区域化变量值 $Z(x)$ 由期望 $m(x)$ 和残余 $Y(x)$ 两部分构成，即

$$Z(x) = m(x) + Y(x)$$

式中：期望 $m(x)$ 代表趋势项（又称为漂移），随空间位置变化；残余 $Y(x)$ 具有内蕴性（或二阶平稳性）且期望为零，即 $E[Y(x)] = 0$。

拟合趋势项 $m(x)$ 为一多项式，即

$$m(x) = \sum_{l=0}^{k} a_l f_l(x)$$

式中：a_l 是未知系数；实际中，$f_l(x)$ 常常是 x 的一次函数或二次函数。

例如，一维空间中，线性趋势的 $m(x) = a_0 + a_1 x$；二次曲线趋势的 $m(x) = a_0 + a_1 x + a_2 x^2$。二维空间中，线性趋势的 $m(x, y) = a_0 + a_1 x + a_2 y$；二次曲线趋势的 $m(x, y) = a_0 + a_1 x + a_2 y + a_3 x^2 + a_4 y^2 + a_5 xy$。

泛克里金估计方法的估计公式为：

$$Z^*(x_0) = \sum_{i=1}^{n} \lambda_i Z(x_i)$$

式中：$Z^*(x_0)$ 是在待估位置 x_0 的估值；$Z(x_i)$ 是已知位置 x_i 的观测值；λ_i 是分配给 $Z(x_i)$ 的权重；n 是估计使用的观测值个数。

泛克里金估计方法的无偏估计条件为：

$$E[Z^*(x_0) - Z(x_0)] = 0$$

将估计公式代入上式，相继有

$$E\left[\sum_{i=1}^{n} \lambda_i Z(x_i) - Z(x_0)\right] = 0$$

$$\sum_{l=0}^{k} a_l \left[\sum_{i=1}^{n} \lambda_i f_l(x_i) - f_l(x_0)\right] = 0$$

$$\sum_{i=1}^{n} \lambda_i f_l(x_i) - f_l(x_0) = 0$$

因此，等价的无偏估计条件归约为如下等式：

$$\sum_{i=1}^{n} \lambda_i f_l(x_i) = f_l(x_0), \quad l = 0, 1, \cdots, k$$

泛克里金估计方法的最优估计条件为估计误差方差最小。根据估计公式并结合无偏估计条件，化简估计误差方差表达式，获得：

$$\sigma_K^2 = \text{var}[Z^*(x_0) - Z(x_0)]$$
$$= E\{[Z^*(x_0) - Z(x_0)] - E[Z^*(x_0) - Z(x_0)]\}^2$$

$$= \sum_{i=1}^{n}\sum_{j=1}^{n}\lambda_i\lambda_j\text{cov}[Z(x_i), Z(x_j)] - 2\sum_{i=1}^{n}\lambda_i\text{cov}[Z(x_i), Z(x_0)] + \text{cov}[Z(x_0), Z(x_0)]$$

$$= \sum_{i=1}^{n}\sum_{j=1}^{n}\lambda_i\lambda_j C(x_i - x_j) - 2\sum_{i=1}^{n}\lambda_i C(x_i - x_0) + C(0)$$

引入拉格朗日乘数 $2\mu_l$, $l = 0, 1, \cdots, k$, 将条件（无偏估计条件）极值（估计方差最小）问题化为下列无条件表达式的极值问题求解：

$$F_l = \sum_{i=1}^{n}\sum_{j=1}^{n}\lambda_i\lambda_j\text{cov}[Z(x_i), Z(x_j)] - 2\sum_{i=1}^{n}\lambda_i\text{cov}[Z(x_i), Z(x_0)]$$

$$+ \text{cov}[Z(x_0), Z(x_0)] - 2\sum_{l=0}^{k}\mu_l\left[\sum_{i=1}^{n}\lambda_i f_l(x_i) - f_l(x_0)\right]$$

$$\begin{cases}\dfrac{\partial F_l}{\partial \lambda_i} = 0, \quad i = 1, 2, \cdots, n, \quad l = 0, 1, \cdots, k \\ \dfrac{\partial F_l}{\partial \mu} = -2\left[\sum_{i=1}^{n}\lambda_i f_l(x_i) - f_l(x_0)\right] = 0, \quad l = 0, 1, \cdots, k\end{cases}$$

最后，获得泛克里金方程组：

$$\begin{cases}\sum_{j=1}^{n}\lambda_j\text{cov}[Z(x_i), Z(x_j)] - \sum_{l=0}^{k}\mu_l f_l(x_i) = \text{cov}[Z(x_i), Z(x_0)], \quad i = 1, 2, \cdots, n \\ \sum_{i=1}^{n}\lambda_i f_l(x_i) = f_l(x_0), \quad l = 0, 1, \cdots, k\end{cases}$$

上述方程组求解出的权重系数就可以代入泛克里金估计方法估计公式进行待估点的估值。

利用上面的泛克里金方程组，简化估计方差表达式，获得

$$\sigma_{UK}^2 = \sum_{i=1}^{n}\sum_{j=1}^{n}\lambda_i\lambda_j\text{cov}[Z(x_i), Z(x_j)] - 2\sum_{i=1}^{n}\lambda_i\text{cov}[Z(x_i), Z(x_0)] + \text{cov}[Z(x_0), Z(x_0)]$$

$$= \sum_{i=1}^{n}\sum_{j=1}^{n}\lambda_i\lambda_j\text{cov}[Z(x_i), Z(x_j)] - 2\sum_{i=1}^{n}\lambda_i\left\{\sum_{j=1}^{n}\lambda_j\text{cov}[Z(x_i), Z(x_j)] - \sum_{l=0}^{k}\mu_l f_l(x_i)\right\}$$

$$+ \text{cov}[Z(x_0), Z(x_0)]$$

代换普通克里金方程组：

$$\sigma_{UK}^2 = \sum_{i=1}^{n}\sum_{j=1}^{n}\lambda_i\lambda_j\text{cov}[Z(x_i), Z(x_j)] - 2\sum_{i=1}^{n}\lambda_i\sum_{j=1}^{n}\lambda_j\text{cov}[Z(x_i), Z(x_j)]$$

$$+ 2\sum_{i=1}^{n}\lambda_i\sum_{l=0}^{k}\mu_l f_l(x_i) + \text{cov}[Z(x_0), Z(x_0)]$$

$$= -\sum_{i=1}^{n}\sum_{j=1}^{n}\lambda_i\lambda_j\text{cov}[Z(x_i), Z(x_j)] + 2\sum_{l=0}^{k}\mu_l\sum_{i=1}^{n}\lambda_l f_l(x_i) + \text{cov}[Z(x_0), Z(x_0)]$$

$$= -\sum_{i=1}^{n}\sum_{j=1}^{n}\lambda_i\lambda_j\text{cov}[Z(x_i), Z(x_j)] + \sum_{l=0}^{k}\mu_l\sum_{i=1}^{n}\lambda_l f_l(x_i)$$

$$+ \sum_{l=0}^{k}\mu_l\sum_{i=1}^{n}\lambda_l f_l(x_i) + \text{cov}[Z(x_0), Z(x_0)]$$

$$= -\sum_{i=1}^{n} \lambda_i \left[\sum_{j=1}^{n} \lambda_j \text{cov}[Z(x_i), Z(x_j)] - \sum_{l=0}^{k} \mu_l f_l(x_i) \right]$$

$$+ \sum_{i=0}^{k} \mu_l f_l(x_i) + \text{cov}[Z(x_0), Z(x_0)]$$

$$= -\sum_{i=1}^{n} \lambda_i \text{cov}[Z(x_i), Z(x_j)] + \sum_{i=0}^{k} \mu_l f_l(x_i) + \text{cov}[Z(x_0), Z(x_0)]$$

3. 协同克里金估计

一般地，地学现象不仅与单个变量空间相关，同时还与多个变量统计相关。实际中，不同区域化变量的样本采集难度不一样（客观条件和费用开支存在差异），有的区域化变量数据可以密集采样，有的区域化变量数据只能稀疏采样。为了提高数据估计的精度，不仅利用待估值变量自身空间分布（空间结构）信息，同时还利用其他辅助变量的统计相关信息来改善待估变量在特定空间位置的估计。

为了简化原理说明，这里仅使用两个变量 $\{Z_1(x), Z_2(x)\}$ 构成协同区域化变量，其二阶平稳假设如下：

（1）每一个变量的期望存在且为常数，即

$$E[Z_k(x)] = m_k, \quad k = 1, 2$$

（2）每一个变量的空间协方差存在且为空间滞后 h 的函数，与绝对空间位置无关，即

$$\text{cov}[Z_k(x+h), Z_k(x)] = C_{kk}(h), \quad k = 1, 2$$

式中：E 表示期望；cov 表示协方差。

（3）两个变量的交叉协方差函数存在且为空间滞后 h 的函数，与绝对空间位置无关，即：

$$\text{cov}[Z_k(x), Z_{k'}(x+h)] = C_{kk'}(h), \quad k, k' = 1, 2$$

交叉协方差中 k 和 k' 的顺序不能颠倒。

内蕴假设中使用变量在一定空间滞后上的增量的期望、变异函数和交叉变异函数。

二阶平稳性假设下，单一区域化变量具有关系 $\gamma(h) = C(0) - C(h)$。相应地，交叉变异函数和交叉协方差函数具有下列转换关系：

$$\gamma_{kk'}(h) = C_{kk'}(0) - \frac{1}{2}[C_{kk'}(h) + C_{k'k}(h)] \quad (k, k' = 1, 2)$$

假设区域化变量 $Z_2(x)$ 为主变量，观测值的个数为 N_2。区域化变量 $Z_1(x)$ 为辅助变量，观测值的个数为 N_1。$Z_2(x)$ 比 $Z_1(x)$ 难以观测，$N_2 < N_1$。综合利用 $Z_1(x)$ 和 $Z_2(x)$ 的观测值对 $Z_2(x)$ 在 x_0 进行估计，协同克里金估计方法的估计公式为：

$$Z_2^*(x_0) = \sum_{i=1}^{N_1} \lambda_{1i} Z_1(x_{1i}) + \sum_{j=1}^{N_2} \lambda_{2j} Z_2(x_{2j})$$

式中：$Z^*(x_0)$ 是在待估位置 x_0 的估计值；$Z(x_i)$ 是区域化变量 $Z(x)$ 在位置 x_i 的观测值；λ_i 是分配给 $Z(x_i)$ 的权重；n 是估计使用的观测值个数。

协同克里金估计方法的无偏估计要求数学表示为：

$$E[Z_2^*(x_0) - Z_2(x_0)] = E\left[\left(\sum_{i=1}^{N_1}\lambda_{1i}Z_1(x_{1i}) + \sum_{j=1}^{N_2}\lambda_{2j}Z_2(x_{2j}) - Z_2(x_0)\right)\right]$$

$$= m_1\sum_{i=1}^{N_1}\lambda_{1i} + m_2\left(\sum_{j=1}^{N_2}\lambda_{2j} - 1\right) = 0$$

式中：m_1 和 m_2 分别是变量 $Z_1(x)$ 和 $Z_2(x)$ 的期望。

为了保证无偏估计，对于任意 m_1 和 m_2 值上式都成立，第一个变量权重之和应为 0，即 $\sum_{i=1}^{N_1}\lambda_{1i}=0$。第二个变量的权重之和为 1，即 $\sum_{j=1}^{N_2}\lambda_{2j}=1$。

协同克里金估计方法的最优估计要求估计误差方差最小，$\text{var}[Z^*(x_0) - Z(x_0)] = \min$。根据估计公式并结合无偏估计条件表达式，进一步化简估计误差方差表达式，获得：

$$\text{var}[Z_2^*(x_0) - Z_2(x_0)] = E\{[Z_2^*(x_0) - Z_2(x_0)] - E[Z_2^*(x_0) - Z_2(x_0)]\}^2$$

$$= E\{[Z_2^*(x_0) - Z_2(x_0)]\}^2$$

$$= E\left\{\left[\sum_{i=1}^{N_1}\lambda_1 Z_1(x_{1i}) + \sum_{j=1}^{N_2}\lambda_{2j}Z_2(x_{2j}) - Z_2(x_0)\right]\right\}^2$$

引入两个拉格朗日乘数 μ_1 和 μ_2，将条件（无偏估计条件）极值（估计方差最小）问题化为下列无条件表达式的极值问题求解，最后，获得协同克里金方程组：

$$\begin{cases}\sum_{i=1}^{N_1}\lambda_{1i}\gamma_{11}(x_{1i}-x_{pp}) + \sum_{j=1}^{N_2}\lambda_{2j}\gamma_{21}(x_{2j}-x_{pp}) + \mu_1 = \gamma_{21}(x_0 - x_{pp}), \quad p=1,2,\cdots,N_1\\ \sum_{i=1}^{N_1}\lambda_{1i}\gamma_{21}(x_{1i}-x_{qq}) + \sum_{j=1}^{N_2}\lambda_{2j}\gamma_{22}(x_{2j}-x_{qq}) + \mu_2 = \gamma_{22}(x_0 - x_{qq}), \quad q=1,2,\cdots,N_2\\ \sum_{i=1}^{N_1}\lambda_{1i} = 0\\ \sum_{j=1}^{N_2}\lambda_{2j} = 1\end{cases}$$

上述方程组求解出的权重系数 λ_{1i}, $i=1,2,\cdots,N_1$, λ_{2j}, $j=1,2,\cdots,N_2$ 和两个拉格朗日乘数 μ_1 和 μ_2，代入协同克里金估计方法估计公式进行待估值点的估值。同时，代入估计方差公式，获得如下简化的协同克里金估计方差表达式（张仁铎，2005）：

$$\sigma_{CK}^2 = \sum_{i=1}^{N_1}\lambda_{1i}\gamma_{21}(x_{1i}-x_0) + \sum_{j=1}^{N_2}\lambda_{2j}\gamma_{22}(x_{2j}-x_0) + \mu_2$$

4. 指示克里金估计

当区域化变量为非正态分布或存在特异值时，普通克里金估计方法中，变异函数拟合和线性加权平均估计结果的精度都降低了许多。为了限制特异值的影响，适应分布未知的情形，Journel Andre G 等发展了非参数估计的指示克里金估计方法（侯景儒，1998；赵鹏大，2004）。

设有区域化变量 $Z(x)$，通过如下指示函数将其转化为指示变量，取值为 $\{0,1\}$。

$$I(x;z_k) = \begin{cases} 1, & Z(x) \leq z_k \\ 0, & Z(x) > z_k \end{cases}, \quad z_k \text{ 为阈值。}$$

指示变量的内蕴性假设为：

(1) $E[I(x+h;z_k) - I(x;z_k)] = 0$，不同空间位置的两指示变量的增量的期望为零。

(2) $E[I(x+h;z_k) - I(x;z_k)]^2 = 2\gamma(h;z_k)$，指示变异函数仅为空间滞后 h 的函数，与空间位置无关。这里，$\gamma(h;z_k)$ 表示指示变异函数。

在二阶平稳性假设下，指示协方差函数和指示变异函数仅与空间滞后 h 有关，与空间位置 x 无关，即

$$\text{cov}[I(x_\alpha;z_k), I(x_\beta;z_k)] = C(x_\alpha - x_\beta;z_k) = C(h;z_k)$$

指示变量 $I(x;z_k)$ 的期望等于它出现的累计分布概率，即

$$E\{I(x;z_k)\} = 1 \times \text{Prob}\{Z(x) \leq z_k\} + 0 \times \text{Prob}\{Z(x) > z_k\}$$
$$= \text{Prob}\{Z(x) \leq z_k\} = F(x;z_k)$$

理论指示变异函数定义为：

$$\gamma(h;z_k) = \frac{1}{2} E[I(x_i + h;z_k) - I(x_i;z_k)]^2$$

经验指示变异函数的计算公式如下：

$$\gamma(h;z_k) = \frac{1}{N(h)} \sum_{i=1}^{N(h)} [I(x_i + h;z_k) - I(x_i;z_k)]^2, \quad N(h) \text{ 为空间滞后 } h \text{ 的样本点对的数目。}$$

同样，指示变异函数与指示协方差函数有如下关系：

$$\gamma(h;z_k) = C(0;z_k) - C(h;z_k)$$

指示克里金估计方法的估计公式为：

$$I^*(x_0;z_k) = \sum_{i=1}^{n} \lambda_i(z_k) I(x_i;z_k)$$

式中：$I^*(x_0;z_k)$ 是在待估位置 x_0 的指示变量估计值；$I(x_i;z_k)$ 是位置 x_i 观测值的指示化；$\lambda_i(z_k)$ 是分配给 $I(x_i;z_k)$ 的权重；n 是估计使用的观测值个数。

同时，指示克里金估计量可以用于估计特征出现的(条件)累计分布概率：

$$I(x_0;z_k)^* = E[I(x_0;z_k)]^* = \text{prob}\{Z(x_0) \leq z_k | Z(x_i), i=1,2,\cdots,n\}$$

式中：x_i 是待估点周围第 i 个观测值的位置，$i=1,2,\cdots,n$；$\lambda_i(z_k)$ 是指示变量 $I(x_i;z_k)$ 的权重。

为了求解权重，要求估计满足下面两个条件：

(1) 无偏性条件，$E[I(x;z_k)^* - I(x;z_k)] = 0$；

(2) 估计误差方差最小，$\text{var}[I(x;z_k)^* - I(x;z_k)] = \min$。

求解权重过程中，引入拉格朗日乘数 μ，将条件(无偏估计条件)极值(估计方差最小)问题化为无条件表达式的极值问题求解，获得指示克里金方程组：

$$\begin{cases} \sum_{j=1}^{n} \lambda_j(z_k) C(x_j - x_i; z_k) - \mu = C(x_0 - x_i; z_k), \ i = 1, 2, \cdots, n \\ \sum_{i=1}^{n} \lambda_i(z_k) = 1 \end{cases}$$

或者使用变异函数表示为：

$$\begin{cases} \sum_{j=1}^{n} \lambda_j(z_k) \gamma(x_j - x_i; z_k) + \mu = \gamma(x_0 - x_i; z_k), \ i = 1, 2, \cdots, n \\ \sum_{i=1}^{n} \lambda_i(z_k) = 1 \end{cases}$$

解此指示克里金方程组求得权重，通过下式可以计算获得概率 $I(x; z_k)$ 的克里金估值，它是待估点处阈值为 z_k 的条件累积分布概率。

$$I(x_0; z_k)^* = E[I(x_0; z_k)]^* = \text{prob}\{Z(x_0) \leq z_k | Z(xi), i = 1, 2, \cdots, n\}$$
$$= \sum_{i=1}^{n} \lambda_i(z_k) I(x_i; z_k)$$

相应的估计误差方差为：

$$\sigma_{IK}^2(x_0; z_k) = \mu + C(0; z_k) - \sum_{i=1}^{n} \lambda_i(z_k) C(x_0 - x_i; z_k)$$

或者使用变异函数表示为：

$$\sigma_{IK}^2(x_0; z_k) = \mu + \sum_{i=1}^{n} \lambda_i(z_k) \gamma(x_0 - x_i; z_k) - \gamma(0; z_k)$$

指示克里金的不足是：它可能产生一些不合理的（概率）估计值，如负概率，非单调条件累积分布函数，全概率大于1。正如普通克里金估计方法通过估值和估值精度（估计误差方差）完整地描述了该点的真值情况，指示克里金估计方法通过接近某种阈值的概率（或划为某类的可能性）来完整地描述该点的真值情况。

5. 估计评价和采样设计

（1）克里金估计模型的有效性

在对克里金估计模型（结构及其参数）进行检验时，对估计误差（检验点的观测值和估计值的差）除以其标准差获得标准化估计误差。如果估计是无偏估计，则验证样本的标准化估计误差的整体平均值（或期望）应该接近于零。

此外，计算检验点的观测值和估计值的差的均方根来获得均方根估计误差。如果估计值越靠近它们的真实值（检验点的观测值），则均方根估计误差越小，表明该模型越有效。比较检验点的均方根估计误差和估计误差方差，如果平均估计误差方差接近于均方根估计误差，则认为该估计模型比较正确地表达了空间变异性。

有两种模型（结构及其参数）检验数据采集方法。方法一是，选择部分数据作为构造变异函数和克里金估计模型的训练数据，选择另外部分数据作为模型有效性的检验数据。方法二是，使用全部样本数据作为检验数据，如交叉验证使用的检验数据。交叉验证方法比较了所有点的测量值和估计值。交叉验证的基本思路是：依次假设每一个观测数据点未被测定（暂时将该点的数值剔除），利用其余观测值借助于克里金估计方法来估计该点的值，然后恢复刚才暂时剔除的观测值，对区域内所有观测点都按照这种方式进行操作，最后得到该区域内全部位置的两组数据：观测值和估计值。如果统计意义下观测值和估计值接近相等，则该模型是有效的。否则，需要对检验过程中所选定的模型参数反复进行修改调整，直至达到一定的精度要求。

（2）估计结果精度与采样设计准则

以普通克里金为例，采用下面的估计误差方差来评价特定位置 x_0 处估计结果的精度。

$$\sigma_{OK}^2 = \mathrm{var}[Z^*(x_0) - Z(x_0)] = \sum_{i=1}^{n}\sum_{j=1}^{n} \lambda_i \lambda_j \mathrm{cov}[Z(x_i), Z(x_j)]$$
$$- 2\sum_{i=1}^{n} \lambda_i \mathrm{cov}[Z(x_i), Z(x_0)] + \mathrm{cov}[Z(x_0), Z(x_0)]$$

式中右侧的第一项表示各对样本值之间的协方差的加权之和，说明了样本的"团聚效应"，如果所用的样本点彼此越靠近（统计距离越小），协方差越大，估值的不确定性越大。式中右侧的第二项表示样本点和估计点之间的协方差的加权之和，该项的符号为负，说明了样本点与估计点的距离越大，协方差越小，估值的不确定性越大。式中右侧的第三项表示样本值自身的方差，说明了对内在变化越大的区域化变量，其估值的不确定性越大。

采样设计需要兼顾考虑采样耗费成本和数据分析精度，寻求综合最优方案。从提高数据估计精度或减小估值误差方差的角度，上述估计误差方差表达式启发我们遵循采样准则：①尽可能增加样本点个数；②尽可能采集靠近估计点的样本点；③尽可能使样本点之间彼此远离。

克里金估计方法对待估点的估值综合利用了待估点自身的结构信息（如方差和期望）、样本点和待估点之间的结构信息（如样本点到待估点的平均距离）和相关样本点内部结构信息（样本点之间的协方差等），它比一般简单距离加权平均方法具有更高的估计精度。克里金估计误差方差公式表明，克里金估计误差方差同样综合利用了各种结构信息，评价不同待估位置估值的不确定性，它比简单统计指标（如遥感影像分类结果的混淆矩阵中的各种精度指标）对不确定性的评价更加精细。

6. 克里金估计的优缺点

克里金估计是空间变异函数的一个典型应用。克里金估计过程主要包括变异函数计算、克里金估计模型中权重系数求解和估值结果的质量评价等步骤。由于充分利用了数据点（样本点和待估值点）的空间分布（空间结构）信息，全面考虑了周围样点的影响，克里金估计方法对待估值点进行线性最优无偏估计。线性指利用空间相关范围内的点进行线性加权平均来估值。无偏指估计误差的期望为零，不存在系统误差。最优指估计误差的方差最小，误差波动幅度较小。克里金估计方法在给出待估值点的线性最优无偏估值的同时，还给出该点的估计误差方差。通过估值和估值精度（估计误差方差）来完整地描述该点的真值情况。变异函数为空间结构的形式化表述，利用该空间结构可以提高数据估值的精度。变异函数通过权重间接影响估值结果的精度。

克里金估值存在两个明显缺点：

（1）因为线性加权"平均"估计，原始观测数据被进行了一定的平滑，导致克里金估值结果的空间结构在整体上拟合原始观测数据不如随机模拟（尤其是条件随机模拟）程度高。相比较而言，克里金估计的估值结果精度高，随机模拟对空间结构信息保留完整。

（2）不同数据点间（样本点之间，样本点和待估计点之间）的变异函数值的计算，庞大克里金矩阵的变换（克里金方程组中权重系数的求解）等占用很大的计算资源（计算时间和存储空间）。

7.7.3 地统计分析研究展望

描述空间结构的空间变异函数的建立是地统计的核心。空间变异函数可以直接应用于地学数据的空间结构探索，可以应用于各种克里金估值，可以应用于随机模拟中空间结构相关的统计参量计算。不同于克里金估计方法的无偏最优估计前提条件，随机模拟首先要求随机数和原始观测数据具有相同的分布参数（期望、方差、变异函数/协方差函数等），随机模拟强调整体空间结构和分布规律的仿真，提供多个符合观测数据分布的整体空间随机模拟模型，对单个空间位置可以提供多个非局部最优的随机模拟值。

广泛应用的克里金估计方法，除期望未知的普通克里金估计外，还存在期望已知的简单克里金估计。商品化软件实现的克里金估计方法，除普通克里金、泛克里金、协同克里金和指示克里金外，还出现了析取克里金、概率克里金和因子克里金等方法。相对于点克里金估计，还出现了块克里金和多点克里金估计方法。

在尚未明确地学现象的物理规律之前，人们发展的物理机理模型多为病态的，在变量个数、结构关系和参数求解等方面都存在很大的不确定性。比较而言，经验性统计建模依然是当前地学数据处理的主流方法，它广泛应用于对地观测数据分析和遥感影像处理方面，这也就是空间统计常常作为空间分析的代名词的缘故。

在空间分析领域，存在基于计算几何或传统统计原理的单纯空间几何数据处理分析方法，如地图分析、网络分析、测量坐标数据的平差、大地和工程测量中的变形分析等。相对而言，克里金估计方法改进传统统计方法，将计算几何知识融入到随机场（过程）理论，直接发展同时支持专题变量随机性和空间结构约束的地统计学，其理论基础更加深邃。克里金估计方法具有深厚的理论根基，当前它正扩展到多元时空、非参数、混合分布、非平稳、非线性、多点地统计、球面或网络空间等方面，广泛支持地学和环境领域中的空间数据的结构探索和建模估计应用。

同时，地统计相关拓展研究内容还包括：整体空间结构仿真的随机模拟、容许奇异值出现并容忍一定粗差的稳健变异函数模型、局部平稳性（准平稳性）假设的变异函数、模拟复杂结构的变异函数（多方向和多尺度变异函数的套合模型）和软数据（包含真值的观测区间数据、概率数据和部分先验知识数据等）克里金估值方法等。事实上，随机模拟一直是平行于克里金估计的一个数据模拟（估计）的分支，已经发展了转向带方法、三角矩阵分解、序惯高斯和序惯指示模拟、模拟退火和遗传算法等随机模拟方法。尽管随机模拟在局部（特定点或块上）估值精度没有克里金估计方法好，但是其整体时空变异性模拟具有明显优势。

地统计学正从狭义上的空间统计发展为广义上的空间统计，发展成为地学现象定量化分析的主要科学手段。关于地统计学原理的一般介绍，中文文献可以参考侯景儒、王仁铎、胡光道、孙洪泉、王政权和张仁铎等人的著作（侯景儒，1998；王仁铎，胡光道，1998；王政权，1999；王家华，1999，2001；张仁铎，2005），英文文献可以参考Matheron G.，Journel A G, David M 和 Cressie N 等人的著作（Matheron G，1965；Journel A G，1978；M. David，1977；Cressie N，1991）。

7.8 ArcGIS 的地统计分析工具

ArcGIS 地统计分析模块（Geostatistical analyst）是 ArcGIS 的扩展模块，可以利用确定性方法和地统计方法进行高级表面模拟。地统计分析模块在地统计学与 GIS 之间架起了一座桥梁，使得复杂的地统计方法可以轻易实现，体现了以人为本、可视化发展的趋势。地统计学的功能在地统计分析模块中都能实现。利用地统计分析工具进行表面分析包括 3 个关键步骤：①探索性空间数据分析（ESDA），即数据检查；②结构化分析（对邻域位置进行表面属性的计算和模拟）；③表面预测和结果评估分析。ArcGIS 地统计分析模块包含了一系列的非常容易使用的工具，并且包含了一套能反映分析步骤的向导工具，也包含了一些专门的地统计空间分析工具。

1. 探索性空间数据分析

ArcGIS 地统计分析模块的探索性空间数据分析（ESDA）工具允许用户用多种方式检测数据。在生成一个表面之前，ESDA 能让用户更深入了解所研究的现象，从而对其数据相关的问题作出更好的决策。ESDA 环境由一系列工具组成，每个工具都能对数据生成一个视图（view），每个视图都能被操作和分析，从而使用户从不同侧面去了解数据。每个视图与其他视图及 ArcMap 之间都有内在的联系。例如，如果直方图中的一个直方条被选中，那么在 QQPlot 图（如果它是打开的）、其他打开的 ESDA 视图以及 ArcMap 地图中相应的点（组成该直方图的那些点）也会被选中（张治国，2007）。

ESDA 环境的主要功能是探查数据、分析数据的特征。同时，它也含有对大多数探查研究都有用的特定任务。查明数据的分布、寻找全局和局部离群值、探查全局趋势、检测空间自相关以及多数据集间的协变都是很有用的工作。ESDA 工具可以协助完成这些工具以及其他很多方面的任务。ESDA 环境允许用户用图形的方法研究数据集，从而能够更好地理解该数据集。每个 ESDA 工具都对该数据给出一个不同的视图并在单独的窗口中显示出来。这些不同的视图包括：histogram（直方图）、voronoi map（voronoi 地图）、normal QQPlot（正态 QQPlot 分布图）、trend analysis（趋势分析）、semivariogram/

covariance cloud（半变异/协方差函数云）、general QQPlot（普通 QQPlot 分布图）、crosscovariance cloud（正交协方差函数云）。所有视图之间及其与 ArcMap 之间都相互联系和相互影响。

2. 空间数据内插的确定性方法

有两种空间数据的内插方法：确定性内插和地统计内插。确定性内插方法利用周围观测点数据内插或者通过特定的数学公式来内插（这个数学公式决定着结果表面的光滑度）。地统计内插法基于统计模型，如克里金（kriging）内插法。

确定性内插法又包括两种类型：全局的和局部的。全局内插法利用整个数据进行内插和预测；局部方法利用观测点的局域范围内的点进行内插。

3. 用地统计分析方法创建表面

地统计插值技术运用已知样点数据的统计特性来创建表面。地统计方法是基于统计学的，用它进行插值的结果不仅能获得预测表面，而且能获得误差表面，可以了解所获得的预测曲面的精确性如何。地统计学中有很多方法，它们都是源自同一个家族——克里金。地统计模块中的地统计方法有：普通克里金、简单克里金、泛克里金、概率克里金、指示克里金、析取克里金及协同克里金等。这些克里金模型不仅能创建预测表面和误差表面，而且根据需要还能生成概率图和分位数图。

运用克里金方法进行插值的过程包括两个步骤：①进行样点的空间结构量化分析；②对未知点的值进行预测。样点的空间结构量化分析，又称变异函数分析，是指对样点数据拟合一个空间独立模型；在第二步中，克里金方法利用第一部拟合的变异函数、样点数据的空间分布及样点数据值对某一区域的未知点进行预测。地统计模块提供了很多工具帮助进行参数的选择和设置，也可以使用其提供的缺省参数值进行表面的快速创建（张治国，2007）。

4. 使用分析工具生成表面

生成一个表面需要多个步骤，在每一步操作中，需要指定很多参数。地统计分析提供了一系列包含分析工具的对话框来帮助确定这些参数的值，其中一些对话框和工具几乎对所有的内插方法都适用，比如指定搜索邻域、交叉检验方法、验证方法等。另外一些是专门用于地统计分析方法的（克里金内插与协同克里金内插），比如半变异函数建模、变换、趋势剔除、分离集群、检验双变量正态分布等。在每个对话框中都可以利用其中包含的工具完成一定的任务（张治国，2007）。

5. 显示和管理地统计图层

ArcMap 和地统计分析模块中提供了大量的工具，用户可以利用它们进行数据显示和管理。使用这些工具，用户不仅可以制作精美的地图，而且可以对数据进行研究和分析，加深对数据的理解，以便做出更有效的决策。对数据的探索和研究是地统计学应用中一个非常重要的内容，通过这些研究，可以建立更好的模型，从而生成更精确的表面。在 ArcMap 图层中的许多显示与管理工具，在地统计图层中也同样适用。

思 考 题

1. 简述 GIS 属性数据的特点。
2. 简述 GIS 属性数据的一般统计分析方法。
3. 简述地统计分析的概念和特点。
4. 简述基于密度的点模式分析方法。
5. 简述基于距离的点模式分析方法。
6. 简述空间权重矩阵的类型。
7. 简述面状数据的趋势分析方法。
8. 简述空间自相关分析方法。
9. 简述区域化变量的定义和平稳性假设。
10. 简述变异函数的定义和非负定性条件。
11. 简述变异函数模型拟合及其评价方法。
12. 简述一般的理论变异函数模型的类型及其特点。
13. 简述常用的克里金估计方法。
14. 简述探索性数据分析的基本方法。
15. 简述探索性空间数据分析的基本方法。
16. 简述 ArcGIS 的地统计分析工具。

参 考 文 献

邸凯昌，李德仁，李德毅．1999．用探测性的归纳学习方法从空间数据库发现知识．中国图象图形学报，4A（11）：924-929．

范新生，应龙根．2005．中国 SARS 疫情的探索性空间数据分析．地球科学进展，20（3）：282-287．

龚健雅．2001．地理信息系统基础．北京：科学出版社．

侯景儒．1998．实用地质统计学．北京：地质出版社．

胡鹏，黄杏元，华一新．2001．地理信息系统教程．武汉：武汉大学出版社．

黄勇奇，赵追．2006．遥感观测数据的探索性分析研究．遥感信息，(5)：24-26．

黎夏，刘凯．2006．GIS 与空间分析——原理与方法．北京：科学出版社．

刘志坚，陈思源，欧名豪．2007．GIS 探索性空间数据分析方法及其在地价分布信息提取中的应用研究．安徽农业大学学报，34（3）：415-419．

牧童，张会娜，孙永华，王一涵，潘晓平．2009．基于 GIS 四川茂县儿童结核病探索性空间数据分析．中国妇幼保健，24（20）：2798-2800．

苏方林．2008．中国省域 R&D 活动的探索性空间数据分析．广西师范大学学报

（哲学社会科学版），44（6）：52-56.

王家华，1999，克里金地质绘图技术，北京：石油工业出版社.

王家华，张团峰，2001，油气储层随机建模，北京：石油工业出版社.

王仁铎，胡光道. 1998. 线性地质统计学. 北京：地质出版社.

王政权. 1999. 地统计学及在生态学中的应用. 北京：科学出版社.

王远飞，何洪林. 2007. 空间数据分析方法. 北京：科学出版社.

赵鹏大，2004，定量地学方法及应用，北京：高等教育出版社.

张仁铎. 2005. 空间变异理论及应用. 北京：科学出版社.

张馨之，龙志和. 2006. 中国区域经济发展水平的探索性空间数据分析. 宁夏大学学报（人文社会科学版），28（6）：106-109.

张治国. 2007. 生态学空间分析原理与技术. 北京：科学出版社.

张学良. 2007. 探索性空间数据分析模型研究. 当代经济管理，29（2）：26-29.

ArcGIS Desktop Help，ArcGIS 帮助系统.

Cressie N. 1991. Statistics for Spatial Data. New York：John Wiley.

Haining R and Wise S. 1997. Exploratory Spatial Data Analysis. NCGIA Core Curriculum in GIScience, http://www.ncgia.ucsb.edu/giscc/units/u128/u128.html, posted December 05, 1997.

Hoaglin D C, Mosteller F, Tukey J W ［美］著. 陈忠琏，郭德媛译. 1998. 探索性数据分析. 北京：中国统计出版社.

Journel A. G. 1978. Mining geostatistics ［M］. London；New York：Academic Press.

Matheron G. 1965. Les variables regionalisees et leur estimation ［M］. Masson Press, Paris.

Michel D. 1977. Geostatistical ore reserve estimation, Elsevier Scientific Pub. Co., distributors for the U. S. A. and Canada, Elsevier/North-Holland, Amsterdam, New York.

Murray A T, Mcguffog I, Western J S, Mullins P. 2001. Exploratory spatial data analysis techniques for examining urban crime. British Journal of Criminology, (41): 309-327.

Tobler W R. 1970. A computer movie simulating urban growth in the Detroit region. Economic Geography, (46): 234-40.

第8章 空间决策支持

8.1 空间分析与空间决策支持

空间分析是地理信息系统的核心。根据空间分析的智能化程度以及空间分析过程中引入知识的多少，可以将空间分析划分为一般空间分析、空间决策支持和智能空间决策支持。三者的关系如图 8.1 所示。

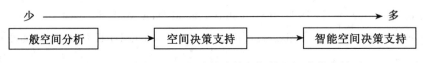

图 8.1 空间分析、空间决策支持与智能空间决策支持

地理信息系统经过近半个世纪的发展，已从传统的空间数据管理系统发展成为空间数据分析系统，并将最终向空间决策支持系统过渡，实现空间数据管理向空间思维的转变，地理信息系统正处在空间分析系统步入空间决策支持系统的关键时期（刘耀林，2007）。

空间数据管理系统侧重于空间数据结构、计算机制图等基本内容的研究，实现空间数据的存储和查询。空间分析是基于地理对象的位置形态特征的空间数据分析技术，其目的在于提取和传输空间信息（郭仁忠，2001）。随着空间分析工具的不断开发，GIS 实现了从传统的空间数据管理系统向空间数据分析系统的转变。地理信息系统的空间思维就是要利用 GIS 数据库中已经存储的信息，通过 GIS 的空间分析工具生成地理空间知识，并将其存储于 GIS 空间数据库中，用以指导空间决策行为。GIS 的空间思维功能使人们能够揭示空间关系、空间分布模式和空间发展趋势等其他类型信息系统所无法完成的任务，其实质就是具有地理空间现象的建模、解释与决策的功能，其核心是地学建模。而地学模型的建立是以空间分析的基本算法和基本模型为基础的，因此可以说，GIS 空间分析是实现其空间思维的工具，GIS 空间决策是思维的具体体现，空间决策是空间分析的目标（刘耀林，2007）。

地理信息系统面临着从空间分析系统向空间决策支持系统转变的机遇和挑战，如何应对这一挑战，迫切需要对空间分析理论和技术体系、空间决策支持关键技术进行及时总结，澄清发展中面临的主要问题，提出解决思路，指明未来发展的方向（刘耀林，2007）。

8.1.1 一般空间分析

一般空间分析方法在前面几章中已经进行了详细的讨论，在一些常用的 GIS 软件中，如 ArcGIS，MapInfo，GeoStar，Supermap 等，都具有这些常用的空间分析功能。

一般空间分析方法包括栅格数据的聚类聚合分析、信息复合分析、追踪分析、窗口分析，矢量数据的包含分析、缓冲区分析、叠置分析、网络分析，三维数据的体积计算、表面积计算、坡度坡向计算、剖面分析、可视性分析、谷脊特征分析、水文分析，以及属性数据的一般统计分析方法和地统计分析方法等。

应用这些一般的空间分析方法解决具体的空间分析问题时，通常需要同时运用多种空间分析操作。因此，设计高效率的空间分析过程将十分有利于问题的解决。

一般空间分析的步骤如下。

步骤 1：建立分析目的和标准

分析目的是用户打算利用地理数据库回答什么问题，而标准是指如何利用 GIS 的空间分析功能来回答这些问题。

例如，某项空间分析的目的是确定适合建造一个新公园的位置，公园的位置必须是从主要公路上容易到达的，但又不能太靠近主要公路等。而满足这些目的的标准，应该可以表述成用一系列的空间查询语句来进行分析的格式。对每个标准可以利用缓冲区分析、叠置分析等空间分析操作进行分析，然后对分析结果进行评价。

步骤 2：准备空间操作的数据

确定和准备空间分析中所要用到的数据，包括空间数据和属性数据。数据准备的要求因研究对象不同而异，在进行分析之前，对数据准备进行全面的考察，将有助于用户有效地完成分析工作。

步骤 3：进行空间分析操作

这一步骤是地理信息系统所特有的。正是利用这一步骤产生了用于分析的空间关系。空间分析操作包括缓冲区分析、拓扑叠加分析、特征抽取以及特征合并等。每个空间分析操作都将产生分析所需要的新的信息。为了得到符合要求的数据，可能需要进行多种空间分析操作。

步骤 4：准备表格分析的数据

大多数分析都要求利用空间操作得到一个最终图层（coverage）或一组图层。一旦产生了最终的图层，就必须准备用于分析的数据，包括空间数据和描述性数据。

步骤 5：进行表格分析

利用逻辑表达式和算术表达式，对步骤 3 中进行空间操作所获得的新的属性关系进行分析。

步骤 6：结果的评价和解释

在完成以上分析后，将获得一个结果，必须对这个分析结果进行评价，以确定其有效性。

步骤7：如有需要，改进分析

考虑到分析还具有某些局限性和缺点，可以决定对分析方法和过程进行改进。

步骤8：产生分析结果的最终地图和表格报告。

以最有效而又可靠的方法输出分析结果。可以利用GIS软件提供的地图输出模块产生地图，利用属性数据处理模块产生表格和报告。

在实际的空间分析应用中，可以按照以上介绍的一般空间分析的步骤完成分析操作，但是不一定要求严格按照以上八个步骤进行，可以对部分步骤进行综合处理。下面结合一些具体的实例详细说明空间分析的一般过程。

1. 空间分析的示例1

利用空间分析方法进行国家森林公园的选址。

1) 问题提出

在某地建立一个国家森林旅游点，参考一定的旅游条件，在1：2.5万地图上确定出旅游点的范围，并绘制成图，最后提交决策者参考。

2) 数据源

建立一个国家森林旅游点所需要的空间数据包括：

(1) D_1：公路及铁路分布图（1：2.5万），一种线状图。

(2) D_2：森林服务权属图（1：2.5万），一种面状地图。

(3) D_3：城镇行政区划图（1：2.5万），一种面状图。

3) 所需要实现的GIS功能

为了完成该问题，需要用到以下几方面的GIS功能：①属性重分类；②面状边界消除与合并；③缓冲区生成；④拓扑叠加；⑤面积量测；⑥中心点计算及叠加；⑦绘图输出；⑧生成报表。

这些功能需要综合应用多种GIS的空间分析模型完成。

4) 具体操作步骤

(1) 根据森林权属数据将面状地物分成林地与非林地两大类。

(2) 消除同一属性值为林地或非林地的相邻多边形的边界并加以合并。

(3) 在所有公路或铁路周围生成0.5km、1.0km宽的缓冲区，并分别赋属性值。

(4) 拓扑叠加步骤（2）、步骤（3）的图层，生成新的图层，并连接相关属性信息，得到具有下列属性的多边形：①林地、非林地；②0.5km内；③0.5km外且1.0km范围以内的区域；④1.0km范围以外的区域。

(5) 拓扑叠加城镇边界图，得到市区、非市区属性，并添加到步骤（4）所得到的属性表中。

(6) 得到重新分类的面状地物图，其属性组合可能存在以下类型：①A：非林地；②B：林地、市区；③C：林地、非市区且距公路或铁路0.5km之内；④D：林地、非市区且距公路或铁路 0.5km 到 1.0km 之内；⑤E：林地、非市区且距公路或铁路 1.0km 之外。

(7) 消除并合并步骤 (6) 所得到的同类多边形边界。

(8) 量算步骤 (7) 所得到的多边形的面积。

(9) 依据面积约束条件，对以下 C 类多边形再分类：①C_1：面积小于或等于 5km^2；②C_2：面积大于 5km^2。

(10) 计算多边形中心，并累计多边形的编号。

(11) 叠加绘出步骤 (10) 所赋予的分类多边形、交通图、行政区划图。

(12) 统计输出分类多边形的面积、属性资料。

5）将分析结果以地图和表格的形式打印输出

2. 空间分析的示例 2

利用空间分析方法进行道路拓宽改建过程中的拆迁指标计算（邬伦等，2001）。

1）明确分析的目的和标准

本例的目的是计算由于道路拓宽而需要拆迁的建筑物建筑面积和房价价值，道路拓宽改建的标准是：道路从原有的 20m 拓宽至 60m；拓宽道路应尽量保持直线；部分位于拆迁区内的 10 层以上的建筑物不得拆除。

2）准备进行分析的数据

本示例需要准备两类数据：一类是现状道路图；另一类为分析区域内建筑物分布图及相关信息。

3）进行空间操作

首先选择拟拓宽的道路，根据拓宽半径，建立道路的缓冲区。然后将此缓冲区与建筑物层数据进行拓扑叠加，产生一幅新图，此图包括所有部分或全部位于拓宽区内的建筑信息。

4）进行统计分析

首先对全部或部分位于拆迁区内的建筑物进行选择，凡部分落入拆迁区且层数高于 10 层以上的建筑物，将其从选择组中去掉，并对道路的拓宽边界进行局部调整。然后对所有需要拆迁的建筑物进行拆迁指标计算。

5）将分析结果以地图和表格的形式打印输出

3. 空间分析的示例 3

利用空间分析方法进行辅助建设项目的选址（邬伦等，2001）。

1）建立分析的目的和标准

分析的目的是确定一些具体的地块，作为一个轻度污染工厂的可能建设位置。工厂选址的标准包括：地块建设用地面积不小于 10000m^2；地块的地价不超过 1 万元/m^2；地块周围不能有幼儿园、学校等公共设施，以免受到工厂生产的影响。

2）从数据库中提取用于选址的数据

为达到选址的目的，需要准备两种数据：一种为包括全市所有地块信息的数据层；

另一类为全市公共设施（包括幼儿园、学校等）的分布图。

3）进行特征提取和空间拓扑叠加

从地块图中选择所有满足条件1、2的地块，并与公共设施层数据进行拓扑叠加。

4）进行邻域分析

对叠加的结果进行邻域分析和特征提取，选取满足要求的地块。

5）输出

将选择的地块及相关信息以地图和表格形式打印输出。

8.1.2 空间决策支持

空间决策支持是应用各种空间分析手段对空间数据进行处理，以提取出隐含于空间数据中的某些事实和关系，并以图形和文字的形式直观地加以表达，为现实世界中的各种应用以及决策人员的决策提供科学、合理的支持。由于空间分析手段直接融合了数据的空间定位能力，并能够充分利用数据的现势性特点，因此，其提供的决策支持将更加符合客观现实，更具合理性。

空间决策支持系统（spatial decision support system，SDSS）是由空间决策支持、空间数据库、空间知识库等相互依存、相互作用的若干元素构成，形成能够完成空间数据处理、分析和决策等任务的有机整体。它是在常规决策支持系统和地理信息系统相结合的基础上，发展起来的新型信息系统。

空间决策支持系统以空间分析技术为基础，它是连接空间信息分析技术和专业领域模型的纽带。模型库管理技术直接制约着空间决策支持系统的发展和应用。模型库管理系统是实现空间决策支持的工具化的关键，它的建成将直接推动空间决策支持系统的应用发展（刘耀林，2007）。

目前，尽管各种商业软件不断推出，各种应用于空间数据处理的商业化手段也日臻完善，但是由于用户目的是千变万化的，不能用一种定式加以限制。因此，提出一种完全封装的、高度智能的通用软件是不现实的。目前，更多的空间决策手段则是利用现有软件提供的某些空间分析工具，按照用户意图，开发合理的决策模型，以实现决策支持。

国土规划、场址选择、灾害评价等都属于空间分析决策所研究的领域，分析人员根据特定的决策目的与要求，运用分析手段，分析相关的空间与非空间信息，得出分析结果。

因此，空间决策问题大大超过了地理信息系统的一般空间分析功能的要求。

空间决策支持的过程如下：

（1）确定目标。

根据用户的要求，确定用户的最终实现目标，并对目标性质进行分类，确定对目标的初步认识。

（2）建立模型。

建立分析的运作模型及定量模型。前者是指用户的实际运作过程的各种业务的运作模型；后者是指参照用户的实际工作模型，结合空间数据的空间特点，形成各种定量分析模型。

该步骤是空间决策支持过程与一般空间分析过程的主要区别。

(3) 寻求空间分析手段。

结合以上分析结果，逐步分解细节，寻求空间分析手段，对各种可能的分析手段进行分析，确定可行性的分析过程，尤其应注意空间数据的有效连接，最后形成分析结果，提交用户使用。

(4) 结果评价。

空间分析结果的合理性，直接影响到决策支持的效果。合理可靠的结果会对决策起到推动和促进作用，并起到事半功倍的效果。但是，如果结果不合理，甚至错误的分析结果会导致决策的失误乃至失败，从而导致不可预见的后果。因此，必须对空间分析的结果进行评价，确定结果的合理性和可靠性。

空间决策支持经常用于诸如最佳路径、选址、定位分析、资源分配等经常与空间数据发生联系的领域，通过对这些应用领域的延伸，还可用于其他社会或经济部门。

空间决策支持过程与一般空间分析过程的主要区别表现在：空间决策支持应用了多种分析运作模型和分析定量模型，可以认为空间决策支持比一般的空间分析具有更多的智能处理功能。

8.1.3 智能空间决策支持

智能空间决策支持是在空间决策支持的基础上，增加了更多的人工智能技术，提高了空间决策支持的智能化处理水平，能够解决更加复杂的空间决策问题。

虽然利用空间决策支持系统可以解决特定的决策问题。但是，构建一个空间决策支持系统比较费时。经过多年的研究和发展，证明使用软件工程和知识工程，开发空间决策支持系统的开发环境（外壳或产生器），是建立空间决策支持系统的经济和灵活的方式。这样，分析人员就可以快速高效地建立多种领域的空间决策支持系统。

一个比较好的解决思路是：开发一个通用的开发工具，决策者可以用来操作空间决策支持系统，解决特定的空间决策问题。图 8.2 是一个通用的智能空间决策支持系统的结构体系图（邬伦等，2001）。

通用智能空间决策支持系统的体系结构的关键组成包括：

(1) 专家系统壳。

专家系统壳是该系统的核心，可以单独作为专家系统的开发工具，直接控制着空间决策支持系统（SDSS）的控制流和对外交流的元知识，以及非结构化空间知识的推理机。它是空间决策支持系统（SDSS）的大脑。为了便于使用空间数据和非空间数据，专家系统壳提供了与外部数据库的接口，包括与 GIS（地理信息系统）的接口、与关系数据库的接口，以及与遥感信息系统的接口。

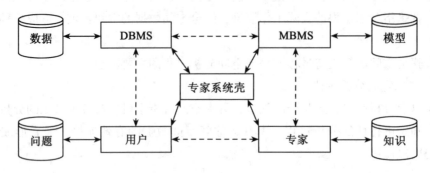

图 8.2　通用智能空间决策支持系统的结构体系图

(2) 模型库管理系统（MBMS）。

模型库管理系统（model base management system，MBMS）是一个支持模型生成、存储、运行和应用的软件系统（Jian Ma，1995）。模型生成包括问题启发、建模风格选择、模型提出、模型有效性、模型验证；模型存储功能包括模型表示、模型求解、结果分析和报告生成；模型维护功能包括配置和进化管理、一致性和完整性维护。空间决策支持系统的模型库管理系统主要管理和处理程式化知识，包括算法、统计程序和数学模型，它有一个与专家系统壳的接口，可以通过专家系统壳的元知识进行模型的调用。

(3) 数据库管理系统（DBMS）。

数据库管理系统（data base management system，DBMS）对空间决策支持系统的各种数据（图形、图像、关系数据等）进行统一管理。DBMS 负责协调与数据库中信息的存储、访问以及传播有关的活动，负责保持 SDSS 数据库中包含的数据与 SDSS 应用之间的逻辑独立性。

(4) 用户界面。

建立智能空间决策支持系统的目的是为专家提供决策支持，因此，有好的用户界面是 SDSS 的重要组成部分，甚至决定一个智能空间决策支持系统的成败。具有良好的用户界面的空间决策支持系统，才能更好地发挥专家的作用。

(5) 空间知识获取模块。

空间知识库是空间决策支持系统的重要内容，没有知识的专家系统只是一个空壳。知识获取模块是空间决策支持系统的重要组成部分。专家系统的知识获取模块主要是知识工程师通过与专家进行交流，将专家的知识转化为空间决策支持系统的空间知识库中的知识。随着知识发现和数据挖掘的理论和方法的发展，从大量的数据库中利用数据挖掘的方法自动获取知识，为知识获取模块提供了一种新的有效的手段。

智能空间决策支持系统目前还处于初期研究阶段，要真正实现智能空间决策支持系统目前还有一定的难度。不断地借鉴人工智能、机器学习等技术，从而不断地提高空间分析的智能化程度，是一种切实可行的研究思路。

8.2 空间决策支持系统

目前,大多数 GIS 尚停留在空间数据获取、存储、查询、分析、显示、制图、制表的水平上,缺少对复杂空间问题决策的有效支持能力,很难满足各级决策者的需要。但是,自 20 世纪 80 年代中后期以来,空间决策支持系统(spatial decision support system,SDSS)作为一个新兴科学技术领域,是在地理信息系统技术和决策支持系统(decision support system,DSS)技术的基础上产生的,并在国内外引起了越来越广泛的关注。

一般来说,SDSS 能帮助决策者从错综复杂、扑朔迷离的现象中抓住本质、理清头绪、明确自己的主要任务和目标;能够帮助决策者自主、灵活地生成各种解决问题的方案,研究和比较它们的利弊与矛盾,进而找出切实可行的解决办法,采取相应的措施与行动(Sprague and Carlson,1982;Sprague and Watson,1989;Densham,1991;阎守邕等,1996;阎守邕、陈文伟,2000)。然而,在实际工作中,不同层次和类型的用户往往对 SDSS 有着不同的要求。例如,决策者只重视处理结果,而不关心具体过程,希望 SDSS 是一种"傻瓜"系统;而决策者的助手们需要随时完成领导交办的各种任务,希望 SDSS 是一种实用的工具箱,能够灵活、有效地帮助他们完成任务,积累和利用有关知识和经验,逐步提高自己的科学决策能力。

8.2.1 空间决策过程的复杂性

1. 决策理论

1) 基本概念

决策是一个决策者为达到特定的目的,在一定的约束条件下,选择最优方案的过程。

2) 决策问题的构成

一般的决策问题具有一定的决策准则,使用一定的决策准则表示一般化的决策问题,一般的决策问题主要由以下几个部分组成。

(1) 方案集合:可供选择的决策方案集合,记为 A。

(2) 状态集合:决策问题所处的外界环境,称为状态。系统所有可能的状态,称为状态集合,记为 Q。

(3) 损益函数:在决策问题中,如果采用策略 a ($a \in A$),假定系统状态出现 q ($q \in Q$),系统收益 $W=(a, q)$。

定义映射:

$$W: (A \times Q) \to \mathbf{R}$$

为决策问题的损益函数。

在 A,Q 可数的情况下,可获得如表 8.1 所示的损益表。

表 8.1　　　　　　　　　　　　　　决策损益表

	Q_1	Q_2	...	Q_n
A_1	w_{11}	w_{12}	...	w_{1n}
...	...	...	...	...
A_m	w_{m1}	w_{m2}	...	w_{mn}

（4）目标函数（决策准则）：目标函数记为 F。

损益函数只是系统的实际收益情况，但没有给出收益的评价标准，即"抉择"时的优化准则。对于不同的决策者、问题和方法，抉择准则都是不同的，它最终决定了方案的形成。

综上所述，可以将一个决策问题记为：

$$\text{Udm} = \{F, A, Q, W\}$$

式中：F 为目标函数或抉择准则；A 为候选方案集；Q 为状态集；W 为损益函数。

决策学的常规方法用于解决普通决策问题，这类问题满足以下条件：

① 存在决策者希望达到的明确目标；

② 存在可供决策者选择且可以明确组分的候选方案；

③ 存在不受决策者控制的系统状态，系统状态集与候选方案集相互独立；

④ 损益值可以精确量化，A、Q 均为可数集合。

3）决策问题的分类

根据决策问题中 Q 的状态数，可以将决策问题划分为以下几种类型：

（1）当系统状态集 Q 中的状态数 $n=1$ 时，为确定性决策问题。

（2）当 $n>1$ 时，且系统各状态出现的概率未知时，为不确定性决策问题。

（3）当 $n>1$ 且系统各状态出现的概率服从一个已知的概率分布时，为风险性决策问题。

2. 空间决策问题

1）空间决策问题的类型

与决策问题的分类方法类似，空间决策问题也可以分为三种类型：确定性空间决策、不确定性空间决策和风险性空间决策。

确定性空间决策实际上是一个最优化问题，像土地适宜性评价的多准则决策和线性规划均属此类决策问题，能与 GIS 的空间分析功能完全集成。但是，大量的空间决策问题往往涉及结构化知识、非结构化知识，人的评价和判断等不同形式的知识，决策的不确定性和风险性很大。

以商业网点的空间决策分析问题为例，领域专家已经提出了设施配置的判别规则，这些规则是以描述性方式表达的知识，在充分分析了土地的自然条件、社会经济条件、人口密度、人均可支配等相关因素的基础上，根据判别规则推理，得出商业网点方案；

而且,专家还构建了相关模拟模型,这些知识都属于程式化知识。商业网点的选择是建立在定量模型计算分析基础上的估算过程。

2) 空间决策中的结构化信息和非结构化信息

信息技术的快速发展为决策者提供了越来越多的空间和非空间信息,包括地图、航片、遥感测量信息、表格、文本数据等。这些海量信息可以分为结构化和非结构化信息。

(1) 结构化的信息:结构化信息具有高度结构化的形式和结构化的求解程序,如数学模型、计算机算法等都属于此类型的信息,这类信息遵循固定的框架,大多数情况下只能被专家理解,又称为程式化知识(procedural knowledge)。

(2) 非结构化信息:大量的信息是非结构化的,像人类的经验、感官体验、世界观等,本质上属于定性信息,不能用固定的程序进行表达,又称为描述性知识(declarative knowledge)。

决策者使用信息和知识,在解决结构化、非结构化和半结构化问题上的复杂程度大不相同。以某城市设置商业网点为例,在某些特定约束条件下,配置最少数量的商业网点是一个结构化问题,可以通过最优化方法进行求解;寻找最优商业网点数量的所有可能位置则是一个半结构化问题,涉及多种准则评价和价值评判;为布设商业网点确定总体目标和总体方针政策则属非结构化问题,涉及灵活的定性问题,不能用固定的程式化知识来解决。

总之,空间决策是一个涉及多目标和多约束条件的复杂过程,通常不能简单地通过描述性知识和程式化知识进行解决,往往要求综合地使用信息、领域专家知识和有效的交流手段。

3) 空间决策中信息和知识的相互作用

空间决策中信息和知识往往是互相作用的,如图8.3所示(邬伦等,2001)。

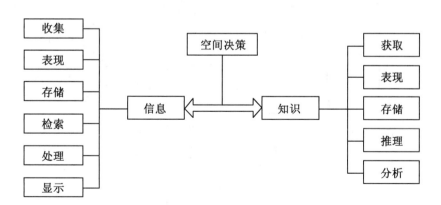

图 8.3 空间决策中信息和知识的相互作用

信息处理和知识处理是空间决策的两个主要内容,二者是相互作用的。

信息处理包括信息的收集、信息的表现、信息的存储、信息的检索、信息的处理、信息的显示等；知识处理包括知识的获取、知识的表现、知识的存储、知识的推理、知识的分析等。空间决策支持中的知识和信息是相互作用，对信息的进一步处理，对信息进行概括和抽象，就可以把信息转化为知识。在进行知识的推理和分析时必须有信息提供支持。空间决策中的空间知识和空间信息的相互作用是对传统信息技术的扩充，没有知识推理不可能作出科学的智能决策。

地理信息系统为决策支持系统提供了强大的数据处理、分析结果显示的工具，但是，在解决复杂空间决策问题上缺乏智能推理功能。所以，复杂的空间决策问题，需要在地理信息系统的基础上开发智能决策支持系统，用于数据处理、知识表现和推理、自动学习、系统集成、人机交互等。

在进行空间决策支持的过程中，需要用到知识获取、知识表现和知识推理等知识工程技术和人工智能技术，以及集成数据库、模型、非结构化知识及智能用户界面的软件工程技术等。

8.2.2 空间决策支持系统的分类

空间决策支持系统（SDSS）可以从它的功能特点、技术水平和体系结构等不同的角度进行分类。根据系统的功能特点，SDSS 可以分为通用开发平台、专用软件工具和具体应用系统三大类；根据技术水平，SDSS 可以分为地理信息系统、空间决策支持系统和空间群决策支持系统 3 个层次；根据系统的体系结构，SDSS 可以分为单机系统和网络系统两种类型。这样，就构成了如图 8.4 所示的 SDSS 分类体系或分类立方体（阎守邕，1995；阎守邕，陈文伟，2000）。

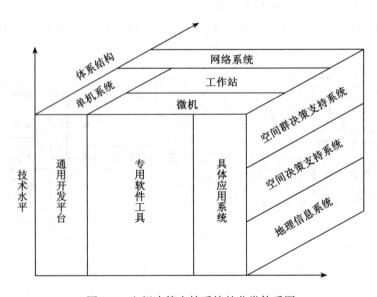

图 8.4　空间决策支持系统的分类体系图

SDSS 分类体系的建立，不仅有助于对 SDSS 具体研制任务的目标、范围、过程和技术路线明确定义和有效实施，而且也有益于整个 SDSS 科学技术体系的迅速发展和广泛应用（阎守邕，陈文伟，2000）。

8.2.3 空间决策支持系统的一般构建方法

根据图 8.4 中 SDSS 的功能特点、技术水平和体系结构，文献（阎守邕，陈文伟，2000）所研制的 SDSSP 可以定位在图中空间决策支持系统、通用开发平台和网络系统三个侧面相交构成的小立方体上。SDSSP 的构建方法代表了空间决策支持系统的一般构建方法。用这个小立方体定义的 SDSSP 在空间决策支持系统领域的开发、应用过程中的主要特点如下（阎守邕，陈文伟，2000）。

（1）SDSSP 由 SDSS 专用工具、应用系统以及决策方案的基本软件工具模块组成，用户能够方便、灵活、自主和高效地生成各种 SDSS 专用工具，而基本模块是一种完全独立于任何具体决策应用任务之外的通用开发工具系统。

（2）它是能根据用户的具体需要，通过框架流程图或集成语言程序运作方式，调用系统中的模型、数据、工具、知识等资源，在多种决策方案生成、比较和选择的基础上，给用户决策支持的信息系统。

（3）它是能把自己的各个组成部分以不同的布局安排和组合方式，在由客户端控制系统、模型库服务器、数据库服务器组成的多用户、分布式的异构环境里运行服务，实现模型等资源共享的网络系统。

下面着重介绍 SDSSP 的技术构成和运行方式（阎守邕，陈文伟，2000）。

1. 技术构成

SDSSP 由如图 8.5 所示的客户端交互控制系统、广义模型服务器系统和空间数据库服务器系统三个部分组成。它们之间的通信是通过严密定义的网络通信协议、应用程序接口（API）和远程调用实现的，具有由交互控制系统和模型库服务器和数据库服务器构成的一体化 3 层客户/服务器结构（阎守邕，陈文伟，2000）。

1）客户端交互控制系统

客户端交互控制系统由可视化系统生成工具、模型库服务器操作模块、数据库服务器操作模块三个部分组成。可视化系统生成工具可以通过各种图标（模块、选择、循环、并行、合并等）的调用，迅速地建造、修改解决实际问题的系统控制流程，进而通过流程的运行生成可供比较与选择的多种决策方案；模型库服务器操作模块从客户端对广义模型服务器中的各种广义模型库进行管理和操作，如浏览、查询、增加、修改、删除、运行等操作；数据库服务器操作模块从客户端对空间数据库中各数据库进行数据存取操作，如浏览、查询、增加、修改、删除、保存等操作。

2）广义模型服务器系统

（1）广义模型服务器系统的基本组成。

广义模型服务器由服务器通信接口、命令解释器、运行引擎、广义模型库、广义模

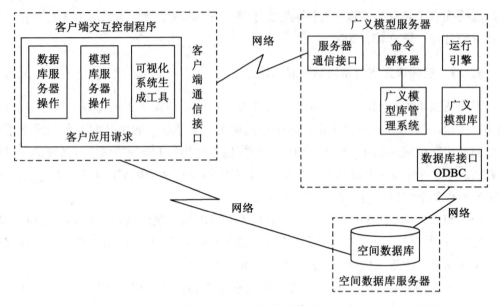

图 8.5　SDSSP 的技术构成

型库管理系统和数据库接口六个部分组成。主要包括统一管理模型库、算法库、工具库、知识库、方案库、实例库，控制运行以及负责从数据库服务器提取数据等功能。这种统一管理属于静态管理范畴，包括存储结构和库操作两方面的内容，均用管理语言来完成。

各库的存储结构统一规定为：文件库+字典库。具体的库文件有：算法程序文件、模型数据描述文件（MDF）和模型说明文件（MIF）、工具程序文件、知识的文本文件、框架流程图文件、框架流程实例文件；各库的字典为该库的一些具体的说明信息，包括目录、名称、分类、说明文件等内容。各库的操作包括查询、浏览、增加、修改、删除等项目。

（2）广义模型服务器系统的运行方式。

模型服务器的运行由运行引擎控制。它解释和并发执行（多线程）用户提出的请求（描述文本），匹配检索模型库中的模型或算法，匹配提取数据库中的数据，驱动和完成模型或算法的运算，将处理结果提交给通信接口并传送给客户端。在各库中只有模型库、工具库、实例库和知识库是可运行的。

模型通过运行命令完成它的运行，工具程序一般传到客户端由用户控制运行，实例通过实例解释程序完成它的运行，知识是在推理机下进行搜索和匹配完成它的推理。算法库本身是不可运行的，只有在与数据连接之后作为模型才能运行；方案库是一些不可运行的系统流程图文件，只有在实例化以后才可运行。从数据库服务器中存取模型，在运行时所需各种数据的任务由数据库接口完成。在 SDSSP 中，采用商品软件 ODBC 作为自己的数据库接口软件。

（3）模型库系统。

模型库系统（model base system，MBS）对模型进行分类和维护，支持模型的生成、存储、查询、运行和分析应用。模型库系统是开发管理及应用数学模型的有力工具，它包含多种用于模型管理和生成的子系统，利用这些系统，可帮助研究人员完成模型的部分工作，提高空间决策支持的科学性和有效性。

模型库系统主要包括模型的生成、模型运行及模型管理三个子系统。在模型的生成部分要调用模型方法库中的构造模型的连接方法模块，同时调用模型数据库中的数据字典。模型的运行是在方法库和模型数据库的支持下完成的。模型库系统的基本结构如图8.6所示。

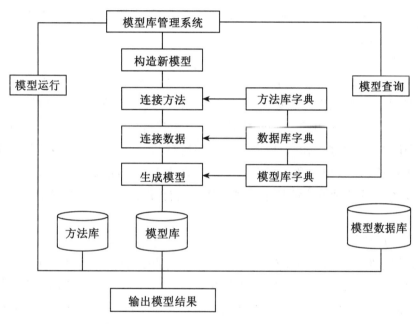

图8.6 模型库系统的基本结构

模型库系统的基本功能包括以下几个方面的内容：

①建立新模型：用户利用系统建立新模型或输入新模型，并自动完成对新增模型的管理。

②模型连接：系统按照用户的需求自动将多个模型连接起来运行，同时检查模型之间数据的传输是否合理，若不合理，系统将提示用户不能进行模型连接。

③模型查询：系统提供了对库内模型的查询功能，用户通过模型查询，选用适当的模型。

④模型库字典及管理功能：系统建有模型库字典以存储关于模型的描述信息，并能完成对模型库字典的管理。当有新模型生成时，系统自动将新模型的有关信息存入字典，实现对新模型的管理。

⑤模型的生成：模型生成是模型运行系统的关键部分。系统可根据用户输入的模型名在模型库内查询出所需运行的模型及其有关信息，其中重要的信息是该模型所使用的方法和模型使用的数据库名称。系统根据这两项内容从方法库内调出该方法的运行程序，从模型数据库中调出该模型所使用的数据，经过连接后投入运行。

⑥模型运行：库内模型的运行与一般模型没有什么不同，唯一的区别在于某方法程序运行结束后，可自动连接模型方法链中下一个环节的方法，直到链内所有的方法运行完成后返回到运行系统模块的控制之下，所有这些步骤中间无须用户的干预。

3) 空间数据库服务器

SDSSP 的数据库服务器由现有的商品数据库服务器 SQL Server 以及有关的应用软件，如数据的条件查询、分级查询、地图查询等模块构成。空间数据库服务器的主要功能是根据用户查询、模型运行等方面的需要，对有关数据库进行统一管理以及完成必要的数据查询、存取作业等。

2. 运行方式

用户在 SDSSP 支持下生成和运行解决某个或某些实际问题的方案时，可供选择的 SDSS 运行方式有框架流程图和集成语言程序两种方式（阎守邕，陈文伟，2000）。它们在客户端构成了 SDSS 中的"人机对话系统"，实际控制着流程图的生成和修改、模型的选择和调用、大量数据的存取和显示、多模型的组合运行、模型库与数据库的接口，真正把数据库、模型库和人机对话系统等有机地集成起来，使之成为一个完整的 SDSS 集成系统。这两种方式都是通过"解释"执行的，而且彼此能够对应，相互可以转换。

1) 框架流程图方式

SDSSP 用框架流程图方式生成和运行 SDSS 的具体过程，如图 8.7 所示。在这种方式下，用户通过交互方式使用 SDSSP 可视化系统生成工具的有关图标，生成解决某个或某些实际问题的框式流程图或逻辑方案。其中，每个框都与模型库中相应的模型连接，模型又与算法库中相应的算法、数据库中相应的输入输出数据连接。而通过这种框架流程图的运行，完成从框架运行到模型运行，以及相应算法调用和数据存取的过程（阎守邕，陈文伟，2000）。

2) 集成语言程序方式

SDSS 生成和运行的集成语言程序方式如图 8.8 所示。由 SDSSP 可视化系统生成工具所生成的、能够解决某个或某些实际问题的系统框式流程图或逻辑方案，同时可以转换成相应的集成语言程序。例如，流程图中模型框的连接可以转换成模型的调用语句，流程图中的分支循环结构可以转换为相应的选择循环语句（阎守邕，陈文伟，2000）。

8.2.4 空间决策支持系统的功能

空间决策支持系统与一般的决策支持系统的功能相同，只是更注重空间数据和空间知识的获取，以及空间问题的解决。通常，空间决策支持系统包括以下功能：

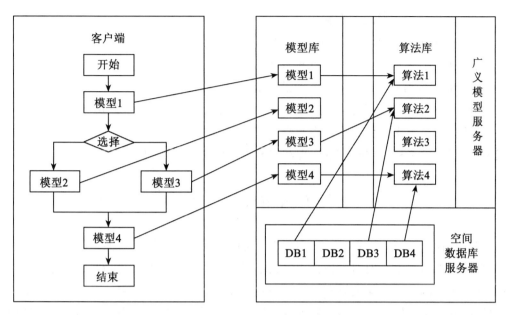

图 8.7 框架流程图方式

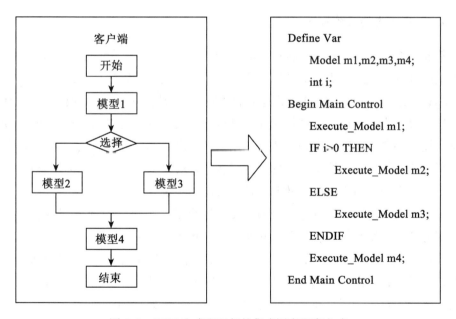

图 8.8 SDSS 生成和运行的集成语言程序方式

(1) 不同数据源的空间和非空间数据的获取、输入和存储。
(2) 复杂空间数据结构和空间关系表示方法,适于数据查询、检索、分析和显示。
(3) 灵活的集成程序式空间知识(数学模型、空间统计)和数据的处理功能。
(4) 灵活的功能修改和扩充机制。

(5) 友好的人机交互界面。
(6) 提供决策需要的多种输出。
(7) 提供非结构化空间知识的形式化表达方法。
(8) 提供基于领域专家知识的推理机制。
(9) 提供自动获取知识或自学习的功能。
(10) 提供基于空间信息、描述性知识、程式化知识的智能控制机制。

这些空间决策支持系统的功能的要求超出了 GIS 的功能范围，需要集成人工智能、知识工程、软件工程、空间信息处理和空间决策理论等领域的最新技术。

8.3 空间决策支持的相关技术

空间决策支持系统沿着一般空间分析、空间决策支持系统、智能空间决策支持系统的发展轨迹发展，不断地引入各种相关技术，提高空间分析解决复杂问题的能力，提高智能化水平。因此，空间决策支持系统必须研究一些相关技术，包括决策支持技术、专家系统技术、空间知识的表达与处理方法、空间数据仓库技术、空间数据挖掘与知识发现技术等。下面将对这些相关技术进行分析和介绍。

8.3.1 决策支持系统技术

决策支持系统（decision support system，DSS）是辅助决策者通过数据、模型、知识以人机交互方式，进行决策的计算机应用系统。它起始于管理信息系统（management information system，MIS），在 MIS 的基础上增加了非结构化问题处理模块、模型计算和各种方法，以解决结构化、非结构化和半结构化决策问题，为决策者提供分析问题、建立模型、模拟决策过程和方案的环境，调用各种信息资源和分析工具，帮助决策者提高决策水平和质量。决策支持系统是辅助管理者进行决策的过程，支持而不是代替管理者的判断，目的在于提高决策的有效性的计算机应用系统。

决策支持系统（DSS）的基本结构主要由四个部分组成，即数据部分、模型部分、推理机部分和人机交互部分，如图 8.9 所示（邬伦等，2001）。

与 MIS 对应，GIS 可以看做用于空间决策的空间信息系统。GIS 与 MIS 的不同之处在于其数据模型和数据结构的复杂性。目前 GIS 的逻辑结构和智能层次不能满足复杂空间决策问题的需要，特别是那些非结构化的问题。为更好地辅助空间决策，GIS 需要增加对描述性知识和程式化知识的处理功能，目前，虽然 GIS 还不适合用于对各种知识形式的处理，不能作为空间决策支持系统的神经中枢，但可以作为它的一个组成部分，即 GIS 可以嵌入到一个 SDSS 中，用于进行空间信息处理。

8.3.2 专家系统技术

人工智能的目的是用计算机模拟人类的智能，如模拟人类的动作、视觉、听觉、人

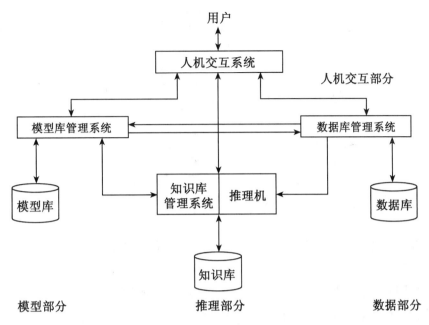

图 8.9 DSS 组成结构图

类的大脑以及人类的语言等。从幼儿开始模拟人脑应该是人工智能研究的起点，但是因为幼儿还不能清楚阐述知识与逻辑，模拟的难度比较大，所以研究的方向转向领域专家的思维过程。随着专家系统工具软件的出现，许多领域展开了专家系统的研究，其中最成功的应用是能够下国际象棋的专家系统。

人工智能的主要目的是模拟人脑的功能，但是目前人们对人脑的思维过程并不十分清楚，因此，人工智能的概念也不是非常清楚。许多人工智能的研究只局限于形式逻辑的推导，凡是超出了形式逻辑范畴的，都被认为是无法解决的问题。现在所理解的人工智能主要是指用计算机完成的逻辑推理过程。

专家系统是人工智能在信息系统中的具体应用，它是一个智能计算机程序系统，内部存储大量专家水平的某个领域的知识与经验，决策者利用专家的知识和经验可以解决相关领域的问题。专家系统的主要功能取决于大量知识，设计专家系统的关键是知识表达和知识应用。专家系统与一般计算机程序的本质区别在于：专家系统所解决的问题一般没有算法解，并且往往是在不完全、不精确或不确定的信息基础上作出结论。

一般的专家系统包括数据库、知识库、推理机、解释器以及知识获取 5 个组成部分，它的结构如图 8.10 所示（邬伦等，2001）。

1）知识库

知识库用于存取和管理专家的知识和经验，供推理机使用，具有知识存储、检索、编辑、增删、修改和扩充等功能。

2）数据库

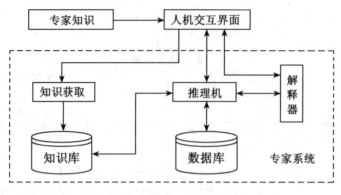

图 8.10 专家系统结构图

用来存取系统推理过程中用到的控制信息、中间假设和中间结果。

3）推理机

用于利用知识进行推理，求解专门问题，具有启发推理、算法推理；正向、反向或双向推理；串行或并行推理等功能。

4）解释器

解释器用于作为专家系统与用户的"人-机"接口，其功能是向用户解释系统的行为，包括：①咨询理解：对用户的咨询进行"理解"，将用户输入的提问及有关事实、数据和条件转换为推理机可接收的信息。②结论解释：向用户输出推理的结论或答案，并且根据用户需要对推理过程进行解释，给出结论的可信度估计。

5）知识获取器

知识获取是专家系统与专家交互的"界面"。知识库中的知识一般都是通过"人工移植"方法获得的，"界面"就是知识工程师（专家系统的设计者），采用"专题面谈"、"口语记录分析"等方式获取知识，经过整理后，再输入知识库。为了提高知识工程师获取专家知识的效率，可以借助"知识获取辅助工具"来帮助专家整理或辅助扩充和修改数据库。近年来，随着各项技术的发展，逐渐发展了一些新的知识获取方法和工具，如机器学习方法、机器识别方法，以及数据挖掘与知识发现等方法自动获取知识。

8.3.3 空间知识的表达与处理

知识的表达和处理是利用人工智能技术建立一个信息系统时需要考虑的主要问题。为了能够理解和推理，智能系统需要关于问题领域的先验知识。例如，自然语言理解系统需要关于谈话主题和谈话人的先验知识。为了能够观看和解释景物，景物的视觉系统需要存储关于被观察对象的先验信息。因此，任何一个智能系统都应该具有一个知识库，在知识库中存储与问题领域和问题的相互关系相关的事实和概念。智能系统同时应该具有一个推理机制，能够处理知识库中的符号，并且能够从显示表达的知识中抽取出隐含的知识。

因为空间决策支持系统是一个空间推理的智能系统，所以知识表达在其开发过程中具有十分重要的作用。知识表达的形式体系包括以下几个部分：表达领域知识的结构、知识表达语言和推理机制。通常，知识表达体系的主要任务是选择一个以最明显的、正式的方式表达知识的符号结构，以及一个合适的推理机制。

知识的表示就是知识的形式化，就是研究用机器表示知识的可行的、有效的、通用的原则和方法。目前常用的知识表示方法有：命题逻辑和谓词逻辑、产生式规则、语义网络法、框架表示法、与或图法、过程表示法、黑板结构、Petri 网络法、神经网络法等。空间知识的表示需要将这些一般的知识表示方法引入空间信息科学进行特化研究，这里主要介绍基于谓词逻辑的空间知识表达方法、基于产生式系统的空间知识表达方法、基于语义网络的空间知识表达方法、基于框架的空间知识表达方法、面向对象的空间知识表达方法等。

1. 基于谓词逻辑的空间知识表达方法

1）命题逻辑

命题逻辑能够把客观世界的各种事实表示为逻辑命题。命题是数理逻辑中最基本的概念，实际上就是一个意义明确，能分辨真假的陈述句。如："中国是世界上人口最多的国家"就是一个命题。最基本的命题逻辑的知识表达是给一个对象命名或陈述一个事实。

在 GIS 操作中，经常会遇到这样的命题：

（1）区域 A 是一块湿地。

（2）多边形 K 内有一个湖泊。

（3）公路 R 是陡峭的和曲折的。

（4）像元 B 是一块农田或者是一个鱼池。

（5）区域 Q 的人口不密集。

（6）多边形 A 与多边形 B 相连。

（7）如果温度高，那么压力就低。

可以使用"是（is a）"命名或描述对象；使用"有（has a）"描述对象的属性；连接词"和（and）"、"或（or）"用于形成复合语句；使用"不（not）"表示对立和否定；使用"与……相连（is related to）"表示相互的关系；使用"如果……那么……（if-then）"表示对象的条件或关系，可以用于推理。

形成命题逻辑的基本组成是句子（陈述或命题）和形成复杂句子的连接词。原子句用于表达单个事实，它的值是"真"或"假"。

根据连接词"和"、"或"、"不"、"如果……那么……"，前面的 GIS 语句可以形式化表达如下：

（1）湿地（区域 K）：（区域 A 是一块湿地）。

（2）有一湖泊（多边形 K）：（多边形 K 内有一个湖泊）。

(3) 陡峭的（公路 R）∧曲折的（公路 R）：（公路 R 是陡峭的和曲折的）。

(4) 农田（像元 B）∨鱼池（像元 B）：（像元 B 是一块农田或者是一个鱼池）。

(5) 人口密集（区域 Q）：（区域 Q 的人口不密集）。

(6) 相连（多边形 A，多边形 B）：（多边形 A 与多边形 B 相连）。

(7) 高（温度）⇒低（压力）：（如果温度高，那么压力就低）。

2）谓词逻辑

（1）语法和语义（Syntax & Semantics）

谓词是用来刻画一个个体的性质或多个个体之间关系的词。个体是所研究对象中可以独立存在的具体的或抽象的客体。

原子公式是谓词演算的基本积木块。原子公式是公式的最小单位，是最小的句子单位。项不是公式。若 $P(x_1,\cdots,x_n)$ 是 n 元谓词，$x_1,\cdots,x_n$ 是项，则 $P(x_1,\cdots,x_n)$ 为原子公式。可以用连词把原子谓词公式组成复合谓词公式，并称为分子谓词公式。

谓词逻辑的基本组成部分是谓词符号、变量符号、函数符号和常量符号，并用圆括弧、方括弧、花括弧和逗号隔开，以表示论域内的关系。例如：

①x 是有理数：x 是个体变量项，"……是有理数"是谓词，用 $G(x)$ 表示。

②x 与 y 具有关系 L：x,y 为两个个体变量项，谓词为 L，符号化形式为 $L(x,y)$。

③小王与小李同岁：小王，小李都是个体常项，"……与……同岁"是谓词，记为 H，命题符号化形式为 $H(a,b)$，其中，a 代表小王，b 代表小李。

④机器人（ROBOT）在 1 号房间（R_1）内：ROBOT，R_1 是个体变量项，"在房间内"是谓词（INROOM），用 INROOM（ROBOT，R_1）表示。

（2）连词和量词（Connective & Quantifiers）

①连词

与·合取（conjunction）：合取就是用连词∧把几个公式连接起来而构成的公式。合取项是合取式的每个组成部分。例如："LIKE（I，MUSIC）∧ LIKE（I，PAINT-ING）"表示"我喜爱音乐和绘画"。

或·析取（disjunction）：析取就是用连词∨把几个公式连接起来而构成的公式。析取项是析取式的每个组成部分。例如："PLAYS（LILI，BASKETBALL）∨ PLAYS（LILI，FOOTBALL）"表示"李力打篮球或踢足球"。

蕴涵（Implication）：蕴涵"⇒"是表示"如果……那么……"的语句。用连词"⇒"连接两个公式所构成的公式叫做蕴涵。蕴涵可以用产生式规则来表示，即："IF…THEN…"，蕴涵式左侧的 IF 部分表示前项，或称左式；THEN 部分表示后项，或称右式。例如："RUNS（LIUHUA，FASTEST）⇒WINS（LIUHUA，CHAMPION）"表示"如果刘华跑得最快，那么他取得冠军"。

非（NOT）：表示否定，用~或¬表示均可。例如："~INROOM（ROBOT，R_2）"

表示"机器人不在 2 号房间内"。

②量词

全称量词（Universal Quantifier）：若一个原子公式 $P(x)$，对于所有可能变量 x 都具有真值 T，则用 $(\forall x) P(x)$ 表示。例如："$(\forall x)[\text{ROBOT}(x) \Rightarrow \text{COLOR}(x, \text{GRAY})]$"表示"所有的机器人都是灰色的"。"$(\forall x)[\text{Student}(x) \Rightarrow \text{Uniform}(x, \text{Color})]$"表示"所有学生都穿彩色制服"。

存在量词（Existential Quantifier）：若一个原子公式 $P(x)$，至少有一个变元 x，可使 $P(x)$ 为 T 值，则用 $(\exists x) P(x)$ 表示。例如："$(\exists x) \text{INROOM}(x, R_1)$"表示"1 号房间内有个物体"。

量化变元（Quantified Variables）：如果一个合适公式中某个变量是经过量化的，我们就把这个变量称为量化变元，或者称为约束变量。

（3）利用谓词逻辑表示复杂句子

可以用谓词演算来表示复杂的英文句子。如："For every set x, there is a set y, such that the cardinality of y is greater than the cardinality of x"，利用谓词演算表示为：
$(\forall x)\{\text{SET}(x) \Rightarrow (\exists y)(\exists u)(\exists v)[\text{SET}(y) \wedge \text{CARD}(x, u) \wedge \text{CARD}(y, v) \wedge G(u, v)]\}$。
式中："SET (x)"、"SET (y)"分别表示集合 x 和 y，即："set x"和"set x"，"CARD (x, u)"表示集合 x 的基数为 u，"CARD (y, v)"表示集合 y 的基数为 v，"$G(u, v)$"表示 u 大于 v。

3）基于谓词逻辑的空间知识表示

由于命题逻辑具有较大的局限性，不适合表示比较复杂的问题。在命题逻辑中的谓词是一个有用的陈述句的结构化表达方法，但是当许多相同性质的事实必须被表达时遇到了困难。例如，如果在研究区域的所有 n 个区域（K_i, $i=1, \cdots, n$）都是湿地，那么需要 n 个命题表达这些事实：

湿地（区域 K_1）

湿地（区域 K_2）

$\vdots$

湿地（区域 K_n）

命题逻辑也不能证明这些陈述句是正确的："所有的多边形是几何图形"，"三角形是一个多边形"，"那么，三角形是一个几何图形"。这些陈述句涉及一个量词："所有的"，以及"是一个多边形"、"是一个几何图形"等概念。

为了更加有效地表达知识，可以使用谓词逻辑获得原子句的进一步突破。通过引入量词和变量到命题逻辑中，并且使用连接词形成复杂的命题，知识可以得到更加有效的表达。

例如，我们可以在"$\forall x [\text{湿地}(x)]$"中使用变量 x，使用量词 $\forall$ 表示"所有的"。

陈述句"所有的公路或者连接到 A 点，或者连接到 B 点"可以表达为：

$$(\forall x)\ [公路\ (x)\ \rightarrow 连接到\ (x,\ A)\ \lor 连接到\ (x,\ B)\ ]$$

命题：$\exists x\ [发生\ (x,\ t_0)\ ]$，表示空间事件 x（如洪水或地震等）在时间 t_0 时发生。

谓词算子可以用于表达空间知识。

例如，Back strom（1990）定义两个实体 O_1，O_2 是否在点 P 处相互连接，表达为：

Pcontact $(O_1,\ O_2,\ p)\ \leftrightarrow$ Outerpcontact $(O_1,\ O_2,\ p)\ \lor$ Innerpcontact $(O_1,\ O_2,\ p)$

类似地，对象间的几何关系的限制也可以形式化，例如：

$$\forall h \exists b\ [\text{Hole}\ (b,\ h)\ \land \text{Inside}\ (b,\ h)\ ]$$

式中：Hole $(b,\ h)$ 表示洞 h 是实体 b 中的一个洞；Inside $(b,\ h)$ 表示洞 h 在实体 b 内。

此外，谓词也可以用于描述如下空间操作：

Lmove $(b,\ d)$：将实体 b 向左移动距离 d；

Protate (b)：沿正方向旋转实体 b 90°；

Attach $(b_1,\ b_2)$：将实体 b_1，b_2 相互联系。

2. 基于产生式系统的空间知识表达

人类的知识可以通过"如果……那么……"规则组成的系统进行有效的表达。包含一套"如果……那么……"规则的有序集合称作产生式规则。它包含了一个工作存储器、一个规则库和一个解释器。工作存储器存储临时信息，例如用户提供的事实、系统生成的中间结论、相关领域特定问题的知识等。它通常以"对象-属性-值"这样的三元组的形式存储。规则库以"如果……那么……"规则的形式存储永久的信息，这些规则对于解决领域中的所有问题都是必要的。解释器用来对推理进行控制。

这里介绍一个根据 DTM（digital terrain model）数据进行推理的简单规则库。在进行中国黄土高原土地稳定性分析时，土地稳定性的评估是根据坡度、坡向、土地利用和侵蚀情况 4 个变量确定的。前两个变量可以从 DTM 数据中获得，后两个数据可以从其他地理数据库中获得。

根据专家确定领域的知识，通过一组"如果……那么……"规则可以确定稳定性的值（Leung，1993），如表 8.2 所示。一旦土地的稳定性被确定，区域开发政策就可以相应地形成。

为了使产生式系统更加有效，在写入规则库时应遵循一些规则：

(1) 避免规则集的循环：利用规则集中的规则能够进行正向推理，避免规则集的循环。

(2) 避免先行条件的分离。

例如：规则"如果 $(e_1 \land (e_2 \lor e_3))$，那么 h"。这里，e_i 和 h 分别是证据和假设。可以改写为：如果"$(e_1 \land e_2) \lor (e_1 \land e_3)$，那么 h"。

可以用下式代替：

表8.2　　　　　　　　　　　　土地稳定性分析的规则集

规则1：如果坡度小于3°，并且土地类型为水域，那么稳定值为10。
规则2：如果土地类型为森林，那么稳定值为9。
规则3：如果坡度大约为6°，并且侵蚀较弱，那么稳定值为7。
规则4：如果土地类型为草原，那么稳定值为7。
规则5：如果坡向为阴坡，并且土地类型为居住地，那么稳定值为6。
规则6：如果坡度大约为11°，并且土地类型为花园，那么稳定值为5。
规则7：如果坡向为阳坡，并且土地类型为水域地，并且侵蚀中等，那么稳定值为4。
规则8：如果坡度大约为20°，并且土地类型为农耕地，那么稳定值为3。
规则9：如果坡度大约为30°，并且侵蚀较强，那么稳定值为1。
规则10：如果坡度远大于30°，并且侵蚀很强，那么稳定值为-1。
规则11：如果稳定值大于8，那么土地是稳定的。
规则12：如果稳定值约等于6，那么土地是相当稳定的。
规则13：如果稳定值约等于3，那么土地是差不多稳定的。
规则14：如果稳定值小于1，那么土地是不稳定的。

$$\begin{cases} 如果\ e_1 \wedge e_2，那么\ h； \\ 如果\ e_1 \wedge e_3，那么\ h。 \end{cases}$$

（3）避免假设的连接。

例如：规则"如果e，那么$h_1 \wedge h_2$"，可以改写为：

$$\begin{cases} 如果\ e，那么\ h_1； \\ 如果\ e，那么\ h_2。 \end{cases}$$

规则"如果e，那么h_1；否则h_2"，可以改写为：

$$\begin{cases} 如果\ e，那么\ h_1； \\ 如果\ \neg e，那么\ h_2。 \end{cases}$$

产生式系统的成功实现在很大程度上取决于"如果……那么……"规则作为决策树组织的情况，以及推理过程的关联过程效率。推理的控制是通过解释在整个机器执行系列中处理的那个循环来实现的。

决策树是一种结构化表达知识的方法，以便于事实和规则可以在推理过程中动态地组合。决策树的基本结构是与或树（AND-OR tree）或与或图（AND-OR graph），根表示目标，叶子表示推理的事实。

与或树的节点是规则的条款，弧段（分支）是连接条款的箭头。如果所有的节点都是通过"AND"弧段连接的，称为AND树。AND弧段是通过连接弧段描述的。例如，规则"If A and B then C"的图形描述如图8.11（a）所示。当所有的节点都是通过"OR"弧段连接的，称为OR树。OR弧段是通过非连接的弧段表示的。规则"If A or B then C"的图形描述如图8.11（b）所示。

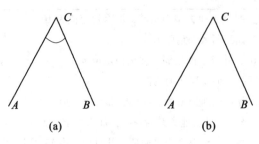

图 8.11　AND 弧段与 OR 弧段

节点之间通过"AND 弧段"和"OR 弧段"连接的决策树称为与或树。例如，规则"If A then B"、"If B and C or D then F"以及"If F and G then H"形成了与或树，可以通过图 8.12（a）进行描述。在该决策树中，H 是根，A，C，D，G 是叶子。

为了证明顶层目标 H，需要横穿所有的或部分的与或树。横穿的路径称为子树或证明路径。实质上，是在将树分解为路径以便于目标的搜索。假定图 8.12（a）中的树具有相同的阻抗（与弧段相联系）和相同的值（与节点相联系）。H 的扩展导致沿着"AND"弧段通向 F 和 G。F 扩展的结果产生了两个弧段，一个弧段通向 B（然后通向 A），一个弧段通向 C（图 8.12（b）），另外一个弧段通向 D（图 8.12（c））。为了证明 H，有两条路径可以贯穿。通过 D 的路径比通过 A 的路径更加有效。

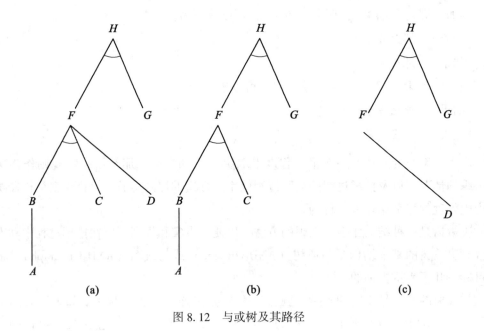

图 8.12　与或树及其路径

3. 基于语义网络的空间知识表达

语义网络是知识的一种图解表示，它由节点和节点之间的弧组成。节点用于表示实体、概念和情况等，弧表示节点之间的相互关系。语义网络可以用来对空间关系进行表达。例如，以下空间关系可以通过语义网络进行表达。

（1） at（在），on（在……上），in（在……里面）……
（2） above（在……上面），below（在……下面）……
（3） front（前面），back（后面），left（左边），right（右边）……
（4） between（在两者中间），among（在……之间），amidst（在……中间）……
（5） near to（与……邻近），far from（远离……），close by（与……接近）……
（6） east of（在东边），south of（在南边），west of（在西边），north of（在北边）……
（7） disjoint（与……脱离），overlap（叠置），meet（交汇）……
（8） inside（在……内部），outside（在…外边）……
（9） central（中央的），peripheral（外围的）……
（10） across（穿越），through（穿过），into（在……里面）……

我们可以将这些空间关系表达为语义网络来简化空间关系的表达。我们可以充分利用自然语言表达空间对象间的关系。

例如，空间关系 above（在……上面）和 below（在……下面）的语义网络表示如图 8.13 所示。

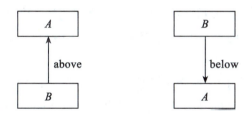

图 8.13　空间关系的语义网络表示

以公园（park）为例，对公园里空间对象的空间关系的语义网络进行描述。在进行公园内空间对象的语义网络描述时涉及以下空间关系链，可以用来链接语义网络中的各个节点。

（1） above：桥（bridge）在河流（river）上；
（2） intersect：桥（bridge）与道路（roads）相交；
（3） across：河流（river）穿过公园（park）；
（4） edge：路（roads）在河流（river）边上；
（5） length：河流（river）的长度（length）是 2km；
（6） in：人（people）在船（boats）内，船（boats）在河（river）里。

根据以上 6 个语义关系链，将公园（park）、道路（roads）、桥（bridge）、河流（river）、人（people）等实体之间的关系形象地表达出来，如图 8.14 所示。

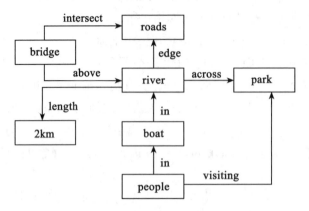

图 8.14 公园（park）内空间对象的空间关系的语义网络表示

语义网络在基于语义的遥感影像识别和理解中得到了很好的应用，这里以航空影像中的"停车场"的识别为例介绍基于语义网络的空间知识的表达方法。

例如，要利用语义网络表示停车场的概念。为了说明该停车场是一种土地覆盖类型，建立"土地覆盖（land cover）"节点，为进一步说明停车场的组成部分，需要增加"成行排列的车（car row）"节点，并且用"part-of"链与"停车场（parking lot）"节点相连。从航空影像上根据观察到的土地覆盖目标，抽取实例和表达语义的通用场景模型，用一些节点表示这些目标，它们之间用特定含义的链连接，这样就构成一个关于停车场的语义网络（Franz，1997；Kuhn，1999），如图 8.15 所示（Franz，1997；Kuhn，1999）。

图 8.15 中的停车场的语义网络及其基本节点和链的解释如下：

类实例"停车场（parking lot）"与类"土地覆盖（land cover）"是用"is-a"链表示和连接的，表示"停车场"是"土地覆盖"的一种类型。实例是个体属于一类的陈述，特化代表了两类之间的子集关系。通过特化链，实例能够继承类的所有属性。

"part of"链代表一个概念和它的组成部分之间的关系。"植被（vegetation）"是"停车场（parking lot）"目标中的一部分，因此用"part-of"链表示部分与整体的关系。类似地，"成行排列的车（car row）"也是停车场的一部分，它由很多车（car）组成，车（car）有"shape"、"color"、"position"等属性，这些属性用来进一步描述节点"car"。车由"车顶（roof）"和"引擎盖（hood）"等部分组成；若干"线段（segment）"组成"线（line）"，若干"线（line）"构成停车场的"轮廓（contour）"。这些部分与整体之间的关系用"part-of"表示。

"concrete"表示具体化，表示将一个物体具体化为有形、有色、有质量的物体。例如，在几何形状上，"停车场（parking lot）"实际上就是一个几何轮廓，所以"轮廓（contour）"就是"停车场（parking lot）"几何层面上的具体物。"concrete"链连接属于不同概念系统的目标。例如，建筑物的屋顶可能属于某个概念系统，它在几何概念

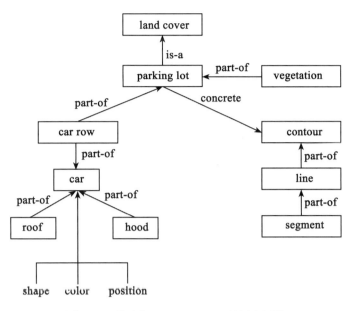

图 8.15 停车场（parking lot）的语义网络

系统中的具体形式又可能是平行线。这些链在一个模型中形成一个概念层次。每一层代表从可见信息中抽取的不同程度。"part of"和"concrete"链可以是多重的。如果概念是强制的、可操纵的和固有的，那么可以特化其具体部分（Franz，1997）。

4. 基于框架的空间知识表达方法

框架是知识的一种层次化表达方法。框架可用于表达原型知识或具有良好结构的知识。与逻辑和产生式规则不同，框架是以相互联系的较大的概念实体形式存储知识，框架的基本结构包括以下4个基本部分：框架、槽、侧面和值。

（1）框架：框架表示一个对象、一个概念、一个事件或问题领域的一个实体。它是属性（槽）及其相关值的集合。如果它表示一个对象的类，称为类或概念框架。如果它表示一个确定的对象，称为实例框架。类框架是层次知识结构中的父母节点，具有所有实例对象的总体特征。在更高的层次，还可以有超类。

（2）槽：槽是框架的属性。

（3）侧面：对象的侧面是对槽的进一步细化。

（4）值：值是侧面的具体属性值。

框架的总体结构如图 8.16 所示。

根据集合理论，槽可以看做将类（集合）映射到它的范围（槽的值）的关系。范围是通过槽的侧面来划分界限。槽的侧面可以确定以下内容：

（1）属性值。例如，它可能是一个包含地址名称的命名槽。

（2）能够赋予属性的类。在一个类框架中，它是一个参考到框架上面的类的超类。在实例框架中，它是一个成员（实例）槽，参考到框架实例化的类。

```
框架（名称）
    槽 1（名称 1）
        侧面 11：值 11
            ⋮      ⋮
        侧面 1m：值 1m
    槽 2（名称 2）
        侧面 21：值 21
            ⋮      ⋮
        侧面 2n：值 2n
    槽 K（名称 K）
        侧面 K1：值 K1
            ⋮      ⋮
        侧面 Kr：值 Kr
            ⋮      ⋮
```

图 8.16　框架的总体结构

（3）值的约束（表示限制槽值）。它们可能是：

①对属性的类型或值的限制。

②允许使用逻辑连接词：OR，AND，NOT。例如，"数据（限制（栅格或矢量））"表示将数据限制为栅格或者是矢量。

③函数或逻辑限制，例如：greater than（大于）。

④基数：槽可能填充的值的数目。

⑤获取值的程序。它们可能是：ⓐif-needed 槽（无论是否需要槽值，例行获取值）。ⓑwhen-changed 槽（无论是否改变槽值，例行获取值）。ⓒ守护程序（无论是否发生槽值变化，程序通过系统自动执行）。例如，槽值落入临界值以下时的警告信息可能被忽略。ⓓ值继承的规则，例如通过 IS-A 联系。ⓔ确定哪些槽是父母槽。

如图 8.17 所示，通过一组层次框架表达废水处理场所。顶层框架是"处理场所"，具有以下一些槽：废物、容量、收集区域、安全措施。值限值槽提供了一些对相关槽的值的限制。例如，废物槽的合法值只能是固体和液体。收集区域槽可能是框架参考槽，联系到一个较低层次的框架，如从城市分区到倾倒地。它的基数确定了槽可以拥有的城市分区数。它也是一个赋有"if-needed"槽过程的过程槽。这个槽是空的，但是无论何时从槽中需要信息，系统都将执行处理过程。

继承处理场的特点的低层框架是垃圾。这里，废物槽的值为固体。新的槽"离最近的限制区域的距离"和"危险事件"也被添加，当系统执行"if-needed"过程时，可以计算出这些槽的值。"IS-A"槽将当前槽联系到它的父母槽。

最后，垃圾 1 是一个实例槽，它的槽具有确定的值，或者是可从用户处获取的值，或者是缺省值。

可以看到，通过框架可以将信息分层结构化。槽可以有静态的侧面，它们的值可以是缺省的或者是限制条件。它们的动态槽可以通过以下处理得到："if-needed"、"if-added"、"if-deleted"，当必要时，执行这些处理。当新的信息放入槽时执行 if-added 处理；当信息从槽中移出时，执行 if-deleted 处理；处理过程也涉及一些发送到框架的信息的方法或者辅助推理的规则集。"IS-A" 槽和其他的框架参考槽服务于沿着层次的框架之间的联系。

```
框架：处理场所
废物：
    值的限制：固体，液体中的一个，缺省值为固体
容量：
    值的限制：吨
收集区域：
    值的限制：城市分区
    基数：≥1
    if-needed：
安全策略：
    值的限制：控制规划
    基数：≥1
    if-needed：

框架：垃圾
    IS-A：处理场所
    废物：
        值：固体
    容量：
        值的限制：吨
    收集区域：
        值的限制：城市分区
        基数：≥1
        if-needed：
    安全策略：
        值的限制：控制规划
        基数：≥1
        if-needed：
    离最近居住区的距离：
        值的限制：公里
        if-needed：

框架：垃圾1
    IS-A：垃圾
    废物：
        值：固体
    容量：
        值的限制：100 000 吨
    收集区域：
        值的限制：县 A，B，C
    安全策略：
        值的限制：封闭区域
    离最近居住区的距离：
        值的限制：10 公里
```

图 8.17 表达废水处理场的框架

5. 面向对象的空间知识表达方法

面向对象的方法使用类、对象、方法和属性等面向对象的概念及消息机制来描述和解决问题，把各种不同类型的知识用统一的对象形式加以表达，利用对象的数据封装、继承、多态等机制，较好地实现了知识的独立性、隐藏性以及重用性（Hoffman and Tripathi，1993）。面向对象的知识表达方法适宜于表达各种复杂的具有动态或静态特性的知识对象及空间的关系，具有很强的语义表达与对象交互能力。

面向对象的知识表达将每一个对象类按"超类"、"类"、"子类"或"成员"的概念构成一种层次结构。在这种层次结构中，上一层对象所具有的一些属性可以被下一层对象所继承，从而避免了描述中的信息冗余。这样使知识库对象本身具有对知识的处理能力，加强了对知识的重复使用和管理，便于维护，另外还能使推理搜索空间减小，加快搜索处理时间。因为处理部分的数量减少，所以降低了计算的复杂度（Mohan and Kashyap，1988）。因此，面向对象的知识表达方法是目前最有效的表示方法（舒飞跃，2007）。

面向对象的空间知识表示的典型表现是面向对象的空间数据模型。面向对象数据模型的核心是抽象对象及其操作。操作主要涉及4种对象操作：泛化（generalization）、特化（specialization）、聚集（aggregation）和联合（association）。从面向对象的角度看，泛化和特化抽象形成对象间的一般特殊关系，聚集和联合抽象形成对象间的整体部分关系。GIS的面向对象数据模型利用这4种抽象操作对空间实体及其联系进行模型化（沙宗尧，边馥苓，2004）。面向对象的数据模型通过运用实体和操作来抽象表达复杂对象及其相互关系。

空间信息科学的研究对象就是各种空间对象，利用面向对象的知识表示方法表示空间知识是一种有效的方法，并且与当前的面向对象的软件设计与程序设计相对应，便于编程实现。可以将面向对象的方法用于遥感图像理解专家系统，用面向对象的方法进行知识的表达，将图像中的类别抽象为对象，各种类型的求解机制分布于各个对象之中，通过对象之间的消息传递，完成整个问题求解过程，与传统的知识表达及推理比较，更加灵活、方便（倪玲，舒宁，1997）。

在遥感影像理解专家系统中，可以针对不同的地物类别，根据它们所处的地域及季节，采集专家知识，包括卫星影像不同波段影像的灰度值（最大值、最小值、平均值）、高程范围、生物量指标、坡度、坡向、纹理、邻接类别等特征值。将这些具有相似特征值的地物类别表示为对象类，其中的对象就是具体的地物类别，例如林地、草地、水、居民地等（倪玲，舒宁，1997）。例如，对象中的空间知识的数据，可以设计成如下结构的类：

Class Node
{
unsigned char Type；类别
unsigned char Neibor [20]；邻接类别（伪）

unsigned char NeighborCen［20］；邻接类别（伪）所占百分数
unsigned char TureNeighbor［20］；真实邻类类别
unsigned char GrayVal［7］［3］；灰度值（max min）；
unsigned char BioMass［3］；生物量指标
unsigned char ContourVal［3］；高程值
unsigned char SlopeVal［3］；坡度值
unsigned char Aspect［3］；坡向值
unsigned char Texture［3］；纹理参数
unsigned char Landuse［3］；土地利用
unsigned char UserDef；用户自定义值
unsigned char CondWeight；权值
}

面向对象的空间知识表示方法是表达复杂的空间对象知识的一个十分有效的方法，可以准确反映某类复杂的空间对象的子类构成及其普遍特征的知识。例如对于民用机场图像，可以利用面向对象的知识表达方法表达成其各个子类及其特征知识和关联知识，如图 8.18 所示。在高分辨率的遥感图像上通过对简单子类的识别，从而达到判别识别复杂的机场图像中的空间目标的目的。

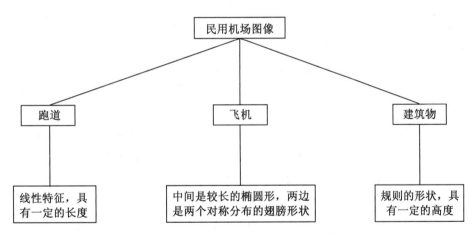

图 8.18　民用机场图像的识别知识的面向对象的表达

8.3.4　空间数据仓库

1. 基本概念

1）数据仓库

公认的数据仓库之父 W. H. Inmon 将数据仓库定义为："数据仓库是面向主题的、集成的、时变的、非易失的并且随时间而变化的数据集合。"（Inmon，2000）该定义中涉及4个关键词：面向主题的、集成的、时变的、非易失的。数据仓库与其他数据存储系统（如关系数据库系统、事务处理系统和文件系统）的区别可以通过这4个关键词来体现。

（1）面向主题的：数据仓库围绕一些主题，如顾客、供应商、产品和销售组织。

（2）集成的：构造数据仓库是将多种数据源，如关系数据库、一般文件和联机事务处理记录，集成在一起进行存储。使用数据清理和数据集成技术，确保命名约定、编码结构、属性度量等的一致性。

（3）时变的：数据存储从历史的角度（例如过去5～10年）提供信息。数据仓库中的关键结构，隐式或显示地包含时间元素。

（4）非易失的：指数据保持不变，按计划添加新数据，但是依据规则，原数据不会丢失。

2）空间数据仓库

空间数据仓库（spatial data warehouse，SDW）是空间信息科学（RS，GIS，GPS）技术和数据仓库技术相结合的产物，可以为逐渐兴起的全球变化和区域可持续发展研究以及复杂的商业地理分析提供强有力的支持。

2. 空间数据仓库的出现

传统的GIS应用系统一般是面向某一个具体应用、由日常的工作流程驱动的，数据往往处于采集时的原始状态；系统应用也只是对业务数据进行增、删、改等事务处理操作和简单的空间查询与分析。为了更好地适应当今全球变化和可持续发展研究的需要，需要用一个统一的信息视图将来自不同学科的相关数据按照相应的主题转换成统一的格式，集成、存储在一起，然后通过各种专业模型从多个角度去了解这个世界。空间数据仓库正是为了更好地满足当今地球信息科学的研究和应用的需要而产生的（赵霈生，杨崇俊，2000）。

目前空间数据仓库已成为国内外GIS界研究的热点，并已被应用到多个项目，如澳大利亚的土地管理系统、苏格兰的资源环境信息系统，以及我国的中国资源环境遥感信息系统及农情速报系统（简称CRERSIS）等都采用了空间数据仓库技术。

3. 空间数据库与空间数据仓库的比较

空间数据库与空间数据仓库中的数据的结构、内容和用法都不相同，二者一般需要分离开来，需要分开存储和管理。

空间数据库（源数据库）负责原始数据的日常操作性应用，操作数据库只维护详细的原始数据，一般不需要存储历史数据，只提供简单的空间查询和分析。空间数据库中的数据尽管很丰富，但是对于空间决策来说，还是远远不够的。

空间数据仓库则根据主题，通过专业模型对不同源数据库中的原始业务数据进行抽取和聚集，形成一个多维视角，为用户提供一个综合的、面向分析的决策支持环境。决策支持需要将来自多种不同来源的数据统一，如聚集和汇总，产生高质量的、纯净的和集成的数据。

另外，空间数据仓库较好地引入了时间维的概念，可根据不同的需要划分不同的时间粒度等级，以便进行各种复杂的趋势分析，如土地覆盖变化研究、全球气候的变化趋势等，以支持政府部门的宏观决策。

4. 空间数据仓库的主要功能特征

数据仓库是面向主题的、集成的、具有时间序列特征的数据集合，以支持管理中的决策制定过程。空间数据仓库则是在数据仓库的基础上，引入空间维数据，增加对空间数据的存储、管理和分析能力，根据主题从不同的 GIS 应用系统中截取从瞬态到区段直到全体地球系统的不同规模时空尺度上的信息，从而为当今的地球信息科学研究以及有关环境资源政策的制定提供更好的信息服务（赵霈生，杨崇俊，2000）。

空间数据仓库主要具有以下几方面的功能特征：

（1）空间数据仓库是面向主题的。

传统的 GIS 数据库系统是面向应用的，只能回答很专门、很片面的问题，它的数据只是为处理某一具体应用而组织在一起的，数据结构只对单一的工作流程是最优的，对于高层次的决策分析未必是适合的。

空间数据仓库为了给决策支持提供服务，信息的组织应以业务工作的主题内容为主线。主题是一个在较高层次将数据归类的标准，每一个主题基本对应一个宏观的分析领域。例如，土地管理部门的空间数据仓库所组织的主题有可能为土地覆盖的变化趋势、土地利用变化趋势等；如果按照应用来组织则可能是地籍管理、土地适宜性评价等。

按照应用来组织的系统不能够为土地管理部门制定决策提供直接、全面的服务，而空间数据仓库的数据因其面向主题，具有"知识性、综合性"，所以能够为决策者们提供及时、准确的信息服务。

又如，CRERSIS（中国资源环境遥感信息系统及农情速报系统）按照以下 8 个主题来组织数据，即农作物长势监测、农作物种植面积监测、农作物估产、水灾遥感监测、旱灾遥感监测、生物量监测、中国生态环境分析、中国土地资源时空变化分析 8 个主题。

（2）空间数据仓库是集成的。

空间数据仓库的建立并不意味着要取代传统的 GIS 数据库系统。空间数据仓库是为制定决策提供支持服务的，它的数据应该是尽可能全面、及时、准确、传统的。GIS 应用系统是其重要的数据源。

因此，空间数据仓库以各种面向应用的 GIS 系统为基础，通过元数据刻画的抽取和聚集规则将它们集成起来，从中得到各种有用的数据。提取的数据在空间数据仓库中采用一致的命名规则，一致的编码结构，消除原始数据的矛盾之处，数据结构从面向应用转为面向主题。

（3）数据的变换与增值。

空间数据仓库的数据来自于不同的面向应用的 GIS 系统的日常操作数据，由于数据冗余及其标准和格式存在着差异等一系列原因，不能把这些数据原封不动地搬入空间数据仓库，而应该对这些数据进行增值与变换，从而提高数据的可用性，即根据主题分析的需要，对数据进行必要地抽取、清理和变换。

(4) 时间序列的历史数据。

自然界是随着时间而演变的，事实上任何信息都具有相应的时间标志。为了满足趋势分析的需要，每一个数据必须具有时间的概念。

(5) 空间序列的方位数据。

自然界是一个立体的空间，任何事物都有自己的空间位置，彼此之间有着相互的空间关系，因此任何信息都应具有相应的空间标志。一般的数据仓库是没有空间维数据的，不能进行空间分析，不能反映自然界的空间变化趋势。

数据仓库特别是空间数据仓库正处于研究阶段，尽管已经出现了很多数据仓库的产品，但还没有形成统一的标准，这项技术还没有达到成熟的阶段。

8.3.5 空间数据挖掘与知识发现

1. 空间数据挖掘的由来和发展

空间数据的采集、存储和处理等现代技术设备的迅速发展，使得空间数据的复杂性和数量急剧膨胀，远远超出了人们的解译能力。空间数据库是空间数据及其相关非空间数据的集合，是经验和教训的积累，无异于是一个巨大的宝藏。当空间数据库中的数据积累到一定程度时，必然会反映出某些为人们所感兴趣的规律。这些知识型规律隐含在数据深层，一般难以根据常规的空间技术方法获得，需要利用新的理论技术发现之并为人所用（李德仁等，2006）。

作为一个专业化的名词，"数据挖掘与知识发现"首次出现在1989年8月在美国底特律召开的第11届国际人工智能联合会议的专题讨论会上。1991年、1993年和1994年又相继举行了数据库知识发现（knowledge discovery from database，KDD）专题讨论会，并在1995年召开了第一次KDD国际会议。Fayyad认为：知识发现是从数据集中识别出有效的、新颖的、潜在有用的，以及最终可理解的模式的非平凡过程；数据挖掘是KDD中通过特定的算法在可接受的计算效率限制内生成特定模式的一个步骤（Fayyad，1993）。在一些数据丰富而动力学机制并不明确的领域，特别是数据统计分析、数据库和信息管理系统等领域普遍采用数据挖掘名词，而人工智能、机器学习等领域更多使用知识发现这一专业名词。

空间数据挖掘（spatial data mining，SDM），简单地说，就是从空间数据中提取隐含其中的、事先未知的、潜在有用的、最终可理解的空间或非空间的一般知识规则的过程（Koperski et al，1996；Ester et al，2000；Miller and Han，2001；李德仁等，2001；王树良，2002）。具体而言，就是在空间数据库或空间数据仓库的基础上，综合利用确定集合理论、扩展集合理论、仿生学方法、可视化、决策树、云模型、数据场等理论和方法，以及相关的人工智能、机器学习、专家系统、模式识别、网络等信息技术，从大量含有噪声、不确定性的空间数据中，析取人们可信的、新颖的、感兴趣的、隐藏的、事先未知的、潜在有用的和最终可理解的知识，揭示蕴涵在数据背后的客观世界的本质规律、内在联系和发展趋势，实现知识的自动获取，为技术决策与经营决策提供不同层次的知识依据（李德仁等，2006）。

李德仁首先关注从空间数据库中发现知识，并予以奠基。在 1994 年于加拿大渥太华举行的 GIS 国际学术会议上，他首先提出了从 GIS 数据库中发现知识（knowledge discovery from GIS，KDG）的概念，并系统分析了空间知识发现的特点和方法，认为它能够把 GIS 有限的数据变成无限的知识，精练和更新 GIS 数据，促使 GIS 成为智能化的信息系统（Li and Cheng，1994），并率先从 GIS 空间数据中发现了用于指导 GIS 空间分析的知识（王树良，2002）。同时，李德仁等把 KDG 进一步发展为空间数据挖掘和知识发现（spatial data mining and knowledge dicvoery，SDMKD），系统研究或提出了可用的理论、技术和方法，并取得了很多创新性成果（李德仁等，2001，2002，2006），奠定了空间数据挖掘在地球信息科学中的学科位置和基础。在不引起歧义的前提下，空间数据挖掘和知识发现有时也简称为空间数据挖掘（李德仁等，2006）。

我国许多科研院所和高校等先后开展了空间数据挖掘和知识发现的理论和应用研究。如：周成虎等从地震目录数据分析出发，提出了基于空间数据认知的数据挖掘方法，并建立了带控制节点的空间聚类模型、等级加权四指标 Blade 算法和基于尺度空间理论的尺度空间聚类等（汪闽等，2002；2003；裴韬等，2003；秦承志等，2003；陈述彭，2007）。王劲峰等从空间统计与模拟角度，研究和发展了一系列的空间数据挖掘模型（王劲峰，2006；陈述彭，2007；Wang et al，2008）。邸凯昌出版了本领域的第一本专著《空间数据挖掘与知识发现》，较为系统地总结了空间数据挖掘研究的内容和方法，并提出了一些基于云模型的空间数据挖掘方法（邸凯昌，2000）。王树良提出了空间数据挖掘的视角并成功地应用于滑坡监测数据挖掘（王树良，2002，2008）。秦昆针对遥感图像数据，深入研究了图像数据挖掘的理论和方法，重点研究了基于概念格的图像数据挖掘方法，并设计和开发了遥感图像数据挖掘软件原型系统 RSImageminer（秦昆，2004，2005）。裴韬深入研究了基于密度的聚类方法，并提出了一种利用 EM 算法（划分聚类算法中的一种）进行参数优化的解决途径，该方法有效地解决了基于密度聚类方法的参数确定的问题（Pei et al，2006）。苏奋振对地学关联规则进行了深入研究，并将其成功应用于海洋渔业资源时空动态分析中（苏奋振，2001；苏奋振等，2004）。葛咏对多重分形进行了深入研究，并提出了基于多重分形的空间数据挖掘方法，并将其成功应用于海洋涡漩信息提取（Ge et al，2006）。除此以外，还有很多国内的其他学者也在空间数据挖掘和知识发现方面做了很多很好的工作。

在国际上，很多学者对空间数据挖掘与知识发现开展了若干研究。Koperski 等总结了空间数据生成、空间聚类和空间关联规则挖掘等方面的研究进展，并指出：数据挖掘已从关系数据库与事务型处理扩展到空间数据库与空间模式发现（Koperski et al，1996）。Knorr 等提出在空间数据挖掘中寻找集聚邻近关系和类间共性的方法（Knorr and Raymond，1996）。加拿大的 Han Jiawei 教授领导的小组设计和开发了空间数据挖掘软件原型 GeoMiner，主要是从空间数据库中挖掘出特征规则、比较规则和关联规则、分类规则、聚类规则，并包括预测分析功能（Han et al, 1997）。美国国家航空和宇宙航行局（NASA）喷气推进实验室（JPL）研究和开发了一套图像数据挖掘软件原型系统，即钻石眼（diamond eye）系统，该系统能够从图像中自动提取含有语义信息的知识，并且在弹坑地形的探测和分析以及卫星探测等方面得到了具体的应用（Burl et al, 1999）。德国遥感中心的 Mihai Datcu 领导的研究组正在进行卫星图像智能信息挖掘软件原型系统的研究，在基于内容的图像检索的基础上，提出了一个卫星图像智能信息挖掘系统的开发方法，并设计和开发了相关的软件系统（Datcu et al, 2000）。美国宾州州立大学地理系 Geo VISTA 研究中心的 Apoala 计划采用 NASA 基于贝叶斯概率非监督分类软件包 Autoclass 和 IBM 可视化工具 Data Explorer 进行地学时空数据的挖掘。Han 和 Kamber 在他们的专著中，系统地论述了空间数据挖掘的概念和方法（Han and Kamber, 2001）。美国加利福尼亚大学圣芭芭拉分校的 Manjunath 教授领导的研究组基于空间事件立方体对图像对象之间的关联规则进行了研究，其基本思想是将图像按照一定大小的格网划分为图像片，通过对图像片的内容的分析（颜色、纹理），对图像片的内容进行标注，根据大量的图像对象之间的关系建立空间事件立方体，从而对这些图像对象之间的关联关系进行分析和挖掘（Tesic et al, 2002）。美国亚拉巴马州立大学亨茨维尔分校的数据挖掘研究中心开发了一套地学空间数据挖掘软件原型 ADaM，主要是针对气象卫星图像进行挖掘，将所挖掘出的知识应用到气象预报工作中进行飓风的预报监测、气旋的识别、积云的检测、闪电的检测等，进行了大量的相关实验，并且与美国国家航空和宇宙航行局（NASA）合作，将图像数据挖掘技术应用到全球变化的研究工作中（He et al, 2002）。除此之外，还有很多其他的国际学者在空间数据挖掘方面也做了很多很好的研究工作。

2. 从空间数据库中可以发现的知识及应用

1）从空间数据库中可以发现的知识类型

空间数据库包括矢量形式的 GIS 图形数据、栅格形式的图像数据以及规则格网、TIN（不规则三角网）、等高线形式的三维空间数据。

从空间数据库中可以发现的知识类型主要有（李德仁等，2001）：

（1）普遍的几何知识。

它是指某类目标的数量、大小、形态特征等普遍的几何特征。计算和统计空间目标几何特征量的最小值、最大值、均值、方差、众数等，还可统计特征量的直方图。在足够多样本的情况下，直方图数据可转换为先验概率使用。在此基础上，可根据背景知识归纳出高水平的普遍几何知识。

（2）空间特征知识。

它是某类或几类空间目标的几何与属性的普遍特征，即对共性的描述。空间特征知识汇总了作为目标的某类或几类空间实体的几何和属性的一般共性特征。几何特征知识指目标类空间数据的一般特性，属性特征知识则指空间实体的数量、大小和形状等一般特征。空间特征知识描述了某类空间目标之所以称之为某类空间目标的本质属性。空间特征知识可以用规则的形式来表达，也可以用框架的方法来表达。

（3）空间分类知识。

空间分类知识反映同类事物共同性质的特征型知识和不同事物之间差异性特征知识。根据空间分类知识把图像数据中的对象（包括像素）映射到某个给定的类上，是一种分类器。挖掘空间分类知识时，一般是先给定一些已知对象类别的训练样本进行学习和训练，从而挖掘出将对象映射到不同类别上的空间分类知识，然后根据这种空间分类知识对未知类别的对象进行类别的判定。

（4）空间区分知识。

总结空间特征知识时，也可以将该类目标的空间特征与其他目标的空间特征进行比较，找出其中的差别型知识，这时可以认为是空间区分知识，空间区分知识是对个性的描述。空间区分知识与空间分类知识不同，分类知识对空间对象进行明确的分类，强调的是分类精度，知识规则的后件是类别，为了保证分类精度，一般在较低的概念层次进行分类；而空间区分知识是对已知类别的对象的对比，区分规则的前件是类别，规则一般在较高的概念层次上描述。

（5）空间聚类知识。

空间聚类知识把特征相近的空间实体数据划分到不同的组中，组间的差别要尽可能大，组内的差别要尽可能小。空间对象根据类内相似性最大和类间相似性最小的原则分组聚类，并据此导出空间聚类知识，例如根据图像各像素的灰度值对图像进行自动聚类，从而实现图像的有效分割。空间聚类与空间分类的主要区别体现在：空间分类的类别数是预先给定的，通过训练样本训练学习来获取空间分类知识，而进行空间聚类时，聚类前并不知道将要划分为几类和什么样的类别，是根据聚类算法自己学习来确定类别数，在聚类的过程中可以人为地确定聚类的迭代次数和聚类的层数，从而控制聚类的结果。

（6）空间关联知识。

空间关联知识是找出空间实体或实体的空间属性之间的关联关系，找出空间实体的特性数据项之间频繁同时出现的模式，主要指空间实体间的相邻、相连、共生和包含等关联规则，并且同时给予支持度和置信度作为关联知识的不确定性度量。空间关联规则是空间数据挖掘和知识发现的重要内容之一。例如，村落与道路相连，道路与河流的交叉处是桥梁等都属于空间关联知识。

（7）空间例外知识。

空间例外知识是大部分空间实体的共性特征之外的偏差或独立点，是与空间数据库中的数据的一般行为或模型不一致的数据对象的特性。空间例外是关于类别差异的描述，如标准类中的特例，各类边缘外的孤立点，时序关系上单属性值和集合取值的不同，实际观测值和系统预测值间的显著差别等。空间例外知识对于发现现实世界中的突发事件具有很好的效果，例如利用MODIS卫星对大兴安岭的林区进行监测，通过对该地区的图像进行处理，发现了一些异常情况，则可能是发生了森林火灾或者是森林病虫害。

（8）空间预测知识。

空间预测知识是基于可用的空间数据，利用空间分类知识、空间聚类知识、空间关联规则知识等，预测空间未知的数据值、类标记和分布趋势等。

（9）空间序列知识。

空间序列知识主要反映空间实体随时间的变化规律。在发现序列规则时，不仅需要知道空间事件是否发生，还需要确定事件发生的时间。例如，可以通过对监测洞庭湖湖区范围进行监测的序列图像进行分析，从而找出该湖区范围变化的规律；又如，通过对与飓风相关的大量的气象云图进行分析，从而找出反映飓风特点的规律性知识等（秦昆，2004）。

（10）空间分布模式和分布规律。

空间目标在地理空间的分布规律，分成垂直向、水平向以及垂直向和水平向的联合分布规律。垂直向分布即地物沿高程带的分布，如植被沿高程带的分布规律、植被沿坡度坡向分布规律等；水平向分布是指地物在平面区域的分布规律，如不同区域农作物的差异、公用设施的城乡差异等；垂直向和水平向的联合分布即不同的区域中地物沿高程的分布规律。

对于图像数据挖掘来说，可以利用图像数据挖掘的方法对空间对象的分布模式和分布规律进行研究，例如，通过对全国的遥感图像进行分析，通过对植被指数的分析可以挖掘出植被的空间分布规律；通过对高山地区从山脚到山顶的图像进行分析，可以分析垂直地带性规律；通过对不同的空间对象，如林地、耕地、道路、河流等之间的空间关系进行分析，分析这些空间对象之间的分布规律（秦昆，2004）。

（11）空间过程知识。

空间过程知识属于过程型知识，例如，通过对某一地区的土壤侵蚀状况进行长期的遥感监测，通过对这些图像进行分析，挖掘出土壤侵蚀的过程，从而用过程性的知识的表达方法描述出该地区的土壤侵蚀过程（秦昆，2004）。

（12）面向对象的知识。

面向对象的方法是表达复杂的空间对象知识的一个十分有效的方法，它能够反映某类复杂的空间对象的子类构成及其普遍特征的知识。如前所述，对于民用机场图像，可以利用面向对象的知识表达方法表达成其各个子类及其特征知识和关联知识，从而在高分辨率的遥感图像上通过对简单的子类的识别而达到判别识别复杂的机场图像中的空间目标的目的。

2）从空间数据库中发现的知识的应用

从 GIS 数据库中发现的知识，可以用于以下两个方面（邸凯昌，2000）：

（1）GIS 智能化分析。空间数据挖掘（SDM）获取的知识同现有 GIS 分析工具获取的信息相比，更加概括、精练，并且发现使用现有 GIS 分析工具无法获取的隐含模式和规律,因此,SDM 本身就是 GIS 智能化分析工具,也是构成 GIS 专家系统和决策支持系统的重要工具。

(2) 在遥感影像解译中的应用。用于遥感影像解译中的约束、辅助和引导,解决同谱异物、同物异谱问题,减少分类识别的疑义度,提高解译的可靠性、精度和速度。SDM 是建立遥感影像理解专家系统知识获取的重要技术手段和工具,遥感影像解译的结果又可更新 GIS 数据库。因此,SDM 技术将会促进遥感与 GIS 的智能化集成。

3. 空间数据挖掘与知识发现的方法

数据挖掘与知识发现是多学科和多种技术交叉综合的新领域,它综合了机器学习、数据库、专家系统、模式识别、统计、管理信息系统、基于知识的系统、可视化等领域的有关技术,因而数据挖掘与知识发现方法是丰富多彩的。针对空间数据库的特点,存在下列可采用的空间数据挖掘与知识发现方法(邸凯昌,2000):

1) 统计方法

统计方法一直是分析空间数据的常用方法,适用于数值型数据。有着较强的理论基础,拥有大量的算法,可有效地处理数值型数据。这类方法有时需要数据满足统计不相关假设,但是,很多情况下这种假设在空间数据库中难以满足,另外,统计方法难以处理非数值型数据。应用统计方法需要有领域知识和统训知识,一般由具有统计经验的领域专家来完成。

2) 归纳方法

即对数据进行概括和综合,归纳出高层次的模式或特征。归纳法一般需要背景知识,常以概念树的形式给出。在 GIS 数据库中,有属性概念树和空间关系概念树两类。背景知识由用户提供,在有些情况下,也可以作为知识发现任务的一部分自动获取。

3) 聚类方法

聚类分析方法按一定的距离和相似性测度将数据分成一系列相互区分的组,它与归纳法的不同之处是:不需要背景知识而直接发现一些有意义的结构与模式。经典统计学中的聚类方法对属性数据库中的大数据量存在速度慢、效率低的问题,对图形数据库应发展空间聚类方法。

4) 空间分析方法

空间分析方法可采用拓扑结构分析、空间缓冲区分析及距离分析、叠置分析等方法,旨在发现目标在空间上的相连、相邻和共生等关联关系。

5) 探测性数据分析方法

探测性数据分析方法(exploratory data analysis,EDA),采用动态统计图形和动态链接窗口技术,将数据及其统计特征显示出来,可发现数据中非直观的数据特征及异常数据。EDA 与空间分析(spatial analysis,SA)相结合,构成探测性的空间分析(exploratory spatial analysis,ESA)。EDA 和 ESA 技术在知识发现中用于选取感兴趣的数据子集,即数据聚焦,并可初步发现隐含在数据中的某些特征和规律。

6) 粗糙集方法

粗糙集理论（rough sets theory）是波兰华沙大学的 Pawlak 教授在 1982 年提出的一种智能数据决策分析工具（Pawlak, 1982），被广泛研究并应用于不精确、不确定、不完全信息的分析和知识获取。

粗糙集理论为 GIS 的属性分析和知识发现开辟了一条新途径，可用于 GIS 数据库属性表的一致性分析、属性的重要性、属性依赖、属性表简化、最小决策和分类算法生成等。粗糙集方法与其他知识发现方法相结合，可以在 GIS 数据库中数据不确定情况下获取多种知识。例如，在经过统计和归纳，从原始数据得到普遍化数据的基础上，粗糙集用于普遍化数据的进一步简化和最小决策算法生成，使得在保持普遍化数据内涵的前提下，最大限度地精练知识。

7）云模型

云模型是由李德毅提出的用于处理不确定性问题的一种新理论（李德毅等，1995），由云模型、不确定推理和云变换三大支持构成。云模型将模糊性和随机性结合起来，解决了作为模糊集理论基石的隶属函数概念的固有缺陷，为 KDD 中定量与定性相结合的处理方法奠定了基础。

8）图像分析和模式识别

空间数据库中含有大量的图形图像数据，一些行之有效的图形分析和模式识别方法可直接用于发现知识，或作为其他知识发现方法的预处理手段。

9）概念格方法

概念格，又叫形式概念分析，是近年来获得飞速发展的数据分析的有力工具。形式概念分析是一种用数学公式明确表示人类对概念理解的集合理论模型，用来研究特定领域内，可能存在的概念的几何结构、概念格形式。形式概念分析提供了一种支持数据分析的有效工具，它的每个节点为一个形式概念，由外延和内涵两部分组成：外延，即概念所覆盖的实例；内涵，即概念的描述，该概念覆盖实例的共同特征。另外，概念格通过 Hasse 图生动和简洁地体现了这些概念之间的泛化和特化关系。因此，概念格被认为是进行数据分析的有力工具。

形式概念分析与传统的非监督聚类的区别在于：它不仅找出数据中的层次聚类，而且找出关于概念的一个很好的描述。从数据集（概念格中称为形式背景）中生成概念格的过程，实质上是一种概念聚类过程，是一个从上到下的、递增式的、爬山式的分类方法。

10）其他方法

另外，决策树、神经网络、证据理论、模糊集理论、遗传算法、支持向量机等也可用于空间数据挖掘和知识发现。

以上介绍了一些常用的空间数据挖掘与知识发现的方法，这些方法不是孤立应用的，为了发现某类知识，需要综合应用这些方法。例如，在时空数据库中挖掘空间演变规则时，首先利用空间分析方法中的叠置分析方法从空间数据库中提取出变化了的数据，再用综合统计方法和归纳方法得到空间演变规则。又如，可以把面向属性的归纳方法（attribute oriented induction，AOI）与探测性的数据分析和粗糙集方法结合起来，构成探测型的归纳学习方法，可用于发现多种知识。

4. 空间数据挖掘系统的结构及开发方法

根据空间数据库数据类型的不同，有两种空间数据挖掘系统的结构：基于 GIS 的空间数据挖掘系统的结构；基于图像（遥感图像）数据的空间数据挖掘结构。

1）基于 GIS 的空间数据挖掘系统的结构

基于 GIS 的空间数据挖掘系统的一般结构如图 8.19 所示（邸凯昌，2000）。图中单线箭头方向为控制流，实心箭头方向为信息流。从图中可以看出，知识发现同空间数据库管理是密切相关的。用户发出知识发现命令，知识发现模块触发空间数据库管理模块，从空间数据库中获取感兴趣的数据，或称为与任务相关的数据；知识发现模块根据知识发现要求和领域知识从与任务相关的数据中发现知识；发现的知识要交互地反复进行才能得到最终满意的结果。所以，在启动知识发现模块之前，用户往往直接通过空间数据库管理模块交互地选取感兴趣的数据，用户看到可视化地查询和检索结果后，逐步细化感兴趣的数据，然后再开始知识发现过程。

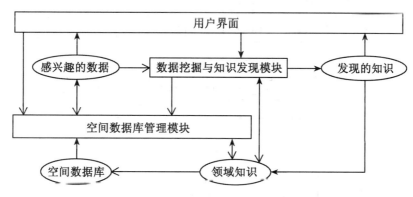

图 8.19　基于 GIS 的空间数据挖掘系统的结构图

在开发知识发现系统时，有两个重要的问题需要考虑并作出选择：

（1）自发地发现还是根据用户的命令发现。自发地发现会得到大量不感兴趣的知识，而且效率很低，根据用户命令执行则发现的效率高、速度快，结果符合要求。一般应采用交互的方式，对于专用的知识发现系统可采用自发的方式。

（2）KDD 系统如何管理数据库，即 KDD 系统本身具有 DBMS 功能还是与外部 DBMS 系统相连。KDD 系统本身具有 DBMS 的功能，系统整体运行效率高，缺点是软件开发工作量大，软件不易更新。KDD 系统与外部 DBMS 系统结合使用，整体效率稍低，但开发工作量小，通用性好，易于及时吸收最新的数据库技术成果。由于 GIS 系统本身比较复杂，在开发 SDM 工具时应在 GIS 系统之上进行二次开发。

基于上述两个问题的考虑，需要考虑下列开发空间数据挖掘系统的建议：

（1）用通用 GIS 的二次开发工具及 Visual Basic、Visual C++、C#、.NET 等进行开

发，采用 ODBC 标准或 ArcSDE 空间数据引擎，以及 OLE（对象链接与嵌入）、DLL（动态链接库）等编程技术提高软件的通用性和开放性，支持常用的标准数据格式。

（2）SDM 系统可单独使用，也可作为插件软件附着在 GIS 系统之上使用，或者 SDM 系统本身就是未来智能化 GIS 系统的有机组成部分。

（3）知识发现算法可自动地执行，又要有较强的人机交互能力。

（4）用户可定义感兴趣的数据子集，提供背景知识，给定阈值，选择知识表达方式等。若不提供参数，则自动地按缺省参数执行。

2) 基于图像（遥感图像）数据的空间数据挖掘结构

基于图像（遥感图像）数据的空间数据挖掘系统的结构如图 8.20 所示（秦昆，2004）。

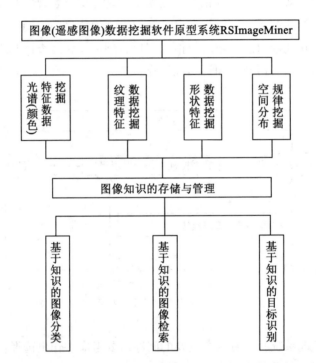

图 8.20　基于图像（遥感图像）数据的空间数据挖掘结构图

根据图像数据挖掘的内容，划分为图像数据管理模块、光谱（颜色）特征数据挖掘模块、纹理特征数据挖掘模块、形状特征数据挖掘模块、空间分布规律挖掘模块、图像知识的存储与管理模块以及图像知识的应用模块（基于知识的图像分类模块、基于知识的图像检索模块、基于知识的目标识别模块）等。

利用 Visual C++ 进行图像数据挖掘软件系统的开发，利用关系数据库管理系统 Access 数据库管理系统进行数据库的统一管理。图像数据以 BLOB 长二进制对象的方式存储在 Access 数据库中。图像特征数据以关系数据表格的形式进行存储。知识库中的知识规则以关系表格的数据记录的形式进行存储，同时以文本文件的形式进行知识的存储,并将文本形式的知识文件作为一个整体存储在关系表格的字段值中(秦昆,2004)。

5. 空间数据挖掘发展方向探讨

(1) 在空间数据挖掘的理论和方法方面,重要的研究方向有:背景知识概念树的自动生成;不确定性环境下的数据挖掘;递增式数据挖掘;栅格矢量一体化数据挖掘;多分辨率及多层次数据挖掘;并行数据挖掘;新算法和高效率算法的研究;空间数据挖掘查询语言;规则的可视化表达等。

(2) 在空间数据挖掘的系统实现方面的重要研究方向包括:多算法的集成,空间数据挖据系统中的人机交互技术和可视化技术,空间数据挖掘系统与地理信息系统、遥感解译专家系统、空间决策支持系统的集成等。

思 考 题

1. 简述空间分析与空间决策支持的关系。
2. 简述一般空间分析的步骤并举例说明。
3. 简述空间决策支持的概念和一般过程。
4. 简述智能空间决策支持的概念和体系结构。
5. 简述空间决策支持系统的一般构建方法。
6. 简述空间决策支持系统的功能。
7. 简述决策支持系统技术及其与空间决策支持的关系。
8. 简述专家系统技术及其与空间决策支持的关系。
9. 简述空间知识的表达方法及其与空间决策支持的关系。
10. 简述空间数据仓库技术及其与空间决策支持的关系。
11. 简述空间数据挖掘与知识发现方法及其与空间决策支持的关系。

参 考 文 献

陈述彭. 2007. 地球信息科学. 北京:高等教育出版社.

陈文伟. 1994. 决策支持系统及其开发. 北京:清华大学出版社.

邸凯昌. 2000. 空间数据发掘与知识发现. 武汉:武汉大学出版社.

郭仁忠. 2001. 空间分析. 北京:高等教育出版社.

李德毅,孟海军,史雪梅. 1995. 隶属云和隶属云发生器. 计算机研究与发展,32(6):15-20.

李德仁,王树良,史文中,王新洲. 2001. 论空间数据挖掘和知识发现. 武汉大学学报(信息科学版),26(6):491-499.

李德仁,王树良,李德毅,王新洲. 2002. 论空间数据挖掘和知识发现的理论与方法. 武汉大学学报(信息科学版),27(1):221-233.

李德仁，王树良，李德毅．2006．空间数据挖掘理论与应用．北京：科学出版社．

李京，孙颖博，刘智深，张道一．1998．模型库管理系统的设计和实现．软件学报，9（8）：613-618．

刘耀林．2007．从空间分析到空间决策的思考．武汉大学学报（信息科学版），32（11）：1050-1055．

倪玲，舒宁．1997．遥感图像理解专家系统中面向对象的知识表示．武汉测绘科技大学学报，22（1）：32-34．

裴韬，杨明，张讲社等．2003．地震空间活动性异常的多尺度表示及其对强震时空要素的指示作用．地震学报，25（3）：280-290．

秦承志，裴韬，周成虎等．2003．震级加权四指标Blade算法及在地震带识别中的应用．地震，23（2）：59-69．

秦昆．2004．基于形式概念分析的图像数据挖掘研究（博士论文）．武汉：武汉大学．

秦昆．王新洲，张鹏林，傅晓强．2005．图像数据挖掘软件原型系统的设计与开发，测绘信息与工程，30（6）：1-2．

沙宗尧，边馥苓．2004．基于面向对象知识表达的空间推理决策及其应用．遥感学报，8（2）：165-171．

舒飞跃．2007．知识与规则驱动的国土资源空间数据整合方法研究．国土资源信息化，（3）：19-25．

苏奋振．2001．海洋渔业资源时空动态研究（博士学位论文）．北京：中国科学院地理研究所．

苏奋振，杜云艳，杨晓梅等．2004．地学关联规则与时空推理应用．地球信息科学，6（4）：66-70．

王树良．2002．基于数据场和云模型的空间数据挖掘和知识发现（博士学位论文）．武汉：武汉大学．

王树良．2008．空间数据挖掘视角．北京：测绘出版社．

王劲峰．2006．空间分析．北京：科学出版社．

汪闽，周成虎，裴韬等．2002．一种带控制节点的最小生成树聚类方法．中国图象图形学报，7（8）：765-770．

汪闽，周成虎，裴韬等．2003．一种基于数学形态学尺度空间的线性条带挖掘方法．高技术通讯，13（10）：20-24．

邬伦，刘瑜，张晶，马修军，韦中亚，田原．2001．地理信息系统原理、方法和应用．北京：科学出版社．

阎守邕．1995．我国GIS发展总体技术框架的探讨．地理信息世界，（3）：18-22．

阎守邕，田青，王世新，武晓波，周艺．1996．空间决策支持系统通用软件工具的试验研究．环境遥感，11（1）：68-78．

阎守邕, 陈文伟. 2000. 空间决策支持系统开发平台及其应用实例. 遥感学报, 4 (3): 239-244.

张成才, 秦昆, 卢艳, 孙喜梅. 2004. GIS 空间分析理论与方法, 武汉: 武汉大学出版社.

张治. 2004. DSS 模型库管理系统设计. 河南科技大学学报(自然科学版), 25 (5): 38-42.

赵需生, 杨崇俊. 2000. 空间数据仓库的技术与实践. 遥感学报, 4 (2): 157-160.

Armstrong M P, Densham P J, Rushton G. . 1990. Architecture for a Microcomputer Based Spatial Decision Support System. Proceedings of the 2nd Int. Symp. Spatial Data Handling, IGU. NY: 120-131.

Burl M C, Fowlkes C, Roden J. 1999. Mining for Image Content, In Systemics, Cybernetics, and Informatics / Information Systems: Analysis and Synthesis, Orlando, FL, July 1999: 1-9.

Cowen D J, Ehler G B. 1994. Incorporating Multiple Sources of Knowledge into a Spatial Decision Support System. Advances in GIS research. Proc. 6th symposium. Edinburgh, Vol. 1: 60-72.

CIESIN. 1997. Research Report on Advances in Spatial Decision Support System Technology and Application. http://www.ciesin.colostate.edu/ USDA/ Task %203 %20Web/ 97T31.html, 1997.

Datcu M, Seidel K, Pelizarri R, Schroeder M, Rehrauer H, Palubinskas G, Walessa M. 2000. Image Information Mining and Remote Sensing Data Interpretation, IEEE Intern. Geoscience and Remote Sensing Symposium IGARSS 2000, July 2000: 3057-3060.

Densham P J, Goodchild M F. 1989 Spatial Decision Support Systems: A Research Agenda. Proceedings of GIS/ LIS'89, ACSM [C]: 707-716.

Densham P J. 1991. Spatial Decision Support System: Principles and Applications. Maguire D J, et al. Geographic Information Systems: 403-412.

Ester M, Frommelt A, Kriegel H P, Sander J. 2000. Spatial Data Mining: database primitives, algorithms and efficient DBMS support. Data Mining and Knowledge Discovery, 4: 193-216.

Fayyad U, Weir Nicholas, Djorgovski S. 1993. Automated Analysis of a Large-Scale Sky Survey: The SKICAT System. In Proc. 1993 Knowledge Discovery in Databases Workshop, Washington, D. C., July 1993: 1-13.

Franz Q. 1997. Recognition of structured objects in monocular aerial images using context information. In: Mapping buildings, roads and other man-made structures from images. Ed.: F. Leberl. München 1997. S. 213-228.

Ge Y, Du YY, Cheng Q M, Li C. 2006. Multifractal Filtering Method for Extraction of

Ocean Eddies from Remotely Sensed Imagery. Acta Oceanologica Sinica, 25（5）：27-38.

George M. Markakas 著［美］，朱岩，肖勇波译．2002. 21 世纪的决策支持系统．北京：清华大学出版社．

Gorry G A, Morton M S S. 1971. A Framework for Management Information Systems. Sloan Management Review：55-70.

Han J, Koperski K, Stefanovic N. 1997. GeoMiner：a system prototype for spatial data mining. Proceedings of the 1997 ACM SIGMOD international converence on management of data, Tucson, Arizona, United States, pp. 553-556.

Han J. Kamber M. 2001. Data Mining：Concept and Technologies, San Fransico：Academic Press.

He Y B, Ramachandran R, Nair U J, Keiser K, Conover H, Graves S J. 2002. Earth Science Data Mining and Knowledge Discovery Framework, SIAM International Conference on Data Mining, Arlington, VA, 11-13.

Hoffman F M, Tripathi V S. 1993. A Geochemical Expert System Prototype Using Object-oriented Knowledge Representation and a Production Rule System. Computers & Geosciences, 19（1）：53-60.

Inmon W H［美］著，王志海译．2000. 数据仓库（第 2 版）．北京：机械工业出版社．

Jian Ma. 1995. An object-Oriented Framework for Model Management. Decision Support Systems, 13（2）：133-139.

Knorr E M, Raymond T Ng. 1996. Finding aggregate proximity relationships and commonalities in spatial data mining. IEEE transaction on knowledge and data mining, 8（6）：884-897.

Koperski K, Adhikary J, Han J. 1996. Spatial data mining：process and challenges survey papers. SIGMOD'96 Workshop on Research Issues on Data Mining and Knowledge Discovery（DMKD'96）, Montreal, Canada, June.

Kuhn W. 1999. An Algebraic Interpretation of Semantic Networks. In：C. Freksa and D. Mark（eds.）Spatial Information Theory（COSIT'99）. Berlin, Springer-Verlag. Lecture Notes in Computer Science,（1661）：331-347.

Leung Yee. 1997. Intelligent Spatial Decision Support Systems. Berlin：Springer-Verlag.

Li D R, Cheng T. 1994. KDG-Knowledge discovery from GIS. Proceedings of the Canadian Converence on GIS, Ottawa, Canada, June 6-10：1001-1012.

Miller H J, Han J. 2001. Geographic Data Mining and Knowledge Discovery. London：Taylor & Francis.

Mohan L, Kashyap R L. 1988. An Objected-Oriented Knowledge Representation for Spatial Information. Transactions on Software Engineering, 14（5）：675-681.

Pawlak Z. 1982. Rough Sets [J]. International Journal of Computer and Information Science, (11): 341-356.

Pei T, Zhu A X, Zhou C H, Li B L, Qin C Z. 2006, A new approach on nearest-neighbour method to discover cluster features in overlaid spatial point processes. International Journal of Geographical Information Sciences. V. 20, 153-168.

Sprague R H, Carlson E D. 1982. Building Effective Decision Support Systems. Prentice-Hall.

Sprague R H, Watson H J. 1989. Decision Support Systems: Putting Theory into Practice. Prentice-Hall.

Tesic J, Newsam S, Manjunath B S. 2002. Scalable Spatial Event Representation. IEEE International Conference on Multimedia and Expo (ICME), Lausanne, Switzerland, August 2002: 1-4.

Wang J F, Christakos G, Han W G & Meng B. 2008. A data-driven approach to explore associations between the spatial pattern, time process and driving forces of SARS epidemic. Journal of Public Health, 30 (3): 234-244.

Zhu X, Aspinall R J, Healey R G. 1996. ILUDSS: A Knowledge Based Spatial Decision Support System for Strategic Land2Use Planning. Computers and Electronics in Agriculture, 1996, 15 (4): 279-301.

第9章 空间分析的应用

在前面几章中,我们介绍了空间分析的基本原理和主要方法,在本章中,我们主要介绍 GIS 空间分析的具体应用。空间分析的应用与空间分析建模是密切相关的,空间分析建模是空间分析应用的基础。空间分析的应用领域与 GIS 的应用领域基本上是一致的,本章介绍这些具体的应用,只是为了更加强调 GIS 的空间分析功能。空间分析的具体应用领域包括城市规划与管理、厂址选择、水污染监测、洪水灾害分析、道路交通管理、地震灾害和损失估计、输电网管理、配电网管理、地形地貌分析、医疗卫生、军事等领域等。本章将结合部分应用领域,说明 GIS 空间分析理论和方法的应用。

9.1 空间分析与空间建模

9.1.1 从空间分析到空间建模

从空间分析的任务来看,空间规划决策与调控是空间分析的高级阶段;从空间分析的类型来看,地理模型分析是对空间过程建模分析和空间现象发生机理的解释分析,空间分析为复杂的空间模型的建立提供基本的分析工具,应用模型是对空间分析的应用和发展。空间分析只有走向空间建模,解决各个行业中与空间位置有关的问题,才能发挥其最大作用。但是这绝不是说要抛弃空间图形分析和空间数据分析,因为它们是空间建模和分析的基础。

严格地说,空间分析建模与空间建模的含义不尽相同,前者指运用 GIS 空间分析方法建立数学模型的过程(汤国安,杨昕,2006),后者的意义没有统一的定义,既可以理解为基于 GIS 的空间问题分析和决策过程就是一个通过建立模型产生期望信息的过程(王远飞,何洪林,2007),又可以解释为一切与空间位置相关的模型的建立。而空间模型的建立又要借助 GIS 空间分析的原理、方法和技术,因此我们统称为空间建模,不做详细区分。

9.1.2 空间建模的方法

模型的类型根据分类方法而不同,常用的分类方法有根据建模目的分类、根据使用方法分类、根据逻辑的分类等。其中根据 GIS 空间建模的目的,可分为以特征为主的描述模型(descriptive model)和提供辅助决策信息和解决方案为目的的过程模型

(process model）两类；根据使用的方法可分为随机模型和确定性模型；根据逻辑可分为归纳模型和演绎模型等（王远飞，何洪林，2007）。下面详述按建模目的分类的两类模型：描述性模型和过程模型。

1. 描述模型

这是一类用描述方法研究区域中的实体类型、特征、相互之间的空间关系和实体属性特征的模型。一般用描述模型回答"是什么"这类简单的地理问题，或者描述某类现象存在的环境条件。描述模型不仅能够使用单一的地图图层数据，而且能够综合使用多个地图图层描述空间联系，表示不同条件下的空间关系或空间模式。因此描述模型的使用有助于识别空间关系、空间模式，增进我们理解地理过程的能力。有时描述模型指的就是 GIS 的数据模型。

2. 过程模型

运用数学分析方法建立表达式，模拟地理现象的形成过程的模型称为过程模型，也叫处理模型。过程模型适合于回答"应当如何"之类的地理问题。显然过程模型根据描述模型所建立起来的对象间的关系，分析其相互作用并提供决策方案。需要运用多种分析方法进行空间运算，并从中产生描述模型所不包括的新的信息（王远飞，何洪林，2007）。

过程模型的类型很多，用于解决各种各样的实际问题（汤国安，杨昕，2006）。例如：适宜性建模：农业应用、城市化选址、道路选择等；水文建模：水的流向；表面建模：城镇某个地方的污染程度；距离建模：从出发点到目的地的最佳路径的选择等。

无论使用的模型是描述性的还是过程性的，首先要对模型的形成过程进行概念化，模型的概念化是建模过程的一般模式。这一基本过程可概括为 6 个基本步骤（ESRI；王远飞，何洪林，2007），如图 9.1 所示。

除了可以按照空间建模的概念化模式建模外，还可以采用图解建模。ArcGIS 空间分析的模型就是在模型生成器（model builder）中建立的一种图解模型，它是 ArcGIS 提供的构造地理工作流和脚本的图形化建模工具，可以将数据和空间处理工具连接起来处理复杂的 GIS 任务，并且可以使多人共享方法和流程，多人可以使用相同的模型来处理相似的任务。在 Model Builder 中输入数据、输出数据和相应的空间处理工具以直观的图形语言表示，它们按有序的步骤连接起来，使用户对模型的组成及执行过程的认识更加简单，并且对模型进行修改和纠错更加容易。

9.1.3 空间建模的步骤

过程模型的建立过程如下（汤国安，杨昕，2006）。

（1）明确问题：分析问题的实际背景，弄清建立模型的目的，掌握所分析对象的各种信息，即明确实际问题的实质所在，不仅要明确所要解决的问题是什么，要达到什么样的目标，还要明确实际问题的解决途径和所需要的数据。

（2）分解问题：找出实际问题有关的因素，通过假设把所研究的问题进行分解、

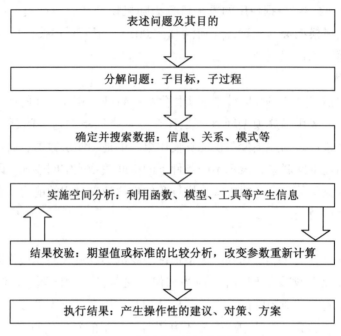

图 9.1 空间建模的概念化模式

简化,明确模型中需要考虑的因素以及它们在过程中的作用,并准备有关的数据集。

(3) 组建模型:运用数学知识和空间分析工具描述问题中变量间的关系。

(4) 检验模型结果:运行所得到的模型、解释模型的结果或把运行结果与实际观测对比。如果模型结果的解释与实际状况符合或结果与实际观测基本一致,表明模型是符合实际问题的;反之,表明模型与实际不相符,不能将它运用到实际问题中。如果图形要素、参数设置没有问题,就需要返回到建模前的问题分解。检查对问题的分解、假设是否正确,参数的选择是否合适,是否忽略了必要的参数或保留了不该保留的参数,对假设作出必要的修正,重复前面的建模过程,直到模型的结果满意为止。

(5) 应用分析结果:在对模型满意的前提下,可以运用模型得到对结果的分析。

9.2 空间分析在洪水灾害评估中的应用

洪水灾害是当今世界上主要的自然灾害之一,防治洪水灾害是世界各国普遍关注的问题。在过去相当长的时间内,世界各国的防洪战略主要是依靠水利工程控制洪水、降低洪灾损失,但随着社会经济的发展,人类不断扩大对自然资源的开发利用范围,洪水出现频数及其所造成的损失也不断地增加,人们逐渐认识到,仅仅采用水利工程措施不能完全抵御洪水、尤其是发生特大洪水时,借助水利工程来保障灾区的安全并不那么容易。20 世纪 70 年代,美国首先提出采用非工程措施(Non-structural measures)的概念,即通过洪水预报、防洪调度、分洪、滞洪、立法、洪水保险、洪泛区管理以及造林、水土保持等非工程措施来减缓洪涝灾害,改变损失分摊方法,加强防洪管理,顺应洪水的天然特性,因势利导,以达到防洪减灾的目的。

随着自然资源的开发利用不断扩大,城乡经济建设飞速发展,洪水出现的频率及其造成的损失不断增加。因此,快速、准确、科学地模拟、预报洪水,以便发挥防洪工程效益,对防洪减灾和洪灾评估等有重要作用。传统的基于人工为主的信息获取和处理方法已很难满足防洪救灾工作的需要,由于地理信息系统具有独特的空间信息处理和分析功能,具有空间性和动态性,它可以为洪水预测及演进仿真模拟的研究提供对多源地表空间信息的综合分析和解释,GIS平台使得原有水力学数值计算的应用范围更加广泛。

9.2.1 数据库和评估模型的建立

洪水灾害的研究是一个十分广泛的课题,涉及自然科学和社会科学的众多领域。在洪水灾害损失评估信息系统中,利用建立的灾害数据库和灾害评估模型,在地理信息系统的支持下,在遥感监测的基础上,可以对洪水淹没的土地类型、受灾人口和房屋、洪水淹没历时、作物损失程度等进行科学而有效的评估。

数据库是洪水灾害损失评估的基础。洪水灾害损失评估数据库包括:①数字地形数据;②行政区划数据;③洪灾区的土地利用数据;④社会经济数据(包括以县为单位的人口、农作物产量、投入、总产值等);⑤历史洪水损失数据;⑥水文气象数据库。

评估模型为利用数据库的数据进行快速评估提供方法,这些模型包括:受灾地区土地利用评估分析模型,受淹人口与房屋评估模型,受淹农作物损失估算模型,防洪抗灾辅助决策模型:包括洪灾行为的模拟模型、滞洪区洪水演进模型、避险迁安分析模型等。这些模型一起构成模型库,再与数据库一起构成评估系统的主体。

图9.2为洪水灾害评估系统结构图。

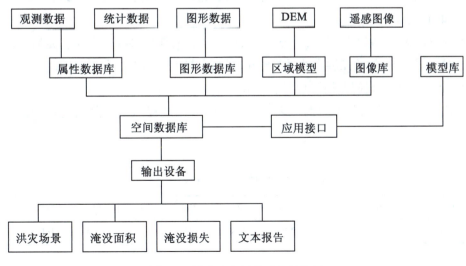

图 9.2 洪水灾害评估系统结构图

9.2.2 洪灾评估系统中空间分析的特点

1. 多源数据的综合分析

地理信息系统具有以数字方式综合不同来源数据的功能，为洪水灾害的分析提供必要的数据基础，克服传统分析方法数据不足的弱点。

2. 多层次模型分析

作为一个专题性地理信息系统，洪水灾害分析信息系统不仅充分利用 GIS 软件提供的各种数据处理分析功能，而且在更高层次上开发专业模型和专家系统，提高分析工作的科学性和深度。

3. 洪灾场景模拟分析

洪水灾害分析信息系统可以对洪灾发生的不同阶段进行分析。在洪灾发生前，模拟分析洪灾发生的可能性和空间分布规律；在洪灾发生过程中，实现洪灾信息的接收、处理和分析，这些都在洪灾过程中完成，为防洪抗险提供及时的信息；在洪灾发生后，利用多方面的信息，提供洪灾损失的详细报告，辅助制定救灾计划和重建家园规划。

4. 多种输出

地理信息系统的分析计算结果可以在屏幕上以图形或表格的方式显示，也可以提供报告、报表、地图的硬拷贝等形式输出。

9.2.3 空间分析在荆江分滞洪区洪水计算中的应用

1. 荆江分滞洪区概况

荆江分洪区工程是长江防洪体系的重要组成部分，担负着削减洪峰，分、蓄洪水的作用，该工程由太平口至藕池口长江干堤以西、安乡河藕池至黄山头以北及虎渡河以东 208km 围堤包围，面积为 920km^2，其蓄洪量 54 亿 m^3，设计蓄洪水位 42m。荆江分洪区概况图如图 9.3 所示。

荆江分洪区于 1952 年兴建，1954 年长江大水，荆江分洪区被运用，先后三次开闸分洪，对削减 1954 年长江洪水的洪峰流量、降低沙市水位起到了关键作用。

2. 应用二维水流模型计算洪水淹没情况

以北闸入流过程的分析为例加以说明。北闸入流过程的单独分洪过程如表 9.1 所示。

表 9.1 北闸单独分洪过程表

时间/h	0	24	48	72	96	120	144	168	192
流量/（m^3/s）	0.0	555	2793	3137	4045	6260	3830	160	0.0

根据设计资料，北闸地面高程为 33.4m，分洪闸总宽为 1054m。在防洪之前，分洪

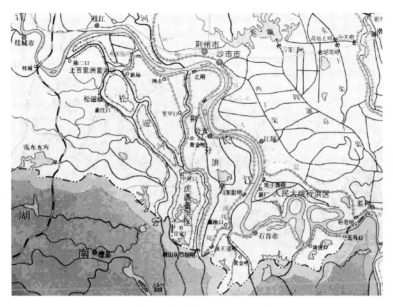

图 9.3 荆江分洪区概况图

区内已有积水,为简化计算,假设正常情况下非水面的地方,赋初始水深为 0.01m,对于湖泊、鱼塘等地方,赋地面高程为 33.442m;对粗糙率作概化处理,以正常情况下非水面地取 0.095,水面处取 0.02,经过试算,模拟结果最佳。计算出不同时刻的各个网格点上的水位(或水深)、流速等。

3. 基于 ArcGIS 显示淹没场景

根据淹没水深分级,一级:0~0.5m,二级:0.6~1.0m,三级:1.1~2.0m,四级:2.1~4m,五级:大于4m。在显示时,不同的水深级别以不同的颜色显示。通过地理分析和图层复合,可以得到各时段的淹没情况。在 ArcGIS 系统中,显示了淹没面积、淹没人口、淹没乡镇、淹没村庄和淹没公路等淹没信息,进一步可分析计算出淹没的损失。图 9.4 为 40 小时分洪区水深分布图。

9.2.4 空间分析在黄河东平湖蓄滞洪区洪水计算中的应用

(1) 东平湖蓄滞洪区概况

东平湖滞洪区地处黄河与大汶河下游冲积平原相接的洼地上,是保证黄河下游窄河段防洪安全的关键工程,湖区总面积 627km^2,其中老湖区 209km^2,新湖区 418km^2,承担分滞黄河洪水和调蓄大汶河洪水的双重任务,可控制艾山下泄流量不超过 10000m^3/s。东平湖设计分洪运用水位 44.5m,相应库容 30.5 亿 m^3,分蓄黄河洪水 17.5 亿 m^3。

(2) 应用二维水流模型计算洪水淹没情况

东平湖蓄滞洪区有分洪闸 3 座(新湖 1 座、老湖 2 座),总设计分洪流量 8500m^3/s,建于河湖两用堤上,侧向分洪。根据国家防汛抗旱总指挥部文件可知,当东平湖蓄滞洪

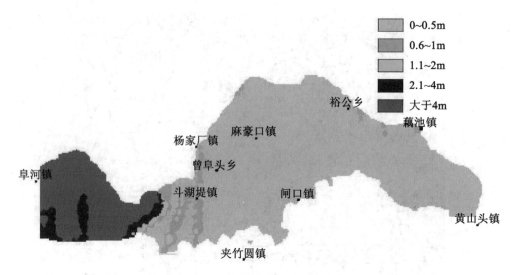

图9.4 40小时分洪区水深分布图

区运用后,条件具备时,利用东平湖老湖区退水闸退水入黄河,并根据湖水位、围坝安全情况和南四湖水情,相机利用司垓闸向南四湖退水。在模拟某次洪水过程中,运用老湖区的分洪闸(林辛闸和十里堡闸)分洪,运用东平湖老湖区退水闸退水入黄河,分洪闸处的流量按孙口水文站的流量计算,某年7月30日4点到8月14日4点共15天的流量数据,8小时一个流量,部分数据如表9.2所示;泄洪闸的流量根据此处的水位流量关系确定,数据如表9.3所示。

表9.2　　　　　　　　　　　分洪闸的部分分洪流量过程

时间/h	30日4时	30日12时	30日20时	31日4时	31日12时	31日20时
流量/(m³/s)	3205.99	3206.09	3207.61	3218.75	3270.58	3443.76
时间/h	1日4时	1日12时	1日20时	2日4时	2日12时	2日20时
流量/(m³/s)	3876.08	4676.14	5620.01	6162.84	6771.89	7252.93

表9.3　　　　　　　　　　　泄洪闸的水位流量过程

水位/m	39.00	39.50	40.00	40.50	41.00	41.50	42.00
流量/(m³/s)	87	500	800	1104	1322	1565	1800
水位/m	42.50	43.00	43.50	44.00	44.50	45.00	
流量/(m³/s)	2000	2200	2339	2500	2588	2632	

根据以上数据,可以计算得到不同时段的分洪区内各网格点的水深和流速。

（3）基于 ArcGIS 显示淹没场景

根据计算的水深分级，不同的水深级别以不同的颜色显示。通过地理分析和图层复合，可以得到各时段的淹没情况，可显示淹没面积、淹没人口、淹没乡镇、淹没村庄和淹没公路等淹没信息。

在 GIS 平台上把洪水水流计算模型与 DEM 以及各专题图图层进行集成，应用 GIS 的空间分析、图形显示和图形处理功能，预报和再现洪水淹没场景，计算洪水灾区淹没损失，建立洪水灾害损失计算软件包，在已知入流的情况下，可以快速计算出洪水淹没范围、淹没水深、流速、淹没历时，再现洪水场景和计算淹没损失等。图 9.5 为基于 ArcGIS 显示淹没场景的示意图。

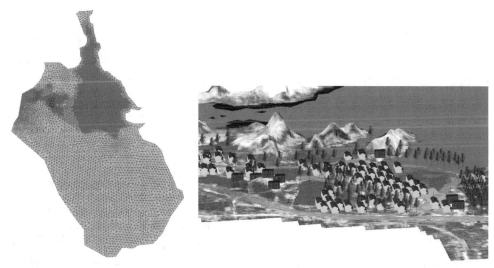

(a) 某时刻东平湖洪水淹没范围二维图　　　(b) 某时刻东平湖洪水淹没范围三维图

图 9.5　基于 ArcGIS 显示淹没场景

9.3　空间分析在水污染监测中的应用

水质污染是我国面临的最为严重的水环境问题之一，防治水质污染已成为我国环境保护的一项紧迫任务。水环境污染防治问题涉及的区域范围广、数据量（空间数据和属性数据）大。进行水质污染管理和分析的另外一个突出的特点，就是必须借助大量的科学合理的水质模拟模型进行水质的预测和评价。因此，在利用 GIS 空间分析方法进行水质污染监测时，必须充分利用这些水质模型辅助 GIS 的空间分析。这里介绍 GIS 空间分析技术在水质污染监测中应用的主要思路（Qin et al，2001），其系统流程如图 9.6 所示。

在进行江河流域水污染防治规划过程中，应贯彻综合防治原则，实施全流域的综合管理。因此，必须对全流域的经济发展、工业布局、城市发展、人口增长、水体自净能力和水体的功能、级别等进行充分研究。力求处理好流域经济发展与水体保护的关系、局部发展与流域总体发展的关系、近期发展与持续发展的关系。在协调中寻求解决上述矛盾的合理的、优化的方案。需要贯彻系统工程的思想，以整个流域范围为研究对象，建立有关的自然、经济和社会信息数据库，建立整个流域范围及各相关城镇的空间数据库；建立各种水质评价和预测模型，进行多模型的综合评价，减少单一模型方法的缺陷，提高水质预测的准确度；需要结合领导的经验决策意见和各项法律法规，因此需要建立综合相关专家知识和领导决策意见的专家知识库。流域水污染防治规划GIS系统的建立是一个半结构化过程，实现了定量方法与定性方法的有机结合，实现了科学管理与领导的决策经验的有机结合。

图9.6为江河流域水污染防治规划GIS系统的流程图。数据库系统主要提供基础数据，同时为模型服务；模型库系统是存储于计算机内，用以描述、模拟、预测江河的水质、流域经济等各种数学模型的集合。模型的生成是在模型数据库、方法库的支持下完成的，它是整个决策支持系统的核心。方法库系统的作用是对各种模型的求解提供必要的算法支持。模型库和方法库联系非常紧密，也可以综合成一个库，即模型方法库。知

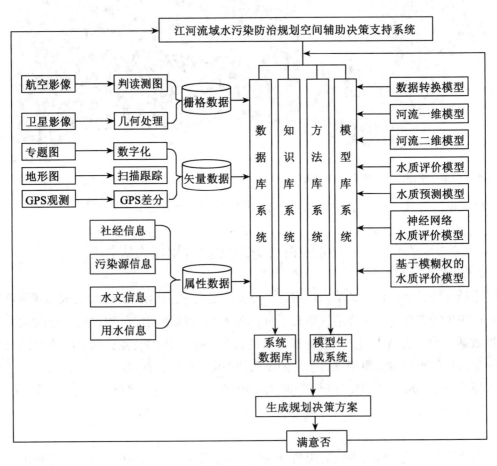

图9.6 江河流域水污染防治规划GIS系统流程图

识库用于存放环保规划专家和水质评价专家提供的专门知识，包括各种环保法律法规、各种水质等级的评价标准、各种规划方案的制定经验等。通过知识库的知识自动获取功能为江河流域水污染防治规划辅助决策支持系统提供有力支持。

这种具有大量数学模型的 GIS 系统进行空间分析时解决的一个最重要的问题，就是如何充分利用这些数学模型，为空间分析任务服务。这种数学模型与空间分析任务的结合包括以下几种方式：

（1）松散的结合：数学模型系统与 GIS 空间分析系统各自独立地运行，分别运行在各自独立的系统中，二者之间的数据通讯通过文本文件或二进制进行。用户负责根据 GIS 所确定的格式对文件进行格式化。这种结合是在同一台计算机上或局域网的不同计算机上联机执行的。

（2）紧密的耦合：在这种情况下，数据模型仍然是不同的，但是在 GIS 和空间分析之间的数据的自动交换是通过一个标准的接口执行的，无须用户的干预。这提高了数据交换的效率，但是需要更多的编程任务。用户需要处理数据的集成工作。

（3）完全的集成：从用户的角度来看，这种集成方式，是在同一个系统下执行相关操作。数据交换是基于相同的数据模型和数据库管理系统。数学模型和空间分析之间的相互作用是十分有效的。

9.4 空间分析在地震灾害和损失估计中的应用

我国地处环太平洋地震带和地中海-喜马拉雅地震带两个大地震带之间，是一个多地震国家。地震灾害是由地球内能引起的、难以避免的自然灾害，且由地震导致一系列的次生灾害，会给人们的工作和生活带来巨大的伤害。例如，汶川大地震摧毁了主灾区的建筑物，带来了难以想象的人员伤亡，且地震引发的大量滑坡、崩塌、泥石流等地质灾害，给灾区带来了无法估算的灾难。以目前的技术水平，还很难有效地预测地震的发生。利用现代空间信息技术协助灾区信息管理工作是防震减灾的工作重点之一。

在地震救灾系统中，GIS 是震区信息存储、管理、分析及可视化的综合平台和关键技术，地震信息平台中包括信息采集、存储检索、综合分析及可视化输出 4 个主要环节。其中，综合分析是 GIS 空间分析功能在地震灾害中应用的综合体现。在实现了震区信息数据管理的基础上，可以进行各种地震专题信息的查询及空间定位分析，为震情预报、抗震指挥决策、灾后灾情评估及重建规划等提供科学依据。

地理信息系统的空间分析能够评估地震灾害以及地震次生灾害，并且对临震地震和短期地震进行分析预报。对发生地震灾害的地区，及时分配资源援助，提供应急决策方案具有重要的意义。利用 GIS 的空间分析功能，分析地质构造、地形、地上建筑物等信息，模拟地震发生过程，估计地震引起的损失，并且可以分析地震实际发生时的灾害严重程度的空间分布，帮助政府分配应急资源。空间分析在地震灾害预测和评估中的应用主要包括以下几个方面：

1）地震灾害易发程度分区

GIS 空间分析模型方面可以对震区调查所获取的信息进行分析，进行地质灾害易发程度的自动化分区。基本思路为：通过对地震易发区、地震带的地质条件、地表状况、气候因素、水文条件、历史灾情等因素分别进行易发程度分区赋值，求出地震发生的敏感系数，最后将各因子图层进行基于 GIS 空间分析的图层叠加，对叠加后的图层属性进行加权综合，计算出综合易发程度值，实现易发程度的自动化分区。地震灾害的易发程度分区为抗震救灾提供了技术、资金、人员、物资分配的科学依据。

2）地质灾害风险性及预警预报分析

对某个地区是否可能发生地震、地震可能发生的时间和地点、发生的强度、可能引发的次生灾害等进行预测分析。利用 GIS 空间分析可以对相关地区的各类数据及地震因子进行数学建模，对各个因子及因子间的关系进行定量分析，利用仿真模拟技术实现地震灾情的预测预报、模拟评价和防治等。

对于地质灾害的危险性分析的研究成果较多，专业分析模型包括信息量模型、多元统计分析模型、模糊综合评判模型、基于人工神经网络的分析模型、基于遗传算法的分析模型等。例如，基于商业 GIS 软件研究开发的区域地质灾害风险分析系统（朱良峰等，2002）。该系统利用 GIS 的空间分析功能，对中国滑坡灾害危险性进行了分析。该系统通过历史滑坡分布密度图与各主影响因素分布图的叠加，对滑坡发生的危险性分级，得到滑坡灾害危险性等级分布区划图，将滑坡灾害的危险性进行了 4 个等级的划分：极高危险性、高危险性、中等危险性、低危险性。

GIS 空间分析功能能够有效地集成各种地震预报和地震前兆分析方法，对地震活动、地震前兆资料、地质构造条件、地球物理环境及其他有关地理信息进行综合管理和动态模拟分析，为地震预警预报提供科学依据。

3）震后救灾协调指挥

地震发生后，及时了解灾区灾情，确定救灾方向和线路，科学合理地安排救灾人员和物资是减灾的重要工作。在地震多发区的基本信息基础上建立空间数据库。一旦发生地震，可以利用空间分析和空间查询功能检索进入灾区的线路、分析隐藏的灾害、进行灾情预测、确定救援规模（人员多少、物资需求等）、灾民撤离路线、临时安置点等，将灾情降到最低。具体工作包括：

（1）估计地表震动灾害，应急指挥。

识别地震源点，然后建立在该点发生的地震以及地震波传播的模型，估计地震破坏的分布，最后根据地表的土壤条件得到最终的震动强度。通常，根据震源位置以及地震波传播公式计算地表震动强度。

（2）估计次生地震灾害。

次生地震灾害是直接灾害发生后，破坏了自然或社会原有的平衡或稳定状态，从而引起的灾害。主要有泥石流、滑坡、火灾、水灾、毒气泄漏、瘟疫等。

评估这些灾害需要收集相应区域的地质构造信息，计算地表运动的强度和持续时间，以及在以前的地震发生过程这些灾害发生的情况。例如，利用GIS空间分析功能，结合滑坡确定性系数方法，对地震诱发滑坡的影响因子，如地层岩性、断裂、地震烈度、震中距、地形坡度、坡向、高程、水系等进行敏感性分析，确定各因子最利于地震滑坡发育的数值区间，为进一步区域地震滑坡稳定性评价奠定基础（陈晓利等，2009）。

4）灾情评估

地震发生后，可以利用空间分析功能对多种空间信息（如地质构造、建筑、地形等）进行地震损失估计。例如将灾害前后的数据库信息、遥感影像解译对比分析等，综合评估灾害造成的人员伤亡、财产损失等。这种估计方法与人工统计相比具有速度快、误差小的优势。具体包括：

（1）建筑物的损害估计。

需要收集地震区域内建筑和生命线的分布状况，然后对每种建筑建立损失模型，该模型是一个函数，与地表震动强度以及潜在的次要灾害有关。在分析过程中，由于地震强度以及破坏程度随着到震源的距离增大而衰减，所以要采用缓冲区计算模型。

（2）可以用金钱衡量和不可以用金钱衡量的损失估计。

可以用金钱衡量的损失包括：受损建筑的修复和重建、清除垃圾和重新安置费用损失等。不可以用金钱衡量的损失包括：人员伤亡、精神影响以及其他长期或短期的影响等。估算这些损失需要相应的社会经济信息。针对不同的损失类型，建立不同模型，分别估计损失。在计算金钱损失以及非金钱损失时，因为要综合考虑多个因素，要使用复合模型。

5）灾后重建决策

地震的灾后建设是防震减灾的重要后续工作。GIS空间分析可以在灾区重建选址、灾民安置点选择等方面发挥作用。利用原有信息和数据库，进行适当修改，并结合灾区现状，利用空间分析功能实现科学选定新址、建设规模的确定等。另外，在灾区恢复生产、发展经济的规划中，利用叠置分析等功能将灾前灾后信息进行对比分析，帮助领导者进行经济分区与经济发展的分析和决策。

GIS的空间分析功能在地震的综合信息管理和分析方面发挥着重要的作用。随着GIS技术和网络技术的发展，WebGIS（网络GIS）技术在地质灾害防治中的应用成为这一应用领域的发展趋势。通过WebGIS，可以将应用技术系统和数据通过网络实现共享，实现不同层次、不同级别的信息管理，有效地分解数据储存的压力，并且易于实现数据的实时更新。

9.5 空间分析在城市规划与管理中的应用

9.5.1 城市规划空间分析的意义

一般来说，地理信息系统是首先在城市规划和管理中得以发展和应用的。城市规划中的GIS空间分析是指利用GIS的统计分析和制图功能，对城市规划中含有空间信息（位置、形状、分布）的数据项进行统计、分类、比例计算，形成报表，同时绘制出相应图件的分析过程。在可能的条件下，利用虚拟显示和多媒体技术形象、动态地反映地表实况，如遥感图像、地面摄影像片、录像片等均存入GIS内，规划人员需了解规划区现状时，GIS除显示统计数据、空间分布外，还显示这些地面情况，帮助规划人员身临其境地掌握现状资料。

作为地理信息系统核心功能的空间分析技术方法，在城市规划领域具有极其广阔的应用前景。城市规划空间分析的实践意义在于：分析和研究城市空间实体的现状以及预测其发展，并以此作为编制城市规划、指导城市建设的依据。空间分析技术方法的应用，提高了城市规划处理各类规划基础数据的能力，提高了未来城市发展的预测、模拟和优化能力，使规划能够在理性的综合分析基础上作出科学判断与决策。

城市空间作为一个特殊的空间系统，是政治、经济、社会、环境等共同作用的结果，有其独特的空间演变机制。通常，在充分分析城市空间基础数据，包括空间数据与非空间数据的基础上，发现空间演变规律，为城市规划奠定分析基础，使城市规划成果有据可依。然而，基础规划数据分析一直是城市规划工作中的薄弱环节，成为城市规划学科发展的一个技术瓶颈。

在城市规划领域，主要从感性的角度来分析基础数据，通过抓主要矛盾来解决城市发展问题。这种方法，不仅速度慢、效率低，而且主观随意性大，因此无法作出科学的分析和决策，在分析问题的深度和广度方面，都存在着严重的不足，既影响了规划的科学性，也不能适应现代城市迅速发展的需要。

GIS空间分析技术方法的应用，为城市规划研究提供了新的有效的技术手段。在数据分析处理方面，基于地理信息系统的空间分析技术，首先能够管理海量空间数据，存储、检索、查询城市规划的相关信息，安全可靠且现实性强；其次可以对空间数据进行综合性分析处理，获得对规划所需要的有用信息；同时还能将分析所得的结果用可视化方法进行表达，易于规划人员理解和进一步加以利用。

在空间分析研究的深度方面，由于空间分析方法实现了空间数据和非空间数据的一体化处理，能够透过城市空间现象的表面，对深层次的空间关系进行研究分析。在把握城市空间演变机制的基础上，预测模拟城市的未来发展趋势，优化调整城市空间格局，从而改变以往城市规划停留于城市空间问题的表象、就事论事、缺乏预见能力的空间分析研究工作方法，使规划更具深度和说服力。

9.5.2 城市规划的空间分析方法

地理信息系统应用于城市规划领域的目的是提供决策支持，GIS空间分析方法是一种提供可靠决策信息的有效手段。通过城市规划空间分析，可以揭示城市空间相互作用关系，如城市土地空间演变、城市结构以及空间演变、人口与用地之间的关系，自然条件与城市结构的关系，城市可持续发展过程中物质、能量和信息流动的空间规律等。在实践应用中，城市规划空间分析主要包括5种类型：

(1) 比较分析：主要分析城市规划要素的时间序列与空间序列的变化，通过比较分析发现各要素在不同时期的数量变化，空间分布的模式及其演变。为规划人员提供更加详细的规划信息以供决策，把握城市空间发展的内在规律以及未来的时空演变趋势。

(2) 统计分析：主要是对城市规划要素的非空间信息的分析，运用回归分析、相关分析、主成分分析等方法，确定数据库属性之间存在的函数关系或相关关系，应用于城市规划中的单因素不同状况统计、多因素交叉统计、频率统计等运算。

(3) 预测分析：根据城市发展的时空演变规律，使用各类预测模型，预测一定时期内的人口规模、城市土地利用、城市灾害、区域增长等的发展变化趋势以及空间演变过程。在预测分析的基础上，制定正确的政策措施来引导城市结构要素在空间上的合理布局与组合。

(4) 优化分析：制定合理的城市规划涉及社会、经济、政治、环境等许多要素，优化分析就是通过对大量规划数据的综合与概括，在多因素综合影响的条件下，在多种规划方案中，选择最优的规划方案或发展目标。城市土地利用功能区划、城市功能区划分、规划方案评价、环境质量评价等问题都可以进行优化分析。

(5) 规划模拟：规划模拟是以可视化方法模拟规划方案的实施过程，通过扩展分析和指标统计等方法，从模拟的结果中直观地了解规划方案实施以后城市的状况和经济发展水平，及城市空间结构与形态。

9.6 空间分析在矿产资源评价中的应用

矿产资源是国家经济发展的支柱。矿产资源评价工作，历来都是地质工作者非常重视的焦点。以前，大多利用多元统计或其他数学方法，把各种地质现象离散化或数值化，以打分的方式进行矿产资源的评价工作。这种方法在找矿工作中起到了一定的作用，但有其局限性：这种方法是针对数值型数据而不是针对图形，因此难于与地质图件相联系，而且在给地质现象打分的过程中，往往受人为因素的影响。目前，GIS成为矿产资源评价的新技术，它提供了计算机辅助下对地质、地理、地球物理、地理化学和遥感等多源地学数据进行集成管理、有效综合与分析的能力，成为改变传统矿产资源评价方法的有力依据。利用地质图件和相关资料，借助于GIS所提供的空间分析能力，充分利用图形要素和空间图形信息，进行矿产资源的评价工作。

目前，人们利用GIS进行矿产资源的评价，是在专家的指导下，利用专家找矿模型来进行的。矿产资源预测成功与否在很大程度上取决于专家对预测地区的认识，即预测模型。空间分析方法通常分为经验的和理论的。不管是哪一种方法，其主要目的是定量化的表示相关的专题属性，最终对若干个专题关系进行综合分析，从而生成预测图。在进行矿产资源的评价过程中，需要利用GIS对多个专题关系进行综合分析，可以利用布尔逻辑、代数方法、模糊逻辑和神经网络等常用方法。在分析过程中，利用GIS的空间分析功能来反推找矿模型，从而达到矿产资源评价的目的。这种方法的好处是不受人为的限制，充分利用现有资料，在拥有资料的基础上提取出找矿模型，为地质工作者提供有益的启示。

为了说明这个过程，假定某地区只有某类矿产，并与断层、地层、化探异常等数据有关，具体分析步骤如下：

（1）通过断层与矿床（点）的距离及有关的统计分析，确定哪一组断层对矿产有控制作用，断层对矿产的影响范围，从而确定断层与矿产的关系。

（2）用得到断层的影响距离做缓冲区分析，在图上产生断层的影响范围。

（3）将矿床（点）与地层做叠加分析（Overlay）和统计分析，得到地层与矿产的关系。

（4）通过表格分析，提取相应的地层，形成新的图层。

（5）将新的地层图层与断层缓冲区图层叠加，得到缓冲区内的地层，形成新的图层。

（6）将化探异常图层与第5步形成的图层叠加，形成最终图层。该图层包含它们的共同部分，即为寻找该类矿床的最有利地段。

为了寻找成矿的最有利地段，计算机进行人机对话的过程就是提取找矿模型的过程。

分析人员可以从中知道该类矿产与哪一组断层有关，在断层多大的范围内成矿条件最好，矿产与哪个时代的地层关系最为密切等。这个基本思路可用于提取复杂地区的找矿模型和寻找成矿的最有利地段。

9.7 空间分析在输电网 GIS 中的应用

输电网系统是电力系统重要的组成部分，它将发电厂、变电站、配电设备和电力用户联结成一个有机整体。输电网系统的运行情况直接影响电力系统的可靠性，关系到电力用户能否得到高质量的电能。保证输电网系统的正常运行，对提高电力系统的可靠性、安全性具有重要作用，有利于提高管理的科学性、有效性和生产效率。输电网系统负责整个电网系统的电力总量的规划、电力的分配，输电网拓扑网络的设计等。输电网系统包括中低压输配电系统和高压输变电系统两个部分，分别负责中低压输电网系统和高压输变电系统的运营和管理。图 9.7 所示为输电网 GIS 系统的空间分析功能结构图。

输电网 GIS 的空间分析功能主要体现在以下几个方面：

1）数据输入、维护和业务处理

负责输电网 GIS 的空间数据和属性数据的处理。提供了友好的用户管理模块，规定了用户的数据录入权限，以保证数据的安全性、合法性和一致性；提供了方便的数据录入、修改和删除功能，并可以自动对数据进行合法性检验；能自动根据输入的地理坐标数据在地图上生成用户对象（变电站、杆塔、线路、故障点），并能在地图上使用鼠标

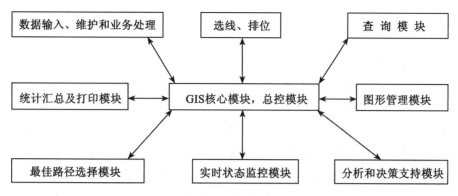

图 9.7 输电网 GIS 系统的空间分析功能结构图

直接校正对象的位置。

2) 查询模块

该模块可以对输入的各类数据进行查询、浏览,通过简单的人机交互,检索到目的信息。提供多种方式、快捷方便的空间查询和逻辑查询。可以直接用鼠标点击地图对象(变电站、线路、杆塔或故障点等)以了解其属性信息;还可以指定地图上的任意区域,对区域内的对象进行信息查询和统计;可以输入自定义的条件,查询符合条件的用户对象的属性信息,并在地图上找到相应的位置。

3) 图形管理模块

图形管理按空间数据管理模式,可用鼠标进行选线、选杆,并查询有关内容;也可按线路号、杆塔号查询杆塔的平面位置、周围地形等。工程图中的各类图形各具特点,线路平面图具有标出线路走向、给出杆塔号及地名的特点;线路断面图具有标出海拔高度、杆塔地形、地质结构等信息的特点;导线布置图则在杆塔上清楚地标出电力线 A(黄)B(绿)C(红)三相布置及三线换位的具体位置。在杆塔图中,以杆型为基本单元,可查询杆塔的结构图和明细表,重复使用的杆塔用同一型号数据。

4) 统计汇总及打印模块

根据用户的要求,对某些数据可进行单表纵向查询以及多表横向查询,利用数据库的内在功能进行统计汇总,其结果可屏幕显示,也可按报表格式打印输出,供用户使用;可以选择感兴趣的主题制作各种专题地图,如以县城或地区为单位的计划用电量和实际用电量的专题地图。可以选择地图上的任意区域进行统计,如任意区域内杆塔数量、变电站总容量等。

5) 最佳路径选择模块

在故障抢修过程中,应用输电网 GIS 的最佳路径选择功能,结合各种相关条件,快速确定最佳抢修路径。

6) 实时状态监控模块

根据输变电网络正常运行的规则和约束,检查全网线路当前运行的安全状况(正常/供电/过载），并将结果显示在地图上。能计算在指定时间区间内线路的线损，计算输电网运行的经济程度。根据当前线路的实时数据计算线路的潮流方向，并在地图上显示出来。

7) 选线排位模块

输电网系统中需要选择一条新的线路时，选线和排位是非常重要的工作。选线，又称路径选择，是在叠合地物信息（即矢量地形图 DLG）的正射影像图上用鼠标即时选取线路路径，也可以设计成让用户使用空间坐标（即时输入或文件输入）来确定转角的方式进行选线，还可以采用交互的方式选线，即鼠标与键盘结合输入转角点来选线。选线的过程中，用户可以直观地在屏幕上看到路径经过处的各种地形地貌情况，如正射影像图和矢量图甚至是更加直观形象的地形景观图。在选线阶段，系统可以利用 GIS 的空间分析和查询功能进行各种技术经济指标的统计，以便用户对该线路的合理性进行判断。此外，为了实现多线路的综合比选，在同一个工程可以进行多条线路的选取，并能同时显示多条线路的统计信息。

排位，是指在已生成的平断面图上实现杆塔的排位，有人工排位、自动排位和半自动排位三种情况。目前主要采用人工排位和半自动排位，实现真正的自动排位难度还比较大。

8) 分析和决策支持模块

分析和决策支持模块属于可选模块和扩充模块，主要用于输电优化调度方案的辅助决策。根据用电计划和供电规则及约束条件智能决定最经济的供电方案。负荷转移辅助决策：根据送电计划和送电线路的容量，选择最安全的送电方案。进行供电范围分析，在地图上模拟显示某电源点的供电范围。

思 考 题

1. 简述空间建模的方法与步骤。
2. 简述空间分析在洪水灾害评估中的应用。
3. 简述空间分析在水污染监测中的应用。
4. 简述空间分析在地震灾害和损失估计中的应用。
5. 简述空间分析在城市规划与管理中的应用。
6. 简述空间分析在矿产资源评价中的应用。
7. 简述空间分析在输电网 GIS 中的应用。

参 考 文 献

鲍光淑，刘斌. 2001. 基于空间分析的矿产资源评价方法. 中南工业大学学报，32(1)：1-4.

陈晓利，冉洪流，祁生文 . 2009. 1976 年龙陵地震诱发滑坡的影响因子敏感性分析 . 北京大学学报（自然科学版），45（1）：104-110.

丁贤荣，徐健，姚琪，陈永，曾贤敏 . 2003. GIS 与数模集成的水污染突发事故时空模拟 . 河海大学学报（自然科学版），31（2）：203-206.

耿宜顺 . 2000. 基于 GIS 的城市规划空间分析 . 规划师，16（6）：12-15.

郭仁忠 . 2001. 空间分析 . 北京：高等教育出版社 .

何报寅，张海林，张穗，丁国平 . 2002. 基于 GIS 的湖北省洪水灾害危险性评价 . 自然灾害学报，11（4）：84-89.

胡斌，江南，陈钟明，邵华 . 2007. 电力 GIS 网络模型的设计和实现 . 地球信息科学，9（4）：70-73.

胡宝荣 . 2009. 基于遥感与 GIS 的汶川县地震前后生态环境质量评价（硕士学位论文）. 成都：成都理工大学 .

蒋恒恒 . 2002. 基于 GIS 技术的城市规划空间决策支持系统的设计研究（硕士学位论文）. 成都：成都理工大学 .

蓝运超 . 1999. 城市地理信息系统 . 武汉：武汉大学出版社 .

刘湘南，黄方，王平等 . 2005. GIS 空间分析原理与方法（第一版）. 北京：科学出版社 .

刘耀林 . 2007. 从空间分析到空间决策的思考 . 武汉大学学报（信息科学版），32（11）：1050-1055.

慕洪涛，李天成，唐丙寅，朱佳文，郭雷甫 . 基于 GIS 矿产资源评价中数据挖掘技术的构建 . 河南理工大学学报（自然科学版），28（2）：190-193.

倪建立，孟令奎，王宇川，高劲松 . 2004. 电力地理信息系统 . 北京：中国电力出版社 .

裴相斌，赵冬至 . 2000. 基于 GIS-SD 的大连湾水污染时空模拟与调控策略研究 . 遥感学报，4（2）：118-124.

汤国安，杨昕 . 2006. ArcGIS 地理信息系统空间分析实验教程 . 北京：科学出版社 .

王劲峰 . 2006. 空间分析 . 北京：科学出版社 .

王远飞，何洪林 . 2007. 空间数据分析方法 . 北京：科学出版社 .

张新长，曾广鸿，张青年 . 2006. 城市地理信息系统 . 北京：科学出版社 .

张宝一，龚平，王丽芳 . 2006. 基于 MAPGIS 的概率性地震危险性分析 . 地球科学-中国地质大学学报，31（5）：709-714.

郑兆苾，黄晓岗，沈小七，潘丹 . 2001. 应用 GIS 提高地震分析预报能力，地震学刊，21（3）：14-18.

周成虎，万庆，黄诗峰，陈德清 . 基于 GIS 的洪水灾害风险区划研究 . 地理学报，55（1）：15-24.

朱长青，史文中 . 2006. 空间分析建模与原理 . 北京：科学出版社 .

朱良峰，殷坤龙，张梁，李闽．2002．基于GIS技术的地质灾害风险分析系统研究，工程地质学报，10（4）：428-433．

Qin Kun, Guan Zequng, Wan Youchuan, Yangjie. 2001. The Design and Implement of River Valley Water Pollution Prevention and Cure GIS System, ICII2001 Conference (A)..

Ripley B D. 1981. Spatial Statistics. New York: John Wiley & Sons.

第 10 章 空间分析软件与二次开发

随着空间分析理论、方法与应用研究的深入，空间分析的理论与方法逐步成熟，空间分析的应用领域越来越广泛。为了更好地推动空间分析的理论、方法和应用的发展，一些比较成熟的空间分析软件相继推出，并且提供了空间分析的二次开发功能。这里介绍部分有代表性的空间分析软件和空间分析的二次开发方法。

10.1 ArcGIS 的空间分析功能

ESRI 公司一直非常重视空间分析功能的开发。ArcInfo 的初期版本就已经集成了缓冲区分析、叠置分析等空间分析功能。随着版本的升级，特别是在 ArcGIS 的系列版本中，空间分析的功能逐步加强，并推出了一些专门的空间分析扩展模块，如：Spatial Analyst 扩展模块（空间分析模块）、3D Analyst 扩展模块（三维可视化与分析模块）、Geostatistical Analyst 扩展模块（地理统计分析模块）、Network Analyst（网络分析模块）、Tracking Analyst（跟踪分析模块）、Survey Analyst（测量分析模块）等。

利用 ArcGIS 的空间分析功能可以分别完成栅格数据的空间分析、矢量数据的空间分析、三维数据的空间分析、属性数据的地统计分析等任务，相关内容已经分别在 4.7 节（ArcGIS 的栅格数据空间分析工具）、5.6 节（ArcGIS 的矢量数据空间分析工具）、6.11 节（ArcGIS 的三维数据空间分析工具）、7.9 节（ArcGIS 的地统计分析工具）进行了介绍。

这里从 ArcGIS 的空间分析功能模块的角度加以简单介绍。

1. ArcGIS Spatial Analyst（空间分析）扩展模块

ArcGIS Spatial Analyst 是 ArcGIS Desktop 的一个扩展模块，为完成复杂的、基于栅格数据的空间分析模拟和分析提供了强有力的工具。利用该模块，用户可以从数据中提取新的信息、分析空间关系、构建空间模型、执行复杂的栅格操作等。

利用 ArcGIS Spatial Analyst 扩展模块，用户可以完成许多任务，比如：

（1）寻找合适的位置。
（2）计算从一个点到另外一个点的累积代价（费用），从而识别出最佳路径。
（3）执行土地利用分析。
（4）预测火灾风险。
（5）分析交通通道。

（6）确定污染级别。

（7）进行农作物产量分析。

（8）确定侵蚀潜力。

（9）执行人口统计分析。

（10）执行风险评估。

（11）模拟并可视化显示犯罪模式。

2. ArcGIS 3D Analyst（三维可视化与分析）扩展模块

ArcGIS 3D Analyst 是 ArcGIS Desktop 的一个扩展模块，用户利用该模块可以有效地可视化显示和分析三维表面数据。使用 ArcGIS 3D Analyst 模块，用户可以从多个视角显示三维表面数据；查询三维表面数据；确定三维表面数据的一个特定点的可视区域；通过在三维表面数据上叠加栅格数据和矢量数据制作景观图；记录或执行三维导航等。

利用 ArcGIS 3D Analyst 扩展模块，用户可以完成以下任务：

（1）使用 GIS 数据直接创建三维视图。

（2）使用切割/填充（cut/fill）、视线分析（line-of-sight）、地形模拟（terrain modeling）等工具分析三维数据。

（3）从全局到局部（global-to-local）进行透视，可视化显示数据。

（4）通过多分辨率的无缝地形数据实现导航分析。

（5）在二维或三维空间中执行空间分析。

（6）在三维空间中对模拟或分析的结果进行可视化显示。

（7）将可视化分析的结果转为视频录像。

等等。

3. ArcGIS Geostatistical Analyst（地理统计分析）扩展模块

ArcGIS Geostatistical Analyst 是 ArcGIS Desktop 的一个扩展模块，该扩展模块提供了一套进行空间数据探索分析和表面生成（surface generation）的强有力工具。该扩展模块在地统计分析（geostatistics）和 GIS 空间分析之间建立了一座桥梁。该模块为空间数据探测、确定数据异常、优化预测、评价预测的不确定性和生成表面数据等工作提供了各种工具。

ArcGIS Geostatistical Analyst 扩展模块具有以下功能：探究数据的可变性、查找不合理数据、检查数据的整体变化趋势、分析空间自相关和多数据集之间的相互关系。利用各种地统计模型和工具进行预报，并计算预报误差、计算大于某一阈值的概率、绘制分位图等。

ArcGIS Geostatistical Analyst 是一个完整的工具包，可以实现空间数据预处理、地统计分析、等高线分析和后处理等功能。它同样包含交互式的图形工具，这些工具带有缺省模型设计的稳定性参数，可以帮助用户快速掌握地统计分析方法。ArcGIS Geostatistical Analyst 模块使得 ArcGIS 的数据管理、可视化、图形工具之间更加协调，成为 GIS 应用研究者的强有力的地理统计分析工具。

4. ArcGIS Network Analyst（网络分析）扩展模块

ArcGIS Network Analyst 是 ArcGIS Desktop 的一个扩展模块，用户可以利用该模块完成基于网络的空间分析，用户可以进行多路线分析、提供旅行方向、寻找最近的设施、创建服务区域、产生"源-目的地（origin-destination）"的费用矩阵等。ArcGIS Network Analyst 扩展模块可以帮助用户动态地模拟真实的网络情况，解决车辆的路线问题，包括转弯限制、速度限制、高度限制，以及每天不同时间段的交通条件等。

利用 ArcGIS Network Analyst 扩展模块，用户可以完成以下任务：

(1) 驾驶时间分析。
(2) 点到点的路线分析。
(3) 快速路线（fleet routing）分析。
(4) 服务区域确定。
(5) 最短路径分析。
(6) 最优路线分析。
(7) 最近设施分析。
(8) "源-目的地（origin-destination）"分析。
等等。

5. ArcGIS Tracking Analyst（跟踪分析）扩展模块

ArcGIS Tracking Analyst 是 ArcGIS Desktop 的一个扩展模块，用户可以利用该模块完成时序数据的可视化显示，分析不同时间和不同位置的信息。ArcGIS Tracking Analyst 可以创建可视化路径或轨迹，显示所分析现象随空间或时间的移动等。用户可以在一个集成的 ArcGIS 环境中显示复杂的时序模式和空间模式。

利用 ArcGIS Tracking Analyst 扩展模块，用户可以完成以下任务：

(1) 可视化显示随时间变化的现象。
(2) 通过不同颜色、大小和形状的符号，显示数据的年龄（某一时间段的数据）。
(3) 通过实体或跟踪轨迹对数据进行分组或符号化。
(4) 交互式的回访时序数据。
(5) 分析历史数据或实时数据。
(6) 创建动画文件，如制作 AVI 输出文件。
等等。

6. ArcGIS Survey Analyst（测量分析）扩展模块

ArcGIS Survey Analyst 是 ArcGIS Desktop 的一个扩展模块，它允许用户在地理数据库中管理测量数据，并可在地图上显示测量值。由于测量值储存在 GIS 数据库中，因此，可以基于这些测量值进行测量计算和误差纠正来测定（测点的）GIS 坐标。在测量图层上，GIS 特征也可以链接到被测点上。此外，利用已量测计算的区域，新的 GIS 特征可以被添加到已存在的 GIS 特征层中。

ArcGIS Survey Analyst 适合于测量人员进行数据库空间质量基础管理和建立测量控

制网，也适合于 GIS 专业人员在测量数据的基础上提高当前 GIS 特征的精度，查找 GIS 数据中的特征。同时，该模块也可用于测量数据的管理，以及测点与 GIS 特征之间的链接。

10.2　Geoda 的空间分析功能

GeoDa 是一个重要的地理分析软件。它向用户提供了一个友好的和图示的界面用以描述空间数据，如自相关性统计和异常值指示等。Geoda 的设计包含了一个由地图和统计图表联合作用的环境，使用了强大的链接窗口技术。其最初的成果是为了在 ESRI 的 ArcInfo 和 SpaceStat 软件之间建立一座桥梁，用来进行空间数据分析。发展的第二阶段是由一系列对 ESRI 的 ArcView3.X 的链接窗口和级联更新的扩展的理念组成。当前的软件是独立的并且不需要特定的 GIS 系统。GeoDa 能在任何风格的微软公司的操作系统下运行，它的安装系统包括了所有需要的文件。GeoDa 坚持以 ERSI 的 shape 文件作为存放空间信息的标准格式。它使用 ESRI 的 MapObjects LT2 技术进行空间数据存取、制图和查询。它的分析功能是由一组 C++程序和其相关的方法所组成的。一系列使用 GeoDa 进行探究性数据分析、空间相关性分析等操作的专门指导手册可以在 GeoDa 的网站获得（http://www.csiss.org/clearinghouse/GeoDa），Geoda 软件也可以在该网站下载。

利用 Geoda 软件，用户可以完成以下工作（Anselin, 2005）：

(1) 打开工程（project），载入 shape 图形文件并显示该图形。

(2) 创建地区分布图（choropleth map）、分位数图（quintile map）等。

(3) 基本的表格操作。利用该软件可以打开表格数据、选择表格中的记录、对表格中的记录进行排序、在表格中创建新的变量等。

(4) 创建点图形文件（point shape file）。用户可以根据其他的非 ESRI 的数据格式，如 txt 文本文件、dbf 数据库文件，创建点图形文件。

(5) 创建多边形图形文件（ploygon shape file）。用户可以根据文本文件、不规则的格网文件等创建多边形图形文件。

(6) 空间数据操作。包括：从包含多边形质心的数据中创建点图形文件；将多边形质心添加到当前数据表中；创建包含泰森多边形的多边形图形文件。

(7) 探索性数据分析（exploratory data analysis, EDA）的基本分析方法。提供 EDA 的基本分析方法，包括：生成某个变量的直方图（histogram）；改变直方图中的类别数；创建区域直方图；生成某个变量的盒须图（box plot）；改变确定盒须图中的例外数据的判断标准；建立直方图中的观测点、盒须图和地图之间的关联等。

(8) 刷新散点图和地图（brushing scatter plots and maps）。提供可视化显示两个变量之间的关系的方法，包括：创建两个变量的散点图；将散点图转为关联图（correlation plot）；重新计算选定观测点处的散点图的倾斜度；刷新（brushing）散点图；刷新（brushing）地图等。

（9）多元变量探索性数据分析（EDA）的基本方法。通过散点图矩阵、平行坐标图等方式，可视化显示多元变量之间的关联关系，包括：通过散点图和其他图形的分析，生成散点图矩阵；刷新（brushing）散点图矩阵；创建平行坐标图；重新安排平行坐标图的坐标轴；刷新（brushing）平行坐标图等。

（10）多元变量探索性数据分析（EDA）的高级方法。通过条件图（conditional plot）和三维散点图等方法分析多元变量之间的关系，包括：创建条件直方图（conditional histogram）；盒须图和散点图；改变条件图中的条件间隔；创建三维散点图；缩放和旋转三维散点图；在三维散点图中选择观测点；刷新（bursh）三维散点图等。

（11）探索性空间数据分析（ESDA）的基本方法和可视化分析方法。提供探索性空间数据分析（Exploratory spatial data analysis, ESDA）的基本分析方法，并进行可视化显示，包括：创建百分点地图（percentile map）；创建盒须地图；改变盒式地图的选项；创建比较统计地图（cartogram）；改变比较统计地图（cartogram）的选项等。

（12）探索性空间数据分析（ESDA）的高级分析功能。提供一些 ESDA 分析的高级可视化技术，包括：创建和控制地图动画（movie）的放映方式；创建条件地图；改变条件地图的条件类别等。

（13）基本的地图比率分析。提供一些基本的地图比率/比例分析方法，包括：创建比例地图；将计算出的比例信息保存到数据表格中；创建风险地图等。

（14）比率平滑。提供一些平滑比率地图的技术，包括：创建利用经验贝叶斯方法对比率数据进行平滑的地图；创建 k 最邻近空间权重文件；创建具有空间平滑比率的地图；将计算出的比率保存到数据表格中等。

（15）基于邻近距离的空间加权方法（contiguity-based spatial weights）。提供一些基于邻近距离的空间加权处理方法，包括：从多边形图形文件中创建一阶邻近空间权重文件；分析直方图中的权重值的连通结构；将一阶邻近权重文件转为高阶邻近权重文件等。

（16）基于距离的空间加权方法（distance-based spatial weights）。提供一些基于点之间、多边形质心之间的距离的空间加权方法，包括：从点图形文件中创建一个基于距离的空间权重文件；调整临界（critical）距离；基于 k 最近邻准则创建空间权重文件。

（17）空间滞后变量（spatially lagged variables）分析。空间滞后变量是计算空间自相关测试、确定空间回归模型的基础。空间滞后变量分析包括：为一个特定的加权文件创建一个空间滞后变量；通过滞后的方法构建一个 Moran 散点图。

（18）全局空间自相关（global spatial autocorrelation）分析。包括：为单变量空间自相关描述创建一个 Moran 散点图；通过置换测试的方法进行重要性评估；进行重要性的包络分析；刷新（brush）Moran 散点图；保存空间滞后变量和标准变量等。

（19）局部空间自相关（local spatial autocorrelation）分析。进行局部空间自相关分析，特别是局部 Moran 统计分析，包括：计算局部 Moran 统计量，生成相关度的重要性地图和聚类地图；评估聚类地图的敏感度；解释空间聚类和空间例外等。

（20）比率数据的空间自相关分析。包括：为比率数据创建 Moran 散点图；使用经验贝叶斯调整方法分析 Moran 散点图中比率的不稳定性；使用经验贝叶斯调整方法分析局部空间自相关分析中比率的不稳定性。

（21）二元变量的空间自相关分析。包括：创建并解释二元变量的 Moran 散点图；构建 Moran 散点图矩阵；解释时空关联的不同形式；创建并解释二元变量的局部空间关联指数（local indicators of spatial association，LISA）图。

（22）基本的回归分析。包括：构建线性回归模型；运行普通的最小二乘（OLS，ordinary least squares）估计；将 OLS 的输出保存为一个文件；将 OLS 预测值和残差保存到数据表格中；创建带预测值和残差的地图。

（23）回归诊断（regression diagnostics）。包括：为趋势面回归模型确定参数；构建并解释回归诊断图；解释多重共线性（multicollinearity）、非正态（nonnormality）、异离中趋势（skedasticity）的回归诊断；解释空间自相关的回归诊断；基于空间自相关诊断的结果选择替代的空间回归模型。

（24）空间滞后模型（spatial lag model）。包括：为空间滞后回归模型确定参数；解释空间滞后模型的估计结果；解释空间滞后模型的拟合参数；解释空间滞后模型的回归诊断；理解空间滞后模型中的预测值和残差。

（25）空间误差模型（spatial error model）。包括：为空间误差回归模型确定参数；解释空间误差模型的估计结果；解释空间误差模型的拟合参数；解释空间误差模型的回归诊断；理解空间误差模型的预测值和残差；对空间误差模型的结果与空间滞后模型的结果进行比较分析。

10.3　R 语言的空间分析功能

R 语言是用于统计分析、绘图的语言和操作环境。R 语言是基于 S 语言的一个项目，可以当作 S 语言的一种实现。S 语言诞生于 1980 年左右，R 语言是 S 语言的一个分支。R 语言最初是由新西兰 Auckland 大学统计系的 Robert Gentleman 和 Ross Ihaka 开始编制，目前由 R 核心开发小组（R Development Core Team，RDCT）维护。我们可以通过 R 计划的网站（http：//www.r-project.org）了解有关 R 的最新信息和使用说明，得到最新版本的 R 软件和基于 R 的应用统计软件包。此外，还有来自世界各地，可能从事各种各样的工作的 R 的维护者，他们自愿为 R 的发展做出自己的贡献（杨中庆，2006）。

R 作为一种统计分析软件，集统计分析与图形显示于一体。它可以运行于 UNIX，Windows 和 Macintosh 的操作系统上，而且嵌入了一个使用方便的帮助系统。R 语言具有以下特点（杨中庆，2006）：

（1）R 是自由软件：它是完全免费、开源代码的。我们可以在它的网站及其镜像中下载任何有关 R 的安装程序、源代码、程序包及其源代码、文档资料等。标准的 R

安装文件带有许多模块和内嵌统计函数，安装好后可以直接实现许多常用的统计功能。

（2）R 是一种可编程语言。R 作为一个开放的统计编程环境，语法通俗易懂，很容易学会和掌握 R 语言的语法。用户可以编制自己的函数来扩展现有的 R 语言。R 语言的更新速度很快。

（3）所有 R 的函数和数据集是保存在程序包里面的。只有当一个包被载入时，它的内容才可以被访问。一些常用的、基本的程序包已经被 RDCT 小组收入标准安装文件中。随着新的统计分析方法的出现，标准安装文件中所包含的程序包也随着 R 版本的更新而不断变化。

（4）R 具有很强的互动性。除了图形输出是在另外的窗口处，它的输入输出窗口都是在同一个窗口进行的，输入语法如果出现错误会马上在窗口中得到提示，对以前输入的命令有记忆功能，可以随时再现、编辑修改以满足用户的需要。R 语言和其他编程语言和数据库之间也有很好的接口。

（5）如果加入 R 的帮助邮件列表，每天都可能会收到几十份关于 R 的邮件资讯。可以和全球一流的统计计算方面的专家讨论各种问题，可以说是全世界最大、最前沿的统计学家思维的聚集地。

利用 R 语言可以实现空间统计分析（杨中庆，2006）。它不需要在 GIS 的环境下运行，只需要有以 Shapefile 方式储存的数据形式和 R 语言的普通运行环境就可以进行空间统计分析；R 语言是完全免费的开源软件，本身拥有实现一般通用空间统计分析功能的程序包，操作简单并且能按个人要求修改程序；R 语言是面向对象的编程环境，中间环节和结果都是保存在对象中的，这样方便用户从对象中抽取出任何需要的中间环节的结果进行其他统计分析，这一点在集成的 GIS 模块中很难办到。基于 R 语言的空间统计分析为空间统计分析方法添加了新的解决方案。

利用 R 语言可以完成以下空间分析功能（杨中庆，2006）：

（1）利用 R 语言实现空间自相关统计分析。例如，Moran's I 系数、Geary's C 比率的计算与检验。

（2）利用 R 语言进行局部空间统计分析。例如，利用 R 语言可以计算空间相关的局部指标（LISA）、局部 G 统计、Moran 散点图等。

10.4 空间分析功能的二次开发

空间分析可以直接利用软件来实现，如利用 ArcGIS 的空间分析模块、Geoda 软件、R 语言等完成空间分析的任务。同时，用户也可以利用这些软件提供的二次开发功能、提供的组件进行二次开发，根据用户的特殊需求定制开发满足用户的软件。这里以 ArcGIS 的二次开发为例，说明空间分析功能的二次开发方法。

ArcGIS 系统是利用 ArcObjects 组件进行建立和扩展的。在 ArcObjects 基础上，开发者可以配置或定制 ArcGIS Desktop 应用，如 ArcMap、ArcCatalog、ArcToolbox；可以扩展

ArcGIS 的结构和数据模型；利用 ArcGIS Engine 嵌入地图和 GIS 的其他功能；利用 ArcGIS Server 建立 Web 服务和应用。ArcObjects 简称 AO，是 ESRI 公司的 ArcGIS 家族中应用程序 ArcMap、ArcCatalog 和 ArcScene 的开发平台，是基于 Microsoft COM 技术所构建的一系列 COM 组件集，开发人员可以在 AO 组件对象的基础上开发出强大的、灵活的应用系统，以适应用户的各种需求。

ArcObjects 提供了一系列的空间分析方面的类库，利用这些类库并结合相应的控件，用户可以灵活的编程实现 ArcGIS 的所有空间分析功能。ArcObjects 提供了很多与空间分析有关的类库，具体包括以下几种：

（1）SpatialAnalyst 类库：SpatialAnalyst 类库包含了对栅格数据和矢量数据执行空间分析的对象。开发者可以使用该类库的对象，但是不能对该类库进行扩展。

（2）SpatialAnalystUI 类库：SpatialAnalystUI 类库提供了用户接口，如属性页，支持 SpatialAnalyst 类库中的对象。该类库包括一套比较全面的地理处理工具，通过使用地理处理框架，可以处理 SpatialAnalyst 类库中的函数。SpatialAnalyst 扩展对象是通过该类库实现的。当用户需要为 SpatialAnalyst 类库中的相应组件创建 UI 或是地理处理函数时，可以对该类库进行扩展。

（3）GeoAnalyst 类库：GeoAnalyst 包含的对象支持核心的空间分析函数。这些函数既可以在 ArcGIS 空间分析模块中使用，也可以在三维分析模块中使用。开发者还可以通过创建新的栅格数据操作对该类库进行扩展。

（4）NetworkAnalysis 类库：NetworkAnalysis 类库提供了将地理数据库转换成网络数据的对象和对网络进行分析的对象。开发者可以对类库进行扩展从而支持定制的网络跟踪。该类库可以用来处理事务网络，如煤气网络、电力供应网络等。

（5）GeoProcessing 类库：GeoProcessing 类库包含了实现统一地理处理框架的对象。该框架支持使用对话框、模块、脚本、命令行、AO 组件和.NET API 等地理处理工具的执行。除了核心框架，该类库包含 200 多个地理处理工具。开发者可以使用其中的对象与框架进行交互。开发者能够使用新的地理处理工具对该类库进行扩展。

（6）GeoProcessingUI 类库：GeoProcessingUI 类库提供了用户接口（属性页和对话框），用于 GeoProcessing 类库中的对象。开发者为 GeoProcessing 类库的相应组件创建 UI 时可以对该类库进行扩展。除了用来创建非 UI 类库所支持的对象的属性页，还可能需要新的 ActiveX 控件来支持 GeoProcessing 工具使用的数据类型。该类库包含了所有地理处理工具需要的参数控件。

（7）3DAnalyst 类库：3DAnalyst 类库包含了处理三维场景的对象，其中 Scene 是最主要的对象，与 Map 对象类似，它是数据的容器。一个 Scene 可以包含一个或多个图层，这些图层确定了 Scene 中的数据以及它们的绘制。3DAnalyst 类库有一个开发控件，可以为这个控件提供一套命令和工具，该控件可以被与 Controls 类库相关联的对象使用。

（8）3DAnalystUI 类库：3DAnalystUI 类库提供了用户接口，如属性页，支持

3DAnalyst 类库中的对象。该类库包含了全面的地理处理工具，可以在地理处理框架内使用 3DAnalyst 类库的函数。3DAnalyst 扩展对象是通过该类库加以实现的。当开发者为在 3DAnalyst 类库中创建的相应的组件、创建 UI 或者是地理处理函数时，开发者可以对该类库进行扩展。

（9）ArcScene 类库：ArcScene 类库包含了 ArcScene 应用，具有相关的用户组件对象、命令和工具。ArcScene 应用和 SxDocument 对象都是通过该类库进行定义的。当创建 ArcScene 应用或者是使用 ArcScene 的扩展时可以使用该应用对象。开发者可以创建在 ArcScene 应用中使用的命令、工具和扩展等对该模块进行扩展。

（10）ArcGlobe 类库：ArcGlobe 包含了 ArcGlobe 的应用，还包括相关的用户接口组件、命令和工具。ArcGlobe 应用和 GMxDocument 对象都可以通过该类库进行定义和实现。当定制 ArcGlobe 应用或使用 ArcGlobe 扩展模块时，开发者可以使用该应用对象。开发者可以在 ArcGlobe 应用中创建命令、工具时对该类库进行扩展。

（11）GlobeCore 类库：GlobeCore 类库包含处理 Globe 数据的对象。Globe 是该类库的主要对象，也是数据的容器。GlobeCamera 对象确定了根据 Globe 相对于观察者的位置如何进行显示。Globe 有一个或多个图层，这些图层确定了 Globe 数据以及它们的绘制。该类库有一个开发控件，提供了一套命令和工具，可以被与 Controls 类库相关的对象使用。

（12）GlobeCoreUI 类库：GlobeCoreUI 类库为 ArcGlobe 应用提供了特定的用户接口组件。该类库也为 GlobeCore 类库中的对象提供了属性页。开发者一般不对该类库进行扩展。使用该类库需要有三维分析的许可。该类库名称为 ESRI GlobeCoreUI Object Library，文件名为 esriGlobeCoreUI.olb。

（13）GeoStatisticalAnalyst 类库：GeoStatisticalAnalyst 类库实现了 ArcMap 的地统计分析模块的非 UI 功能。地统计分析引擎、相应的地统计图层以及相关的渲染都通过该类库实现。开发者不能对该类库进行扩展。

（14）GeoStatisticalAnalystUI 类库：GeoStatisticalAnalystUI 类库提供了用户接口，如属性页，支持 GeoStatisticalAnalyst 类库中的对象。除了属性页，还有许多对话框中的对象可供开发者使用。该类库包含了一套地理处理工具，这些工具可以在地理处理框架中利用 GeoStatisticalAnalyst 类库的函数。

（15）TrackingAnalyst 类库：TrackingAnalyst 类库实现了 ArcGIS 的 Tracking Analyst 扩展模块的非 UI 功能。该模块能处理显示、分析以及时间序列数据。开发者不能对该模块进行扩展。

（16）TrackingAnalystUI 类库：TrackingAnalystUI 类库提供了用户接口（如属性页），带有命令和工具，支持 Tracking Analyst 类库中的对象。开发者不能对该模块进行扩展。

（17）SurveyExt 类库：SurveyExt（Survey Extension）类库提供了用于管理测绘数据和处理的核心对象。使用该系统在野外作业时，可以进行角度和距离的测量，生成计算机化坐标。该类库的对象包括数据对象和数据管理对象。通过 ArcCatalog 管理测绘数据集、工程和文件夹,通过 ArcMap 管理测绘数据图层。基本的测绘数据对象有点、坐标、简单测量值、复合测量值以及计算机结果等。SurveyExt 类库提供了一套原始对象,可以形成 SurveyExtPkgs 类库和 SurveyDataEx 类库的对象的基础。

(18) SurveyPkgs 类库:SurveyPkgs(survey packages)类库提供了一套具体的工作对象和对象类,可用于建立 SurveyExt 类库的基础类。

(19) SurveyDataEx 类库:SurveyDataEx(survey data exchange)类库提供了将野外测绘数据从数据集合观测文件、ASCII 文件以及其他数据源转入或转出的核心对象。当将转入数据与先前已有数据相结合时会进行一致性检验。数据交换对象可以在 ArcCatalog 和 ArcMap 中使用。

这里以基于 ArcObjects 的缓冲区分析功能的开发为例,说明空间分析功能的二次开发方法。缓冲区是指为了识别某一地理实体或空间物体对其周围地物的影响度而在其周围建立的具有一定宽度的带状区域。缓冲区分析实际上进行了两步的操作,第一步是建立缓冲区图层,第二步是进行叠置剪裁分析。缓冲区分析适用于点、线、面对象,如点状居民点、线状河流和面状作物分布区,只要地理实体能对周围一定区域形成影响即可使用这种分析方法。

本示例将针对一个线状图层建立缓冲区图层,然后再把得到的新图层与一个点状图层进行叠置剪裁分析。分析后将缓冲区范围内的目标存储在一个新的图层中。本示例的软件平台是 Visual Basic6.0 和 ArcGIS 9.2 的 ArcObjects。

生成缓冲区图层的具体方法如下:

(1) 启动一个 VB 的标准工程,在工程中添加一个窗体 Form1。

(2) 利用 VB 的引用对话框添加本实例所需要用到的相关的类库的引用,包括:ESRI Carto Object Library,ESRI DataSourcesFile Object Library,ESRI Display Object Library,ESRI GeoDataBase Object Library,ESRI Geometry Object Library,ESRI System Object Library,ESRI SystemUI Object Library。

(3) 窗体 Form1 中添加一个 MapControl 控件 MapControl1。

(4) 在 VB 工程中加入一个对话框,用来输入缓冲区的半径,对话框的"Caption 属性设置为"输入缓冲区半径"。

(5) 在 Form1 中通过菜单编辑器设计缓冲区分析的菜单系统,主菜单为"缓冲区分析",包括两个子菜单,即"生成缓冲区图层"和"进行缓冲区分析"。

(6) 在对话框中加入一个文本框和一个按钮。

(7) 在 VB 工程中添加一个类模块 Module1,然后添加以下代码。

```
Public featureclass As IFeatureClass
Public Sub CreateShapefile (sPath As String, sName As String, CreateShapefile As IFeatureClass)
    Dim pFWS As IFeatureWorkspace
    Dim pWorkspaceFactory As IWorkspaceFactory
```

```
Set pWorkspaceFactory = New ShapefileWorkspaceFactory
Set pFWS = pWorkspaceFactory.OpenFromFile(sPath, 0)
'建立字段集
Dim pFields As IFields
Dim pFieldsEdit As IFieldsEdit
Set pFields = New Fields
Set pFieldsEdit = pFields
Dim pField As IField
Dim pFieldEdit As IFieldEdit
'定义 shape field,需要定义该图层的几何类型和空间坐标系
Set pField = New Field
Set pFieldEdit = pField
pFieldEdit.Name = "Shape"
pFieldEdit.Type = esriFieldTypeGeometry
Dim pSpa As ISpatialReference
Dim pGeomDef As IGeometryDef
Dim pGeomDefEdit As IGeometryDefEdit
Set pGeomDef = New GeometryDef
Set pGeomDefEdit = pGeomDef
Set pSpa = New UnknownCoordinateSystem
With pGeomDefEdit
    .GeometryType = esriGeometryPolygon
    Set .SpatialReference = pSpa
End With
Set pFieldEdit.GeometryDef = pGeomDef
pFieldsEdit.AddField pField
'添加另一个 名为"Misc text"的属性
Set pField = New Field
Set pFieldEdit = pField
With pFieldEdit
    .length = 30
    .Name = "MiscText"
    .Type = esriFieldTypeString
End With
pFieldsEdit.AddField pField
'生成 shapefile 文件
```

```
        Dim pFeatClass As IFeatureClass
        Set pFeatClass = pFWS.CreateFeatureClass（sName, pFields, Nothing, Nothing,
        esriFTSimple, _"Shape", " "）
        Set CreateShapefile = pFeatClass
    End Sub


    Public Sub CreateFeature（pFeatureClass As IFeatureClass, pGeom As IGeometry）
        Dim pWorkspaceEdit As IWorkspaceEdit
        Dim pFeatureLayer As IFeatureLayer
        Dim pfeature As IFeature
        Dim pDataset As IDataset
        If pGeom Is Nothing Then Exit Sub
        '生成特征
        Set pDataset = pFeatureClass
        If pDataset Is Nothing Then Exit Sub
        Set pWorkspaceEdit = pDataset.Workspace
        pWorkspaceEdit.StartEditOperation
        Set pfeature = pFeatureClass.CreateFeature
        Set pfeature.Shape = pGeom
        pfeature.Store
        pWorkspaceEdit.StopEditOperation
    End Sub


    Public Function ConvertPixelsToMapUnits（pActiveView As IActiveView, pixelUnits As
Double）As Double
        Dim realWorldDisplayExtent As Double
        Dim pixelExtent As Integer
        Dim sizeOfOnePixel As Double
        pixelExtent = pActiveView.ScreenDisplay.DisplayTransformation.DeviceFrame.Right-_
        pActiveView.ScreenDisplay.DisplayTransformation.DeviceFrame.Left
        realWorldDisplayExtent = pActiveView.ScreenDisplay.DisplayTransformation.VisibleBounds.Width
        sizeOfOnePixel = realWorldDisplayExtent / pixelExtent
        ConvertPixelsToMapUnits = pixelUnits * sizeOfOnePixel
    End Function
```

在以上的代码中，定义了一个 IFeatureClass 类的全局变量，用来得到生成的缓冲区图层的 FeatureClass。同时定义了 3 个函数：①CreateShapefile 函数，用来生成 Shapefile 图层。②CreateFeature 函数，用来生成新图层中的 Feature。③ConvertPixelsToMapUnits 函数，用来实现屏幕距离到地图距离的转换。

（8）在 Form1 中点击"生成缓冲区图层"菜单，编写响应函数代码如下：

```
Buffer_Click ( )
    Dialog.Show
End
```

（9）双击对话框中的"确定"按钮，添加缓冲区分析的代码如下：

```
Private Sub OKButton_Click ( )
    Dim dis As Double
    dis = Text1.Text
    Dim str As String
    Dim featurelayer As IFeatureLayer
    Set featurelayer = Form1.MapControl1.Layer (0)
    str = "F:\usa"  '指定文件的存储路径
    CreateShapefile str, "Buffer", featureclass
    Dim p_Map As IMap
    Dim length As Double
    Set p_Map = Form1.MapControl1.Map
    length = ConvertPixelsToMapUnits (p_Map, 8)
    Dim pFilter As IQueryFilter
    Dim pCursor As IFeatureCursor
    Set pCursor = featurelayer.Search (pFilter, True)
    Dim pGeo As IGeometry
    Dim pTopoOp As ITopologicalOperator
    Dim pfeature As IFeature
    Set pfeature = pCursor.NextFeature
    While Not pfeature Is Nothing
        Set pTopoOp = pfeature.Shape
        Set pGeo = pTopoOp.Buffer (length)
        CreateFeature featureclass, pGeo
        Set pfeature = pCursor.NextFeature
    Wend
    Dim pOutputFeatLayer As IFeatureLayer
    Set pOutputFeatLayer = New featurelayer
    Set pOutputFeatLayer.featureclass = featureclass
```

```
        pOutputFeatLayer. Name = featureclass. AliasName
        Form1. MapControl1. AddLayer pOutputFeatLayer, 0
        Form1. MapControl1. Refresh
        Unload Me
    End Sub
```

这段代码表示：首先由对话框中的文本框得到缓冲区的半径，然后把该半径转换成地图距离。对 MapControl 中待分析图层的每一个 Feature 对象，根据该半径生成缓冲区，并保存在一个名为"Buffer"的新的 Shapefile 图层中。最后把这个图层加入到 MapControl 中。

（10）缓冲区分析的程序运行结果。

图 10.1（a）显示了待生成缓冲区的目标图层，在图 10.1（b）的输入缓冲区半径对话框中输入半径，然后点击"确定"按钮，执行缓冲区分析，缓冲区分析的结果见图 10.1（c）。

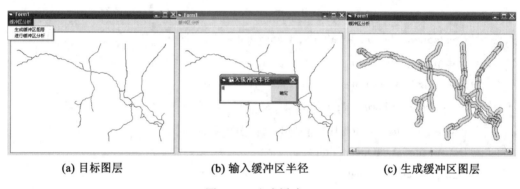

(a) 目标图层　　　　　　(b) 输入缓冲区半径　　　　(c) 生成缓冲区图层

图 10.1　生成缓冲区

缓冲区分析的第一步是生成缓冲区，缓冲区分析的第二步是将缓冲区图层与目标图层进行叠置剪裁分析。

这里介绍如何编程实现缓冲区分析的第二步，即将缓冲区图层与一个线状图层进行叠置裁剪分析，分析后将把在缓冲区范围内的目标存储在一个新的图层中。具体实现过程如下：

（1）点击窗体 Form1 中"进行缓冲区分析"子菜单，在该菜单的 Click 事件中加入以下代码。

```
Private Sub DoBuffer_Click ( )
    Dim sPath As String
    sPath = "F:\usa"
    Dim pWorkspaceFactory As IWorkspaceFactory
    Set pWorkspaceFactory = New ShapefileWorkspaceFactory
```

Dim pFeatureWorkspace As IFeatureWorkspace

　　Set pFeatureWorkspace = pWorkspaceFactory. OpenFromFile（sPath, 0）

　　'打开待分析的图层

　　Dim pInputFeatureLayer As IFeatureLayer

　　Set pInputFeatureLayer = New featurelayer

　　Set pInputFeatureLayer. featureclass = pFeatureWorkspace. OpenFeatureClass（"point"）

　　pInputFeatureLayer. Name = pInputFeatureLayer. featureclass. AliasName

　　'打开缓冲区图层

　　Dim pClipFeatureLayer As IFeatureLayer

　　Set pClipFeatureLayer = New featurelayer

　　Set pClipFeatureLayer. featureclass = pFeatureWorkspace. OpenFeatureClass（"Buffer"）

　　pClipFeatureLayer. Name = pClipFeatureLayer. featureclass. AliasName

　　'执行叠置分析

　　Clip pInputFeatureLayer, pClipFeatureLayer

End Sub

（2）在Form1代码窗口定义Clip函数执行叠置分析。Clip函数如下：

Public Sub Clip（pInputLayer As ILayer, pClipLayer As ILayer）

　　Dim pInputFeatLayer As IFeatureLayer

　　Set pInputFeatLayer = pInputLayer

　　Dim pInputTable As ITable

　　Set pInputTable = pInputLayer

　　Dim pInputFeatClass As IFeatureClass

　　Set pInputFeatClass = pInputFeatLayer. featureclass

　　Dim pClipTable As ITable

　　Set pClipTable = pClipLayer

　　If pInputTable Is Nothing Then

　　　　MsgBox "Table QI failed"

　　　　Exit Sub

　　End If

　　If pClipTable Is Nothing Then

　　　　MsgBox "Table QI failed"

　　　　Exit Sub

　　End If

　　'根据待分析图层的FeatureClass来定义分析结果图层的Name和ShapeType属性

　　Dim pFeatClassName As IFeatureClassName

```
    Set pFeatClassName = New FeatureClassName
    With pFeatClassName
        .FeatureType = esriFTSimple
        .ShapeFieldName = "Shape"
        .ShapeType = pInputFeatClass.ShapeType
    End With
'定义分析结果图层存储的路径
    Dim pNewWSName As IWorkspaceName
    Set pNewWSName = New WorkspaceName
    pNewWSName.WorkspaceFactoryProgID="esriDataSourcesFile.ShapefileWorkspaceFactory"
    pNewWSName.PathName = "C:\temp"
    Dim pDatasetName As IDatasetName
    Set pDatasetName = pFeatClassName
    pDatasetName.Name = "Clip_result"
    Set pDatasetName.WorkspaceName = pNewWSName
    Dim tol As Double
    tol = 0#
    Dim pBGP As IBasicGeoprocessor
    Set pBGP = New BasicGeoprocessor
    Dim pOutputFeatClass As IFeatureClass
    Set pOutputFeatClass = pBGP.Clip ( pInputTable, False, pClipTable, False, tol,
pFeatClassName)
    Dim pOutputFeatLayer As IFeatureLayer
    Set pOutputFeatLayer = New featurelayer
    Set pOutputFeatLayer.featureclass = pOutputFeatClass
    pOutputFeatLayer.Name = pOutputFeatClass.AliasName
    MapControl1.AddLayer pOutputFeatLayer
End Sub
```

缓冲区中的叠置分析用到的是 IBasicGeoprocessor 接口，但是用到的是 Clip 属性，即叠置裁剪。

图 10.2 (a) 为缓冲区叠置分析前的两个图层，一个是缓冲区图层，另一个是目标图层。运行程序，然后点击"进行缓冲区分析"子菜单，运行结果如图 10.2 (b) 所示，图中黑色的粗线表示落入缓冲区范围的线性特征。

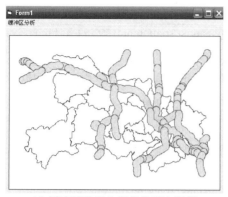 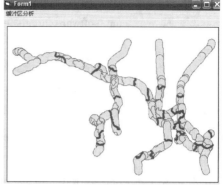

(a) 缓冲区叠置分析前的两个图层　　　　(b) 缓冲区叠置分析结果

图 10.2　缓冲区的叠置分析

思 考 题

1. 简述 ArcGIS 的空间分析功能。
2. 简述 GeoDa 的空间分析功能。
3. 简述 R 语言的空间分析功能。
4. 简述 ArcGIS 空间分析功能的二次开发方法。

参 考 文 献

傅仲良. 2008. ArcObjects 二次开发教程. 北京: 测绘出版社.

郭平波, 赵华. 2009. 基于 GeoDa-GIS 的山东省农民人均收入水平时空分异研究. 统计与决策, (4): 88-91.

汤国安, 杨昕. 2006. ArcGIS 地理信息系统空间分析实验教程. 北京: 科学出版社.

唐晓旭, 张怀清, 刘锐. 2008. 基于 GeoDa 的辽宁省 GDP 空间关联度分析研究. 林业科学研究, 21 (增刊): 60-64.

王劲峰. 2006. 空间分析. 北京: 科学出版社.

杨中庆. 2006. 基于 R 语言的空间统计分析研究与应用 (硕士学位论文). 广州: 暨南大学.

胡青峰, 张子平, 何荣, 牛遂旺. 2007. 基于 Geoda 095i 区域经济增长率的空间统计分析研究. 测绘与空间信息, 30 (3): 53-55.

Anselin L. 1995. Local Indicators of Spatial Association-LISA. Geographical Analysis, 27 (2).

Anselin L. 2005. Exploring Spatial Data with GeoDa: A workbook. Revised Version, March 6. 2005.

http://www.esri.com/software/arcgis/extensions/spatialanalyst/index.html, 2009.11.13.

http://www.esri.com/software/arcgis/extensions/3danalyst/index.html, 2009.11.13.

http://www.esri.com/software/arcgis/extensions/geostatistical/index.html, 2009.11.13.

http://www.esri.com/software/arcgis/extensions/networkanalyst/index.html, 2009.11.13.

http://www.esri.com/software/arcgis/extensions/trackinganalyst/index.html, 2009.11.13.

http://www.esri.com/software/arcgis/extensions/surveyanalyst/index.html, 2009.11.13.

http://www.esrichina-bj.cn/templates/T_yestem_News/index.aspx?nodeid=152, 2009.11.13.

http://download.csdn.net/source/1638011, 2009.11.13.

http://www.csiss.org/clearinghouse/GeoDa, 2009.11.13.

http://www.r-project.org, 2009.11.13.